“五水共治”伦理治理研究

顾　萍◎著

光明日报出版社

图书在版编目（CIP）数据

“五水共治”伦理治理研究 / 顾萍著. -- 北京：光明日报出版社，2024. 5

ISBN 978 - 7 - 5194 - 7959 - 6

Ⅰ. ①五… Ⅱ. ①顾… Ⅲ. ①水环境-综合治理-研究-中国 Ⅳ. ①X143

中国国家版本馆 CIP 数据核字（2024）第 099043 号

“五水共治”伦理治理研究

“WUSHUI GONGZHI” LUNLI ZHILI YANJIU

著　　者：顾　萍

责任编辑：杜春荣　　　　责任校对：房　蓉　乔宇佳

封面设计：中联华文　　　　责任印制：曹　净

出版发行：光明日报出版社

地　　址：北京市西城区永安路 106 号，100050

电　　话：010-63169890（咨询），010-63131930（邮购）

传　　真：010-63131930

网　　址：http：//book. gmw. cn

E - mail：gmrbcbs@ gmw. cn

法律顾问：北京市兰台律师事务所龚柳方律师

印　　刷：三河市华东印刷有限公司

装　　订：三河市华东印刷有限公司

本书如有破损、缺页、装订错误，请与本社联系调换，电话：010-63131930

开　　本：170mm×240mm

字　　数：350 千字　　　　印　　张：19. 5

版　　次：2025 年 1 月第 1 版　　　　印　　次：2025 年 1 月第 1 次印刷

书　　号：ISBN 978 - 7 - 5194 - 7959 - 6

定　　价：98. 00 元

序

这本著作是一部大型案例研究，也是扎根中国大地做科研的一种尝试。它聚焦浙江省“五水共治”的伦理治理实践，从存在论、价值融通、权利定位、责任落实和实践智慧五个视角探索水环境治理的中国方案，进而凝练出水环境治理的中国话语。

作为一项实证研究，作者进行了大量的实地调研。作者和作者团队对浙江省55个地方的“五水共治”工程进行了历时2年11个月的实地调研，其中涉及企业35家，各级政府“治水办”20家，完成35项水环境治理专题调研和55份专题调研报告，收集了一手调研资料220万字，在此基础上，高质量完成《“五水共治”伦理治理研究》。

这项研究具有以下研究意义和价值。首先，该书从“五水共治”的实践中丰富和发展了伦理治理的理论。“五水共治”的伦理治理是对伦理治理理论在实践中的进一步诠释和推进，它实现了水环境系统、伦理、治理三者之间的关联和契合，使“伦理”与“治理”贯通，推动了伦理治理从理论到实践的深化。其次，“五水共治”的伦理治理对“水环境”的概念和内涵进行了创新诠释。“五水共治”将水环境解析为“水环境系统”（Water System），这是对以往对此概念进行单一要素解读为“水质环境”（Waste Water）和水生环境（Aquatic Environment）的理论突破和创新。第三，“五水共治”的伦理治理拓宽了水环境治理的研究路径。“五水共治”超越了环境伦理学中“人与自然”二维关系的研究范畴，它把对人与水关系的审视回归到人与人之间社会关系和人的社会行为、社会活动中加以考量，对于环境伦理学由重视理论建构与逻辑思辨向关注社会、回归生活的实践转向起到了一定的推动作用。最后，“五水共治”的伦理治理是对水环境治理的“中国问题、中国实践、中国方案、中国智慧”的有益探索。“五水共治”是我国本土化、地方性的典型治水实践，本书的研究是对我国水环境治理的具体性、实践性、模式性的探究，也是对中国特有的伦理治理理论的挖掘，是从中国实践探索中寻求理论突破，从而建构起了伦理治理的中国话语。

顾萍曾是我指导的博士研究生，2016 年 9 月进入浙江大学哲学系科学技术哲学专业学习。作为顾萍博士的指导教师，在她的学位论文面世之际，对她表示衷心的祝贺，更祝愿她在学术研究中取得更大的进步。

2024 年 3 月 27 日于浙江大学紫金港校区

前　言

“五水共治”是浙江省2013年启动并持续至今的水环境治理工程实践，其内容包括“治污水、防洪水、排涝水、保供水、抓节水”。“五水共治”不仅是一项环境工程，而且是一项社会工程。它的实践是水环境治理的“中国问题、中国实践、中国方案、中国智慧”的集中体现。

本书基于对“五水共治”的形态描述，从存在论分析、价值融通、权利定位、责任落实和实践智慧五个视角，探究“五水共治”伦理治理的实践，为“五水共治”的合伦理性提供了哲学基础，探索和建构了水环境治理的中国话语。

本书从存在论分析的视角，探究了“五水共治”所内含的三重关系：“人—水”的关系、“人—水—技术”的关系、“人—水—技术—组织”的关系；从价值融通的视角，考察了“五水共治”践行的“物我齐一”的生态伦理观、“兴天下之利”的技术伦理观和“道法自然”的工程伦理观；从权利定位的角度，分析了“五水共治”实践过程中涉及的契约权利、发展权利和生态权利；从责任落实的视角，探究了治水中“我”对自身的责任、“我”对“你”的责任和“我”对“它”的责任。“五水共治”的伦理治理充分体现了工具理性和价值理性相统一、生态伦理和责任伦理相统一、行业规范和个体美德相统一的实践智慧。

本书探索了“五水共治”的创新实践，丰富和发展了水环境伦理治理的理论。本书将伦理治理的理论与方法运用于“五水共治”的实践研究中，弥补了水环境治理研究中伦理视角缺失的不足。“五水共治”的实践丰富了“水环境”的概念和内涵，它将“人与人”社会关系的协调纳入“人与自然”二维关系的研究体系中，拓宽了水环境治理的研究路径。

“五水共治”的实践是对水环境治理的中国话语的探索。它形成了“党委领导、政府主导、社会参与”的治水体制；探索了“政府—产业—企业—公众—社会组织”多元参与的治水形态；丰富了“法治、德治、政策治理”三结合的治水模式；建构了“水从生存条件转变为发展机遇”的治水战略；树立了“治水为抓手，修复生态为目标，企业转型升级为方向”的治水理念；践行了水环境治理的“人类命运共同体”愿景。

目　录

CONTENTS

第一章

引　言

第一节　“五水共治”的时代背景

“五水共治”是新时代中国治理理念的创新实践。我国的治理理念经历了从“社会建设”到“社会管理”再到“社会治理”的发展历程，形成了以人民为中心的治理核心；共建、共治、共享的治理格局；党委领导、政府负责、社会协同、公众参与、法治保障的治理机制；以及治理主体多中心化，治理方式多元化、网络化、协同化，法德共治、善治等治理特征。“五水共治”是我国国家治理体系现代化的基本特征和发展要求的集中体现。“五水共治”的提出经历了从“绿色浙江”到“两山”理念再到“五水共治”的过程。

一、“五水共治”的起源——“绿色浙江”

“绿色浙江”理念的提出奠定了“五水共治”的思想起源。为充分发挥浙江的优势，促进浙江未来的高质量发展，2003 年 7 月，在中共浙江省委举行的第十一届四次全体（扩大）会议上，习近平提出“八八战略”① 的重大决策，即浙江省面向未来发展要充分发挥“八个优势”，推进“八个举措”。其中，

---

① “八八战略”是指进一步发挥浙江的体制机制优势，大力推动以公有制为主体的多种所有制经济共同发展，不断完善社会主体市场经济体制，进一步发挥浙江的区位优势，主动接轨上海，积极参与长江三角洲地区交流与合作，不断提高对内对外开放水平；进一步发挥浙江的块状特色产业优势，加快先进制造业基地建设，走新型工业化道路；进一步发挥浙江的城乡协调发展优势，统筹城乡经济社会发展，加快推进城乡一体化；进一步发挥浙江的生态优势，创建生态省，打造“绿色浙江”；进一步发挥浙江的山海资源优势，大力发展海洋经济，推动欠发达地区跨越式发展，努力使海洋经济和欠发达地区的发展成为我省经济新的增长点；进一步发挥浙江的环境优势，积极推进基础设施建设，切实加强法治建设、信用建设和机关效能建设；进一步发挥浙江的人文优势，积极推进科教兴省、人才强省，加快建设文化大省。

“进一步发挥浙江的生态优势，创建生态省，打造‘绿色浙江’”① 是“八八战略”中的第五大重要战略，“绿色浙江”的思想由此正式提出，生态文明建设摆在了浙江未来发展的关键位置。2003 年 7 月，在浙江省委、省政府召开的全省生态省建设动员大会上，习近平对水环境治理在“绿色浙江”建设中的重要性作出明确部署，他指出：“大力推进水资源的可持续利用，这是全省经济社会可持续发展的基本保障，也是全省加快全面建设小康社会、提前基本实现现代化的一项重要战略任务。面对污染水环境的发展繁荣，浙江要大胆扬弃旧的发展模式，着力探索亲水护水、人与自然和谐相处的发展道路。”② 习近平结合浙江省良好的生态条件和经济发展优势，提出了创建生态省，打造“绿色浙江”的总体目标和实施阶段。2003—2005 年为启动阶段，2006—2010 年为推进阶段，2011—2020 年为提高阶段。其目标是把浙江建设成为具有比较发达的生态经济、优美的生态环境、和谐的生态家园、繁荣的生态文化、人与自然和谐相处的可持续发展省份。③ 为了建设生态省，浙江省实施了“十大重点工程”④，并努力构建“五大生态体系”⑤。“五水共治”作为浙江省生态治理的重要举措，其思想渊源就是秉持绿色发展的理念，建设“绿色浙江”。

二、“五水共治”的蕴生——“绿水青山就是金山银山”理念

2005 年 8 月，时任浙江省委书记的习近平在浙江安吉县天荒坪镇余村考察调研时，首次明确提出“绿水青山就是金山银山”的科学论断（简称“两山”理念）。随后习近平在《浙江日报》——之江新语专栏发表了《绿水青山也是金山银山》的短论，他强调指出：“我们追求人与自然的和谐，经济与社会的和谐，通俗地讲，就是既要绿水青山，又要金山银山。”⑥ 如果能把“生态环境优势转化为生态农业、生态工业、生态旅游等生态经济的优势，那么绿水青山也

---

① 沈满洪 . 浙江：发挥生态优势　推进绿色发展［J］. 公关世界，2018（11）：70-73.

② 鲍洪俊 . 浙江：发展之水源源来（学习贯彻“三个代表”达到新高度　取得新成效）［N］. 人民日报，2003-07-30（1）.

③ 习近平 . 创建生态省 打造“绿色浙江”［N］. 浙江日报，2003-05-23（1）.

④ “十大重点工程”：生态工业与清洁生产、生态农业与新农村环境建设、生态公益林建设、万里清水河道建设、生态环境治理、生态城镇建设、下山脱贫与帮扶致富、碧海建设、生态文化建设、科教支持与管理决策。

⑤ “五大生态体系”：以循环经济为核心的生态经济体系、可持续利用的自然资源保障体系、山川秀美的生态环境体系、人与自然和谐的人口生态体系和科学高效的能力支持保障体系。

⑥ 习近平 . 之江新语［M］. 杭州：浙江出版联合集团，浙江人民出版社，2007：153.

就变成了金山银山"①。2015 年 4 月 25 日，国务院颁布了《中共中央 国务院关于加快推进生态文明建设的意见》，文件指出："坚持绿水青山就是金山银山，动员全党、全社会积极行动、深入持久地推进生态文明建设，加快形成人与自然和谐发展的现代化建设新格局，开创社会主义生态文明新时代。"至此，"两山"理念正式写入中央文件。"两山"理念是对经济发展与环境保护之间关系的科学阐释，二者不是对立的关系，而是相互促进、彼此关联、和谐共生的统一关系，这成了浙江发展的重要方向和战略部署。习近平在浙江省任职期间，多次调研各地区的水利、防汛工作，深入了解了浙江资源型缺水和水质型缺水的不同地区的实际情况，他结合浙江省水资源分布特征以及工农业生产、居民生活用水、生态需水等实际情况，提出要坚持"依法治水、科学用水"的原则，把管水、用水、治水有机结合起来。

"两山"理念是"五水共治"的思想蕴生。"两山"理念是浙江省发展的重要指导思想，浙江省历届省委、省政府始终秉持和践行"两山"理念，坚持一张蓝图绘到底，"五水共治"就是对"两山"理念的具体实践。在"两山"理念的指引下，浙江省从科学发展的理念出发，对浙江的水环境治理工作做出了一系列重要的工作部署，形成了持之以恒的接力治水。部署内容主要包括：实施了"四水工程"建设，即"安全饮水、科学调水、有效节水、治理污水"工程；"811"生态环保专项行动，首轮"811"行动，主要是对浙江省八大水系和 11 个设区市的 11 个环境保护重点监管区进行环境污染治理。2016 年，浙江省启动了第四轮"811"行动（时间跨度为 2016 年至 2020 年），提出了"两美"的理念，即"建设美丽浙江，创造美好生活"，并制定八个生态环保目标②，实施 11 项专项生态环保行动③。"千万农民饮用水工程"历时 7 年，投入近百亿，成为新中国成立以来在解决农村饮用水问题上实施的力度最大、速度最快、受益最广、标准最高、规模最大的公益工程。2006 年，实施了"水资源保障百亿工程"，涉及 20 个重点水库和引调水工程建设项目，重点解决了区域性缺水和城乡居民优质饮用水的供水问题；2008 年，实施了"强塘固房"工程，重点对海塘、江塘、水库、山塘进行除险加固，对农房、危房、旧房进行加固改造以

① 习近平．之江新语［M］．杭州：浙江出版联合集团，浙江人民出版社，2007：203.

② 八个目标包括：绿色经济培育、环境质量、节能减排、污染防治、生态保护、灾害防控、生态文化培育、制度创新。

③ 11 项专项行动是指：绿色经济培育、节能减排、"五水共治"、大气污染防治、土壤污染防治、三改一拆、深化美丽乡村建设、生态屏障建设、灾害防控、生态文化培育、制度创新。

提高其抗灾水平。这些治水工程的实施都取得了显著的成效，极大地维护和促进了浙江省生态文明的建设和发展。为了解决浙江省水资源部分不均的区域性缺水问题，省委、省政府实施了浙东①、浙北②、浙南③三大引水工程。为了整治农村的水环境污染，浙江省于2003年实施了"千村示范、万村整治"和"万里河道清淤"工程。2010年6月30日，浙江省委十二届七次全会通过《中共浙江省委关于推进生态文明建设的决定》，制定了浙江省推进生态文明建设的总体要求和主要目标，强调浙江省坚持走生态立省之路，努力打造"富饶秀美、和谐安康"的生态浙江。同时将水环境治理作为生态省建设的重要战略举措。2011年12月，浙江省委十三届二次全会指出：浙江省要"坚持走生态立省之路，深化生态省建设，加快建设美丽浙江"④，实施"四边三化"⑤ 的专项行动。

三、"五水共治"的形成

国家新的发展理念的确立是"五水共治"提出的重要思想动力。首先，"生态文明建设"在2012年11月召开的党的十八大中被首次纳入中国特色社会主义事业"五位一体"总体布局，同时"美丽中国"成为生态文明建设的目标。其次，党的十八大通过的《中国共产党章程（修正案）》，确立了"中国共产党领导人民建设社会主义生态文明"的行动纲领，并将其写入党章。习近平在2013年11月召开的党的十八届三中全会提出"山水林田湖是一个生命共同体"的发展理念，并在此次会议上确立了"加快建立系统完整的生态文明制度体系"的战略部署。在2015年10月召开的党的十八届五中全会上，"创新、协调、绿色、开放、共享"五大发展理念被正式提出，"绿色发展"成了"十三五"及未来长期发展的新理念。生态文明建设的新时代已经全面开启，绿色发展已成为引领经济社会前进的新理念，这些新发展理念的确立为"五水共治"提供了重要的思想动力。

"五水共治"是浙江省经济转型升级、社会转型发展的关键突破口。改革开

① 浙东引水工程：将富春江的水引到萧山、绍兴，曹娥江引水供宁波，从大陆为舟山引水。

② 浙北引水工程：从新安江引水至嘉兴、湖州、杭州等，大大缓解了这些地区的缺水问题。

③ 浙南引水工程：将楠溪江的水引供乐清市多个地区。

④ 中共浙江省委．中共浙江省委关于认真学习贯彻党的十八大精神 扎实推进物质富裕精神富有现代化浙江建设的决定［J］．政策瞭望．2012（12）：4-10.

⑤ "四边三化"行动：公路边、铁路边、河边、山边的洁化、绿化、美化专项行动。

放以来，浙江经济凭借民营企业的先发优势快速发展。2012 年，《中国科学发展报告》显示，浙江 GDP 质量指数连续两年居全国省区第一位，人均 GDP 超过 1 万美元。[①] 但是，浙江的产业结构中，劳动密集型和资源消耗型为主的传统产业占比最大，这种以传统产业为主的经济结构已经难以适应经济社会发展的新要求和新挑战。粗放的生产模式和不合理的产业结构带来了严重的环境污染和一系列的生态问题。水污染表现在水里、问题在岸上、根子在产业。浙江印染、造纸、制革、化工 4 个产业，产值占全省工业总产值的比重不到 37%，但化学需氧量和氨氮排放量却占全省工业排放量的 67% 和 80%；电镀、制革产值占全省工业总产值的比重不到 5%，但总铬排放量却占全省的 92%。如不加快淘汰落后产能、调整产业结构，难以从源头上根治水环境。[②] 在浙江资源日趋紧张、环境容量趋于饱和、发展空间日益受限的当下，加快优化产业结构、切实转变经济发展方式、高效推进经济转型升级已迫在眉睫。治水是浙江调结构、逼转型、促发展的突破口，通过“五水共治”倒逼企业转型升级，促进经济高质量发展，因此，开展“五水共治”就是抓住了浙江经济转型升级的牛鼻子。

浙江省做出了“五水共治”的战略决策。2013 年 12 月 23 日，以“八八战略”“绿色浙江”“两山”理念等新发展观为总纲，结合浙江发展面临的现实困境和突出问题，浙江省委常委召开了“五水共治”专题研究会，要求从 2014 年起全面开展“治污水、防洪水、排涝水、保供水、抓节水”行动。2013 年 12 月 26 日，浙江省全省经济工作会议召开，时任浙江省委书记的夏宝龙提出：“形成‘五水共治’破竹之势”，并向全省发出“五水共治”总动员令。为进一步详细部署“五水共治”的治水路线，省委省政府制定了“五水共治”三步走的时间表：三年（2014—2016 年）要解决突出问题，明显见效；五年（2014—2018 年）要基本解决问题，全面改观；七年（2014—2020 年）要基本不出问题，实现质变。

“五水共治”在浦阳江畔拉开帷幕，浙江省浦江县是“五水共治”的先行先试县。浦江县享有“中国水晶之都”的美誉，水晶生产在创造价值的同时也严重污染了浦江县的河流。全县 2 万多家水晶作坊，基本是技术含量低、生产规模小、分布散乱、环境质量差的“低小散差”企业。很多小作坊将水晶打磨的污水、边角废料、固体废物垃圾等直接排到河流中，令浦江县全县 577 条河流中的 90% 的河水变成“牛奶河”“黑臭河”和“垃圾河”，因而也使浦江县成

① 牛文元．中国科学发展报告 2012［M］．北京：科学出版社，2012：23.

② 牛文元．中国科学发展报告 2012［M］．北京：科学出版社，2012：76.

为浙江卫生环境最差县。水晶是浦江祖祖辈辈的支柱产业，水晶生产企业面广、根深、量大，涉及近20万人的经济收益，治水难度十分艰巨。因此，浦江县若能打赢治水战，必定会为全省打好转型升级战树立模范和标杆。

四、"五水共治"的内涵

"五水共治"是一个系统工程，"共治"是基于"系统治水、统筹治水、综合治水"理念的科学决策。一方面，浙江面临的水环境问题是多方面的，既包括古代的治水重点——防洪、排涝，也包括污水治理、供水保障和节约用水的问题；另一方面，浙江面临的水危机也是多重的，既有水安全危机，也包括水环境危机和水资源危机。所以传统的"单一治水、局部治水"已不足以应对和解决当下具有的复杂性和系统性的水生态问题。那么，只有运用系统思维的方式才可以让这一系列的水问题迎刃而解。为了解决水环境危机，"治污水"是关键；水安全危机的化解需要依靠"防洪水"和"排涝水"工程；解决水资源危机就必须做好"保供水"和"抓节水"。"五水"共处同一个综合系统，因此，"五水共治"是综合治水、系统治水、科学治水的必然选择。

首先，"五水"之间紧密关联、彼此作用、相互影响。"五水"必须"共治"，才能实现全面治水的目标。"治污水""防洪水""排涝水""保供水""抓节水"五方面对于水环境治理这一整体目标的实现缺一不可，治水单独侧重任何一方面，都不足以解决水生态系统的整体问题。只有五种水问题同时治理，五个手指一同捏起来，才会是一个拳头。这五种水问题相互影响，治污水会对保供水产生直接影响，很多地方由于饮用水源受到污染而出现水质型缺水严重的现象，因此，治理污水是水资源供给的重要保障。治污水可以对抓节水产生直接的促进作用，尤其对于企业而言，做好污水处理就可以有更多的中水被回用，这样就可以间接减少企业对原水的使用量，进而起到节约用水的效用。抓节水工作对治污水也会产生直接影响，如果抓节水工作做不好，不仅造成水资源的浪费，还会导致污水总量的激增，大大增加污水治理的负担和难度。如果生产生活方面能够做到节约用水，生态用水就会得到保障，这也有助于降低污水排放量。保供水和抓节水是分别立足于水资源的供给侧和需求侧管理的两种方式，二者紧密相关，实现了开源与节流并重。抓节水做好了，在一定程度上就是保障了供水。防洪水和排涝水是解除水患的百年大计，它们在本质上就是一个问题的两方面。做好防洪水工作，排涝水的压力就会大大减轻；排涝水做得好就是为防洪水提供了保障。可见，"五水"之间彼此联系紧密、环环相扣，缺少了任何一方面都会对其他方面造成影响，当然任何一方面工作做好了对于其他方面都会起到促进作用。因此，“五水共治”是全面治水的必然选择。

其次,“共治”可以充分发挥社会主义制度的优越性，集中力量办大事。“共治”本质上是水环境问题的综合治理。通过“共治”可以促进经济、政治、社会、文化等多重方式、多种手段、多种资源之间的充分联合；可以促进多部门、多组织、多群体之间的高效协同；可以全面调动社会各方面的积极要素，实现共建、共治、共享。因此，“五水共治”是发挥社会主义制度优越性的必然选择。

“五水”分工有别、和而不同。基于“五水”之间密切相关、紧密相连的内在关系，“共治”便成了治水的客观要求和必然选择。尽管如此，“五水”之间仍然分工有别、和而不同。“五水共治”提出了“既要集中力量、重拳出击，又要善于‘弹钢琴’，统筹兼顾、分清主次”① 的治水理念。浙江省委、省政府形象地将“五水共治”比作五个手指头，“治污水”就好比最粗的“大拇指”，处于第一的位置。防洪水、排涝水、保供水、抓节水分别是其他四指。治污放在首位，是治水的重点，其他“四水”齐抓共治、协调并进。

“治污水”是“五水共治”的重头戏。“五水共治”制定了“‘五水共治’，治污先行”的总路线。治理污水在“五水共治”中起到了一引其纲，万目皆张的作用，是“五水共治”关键和要害。“治污先行”就是抓到了当前浙江社会经济发展面临的主要矛盾的主要方面。②

首先，在浙江面临的众多水环境问题中，水污染问题最为凸显。改革开放以来，浙江工业迅猛发展，排污量逐年剧增，河流水质急剧恶化，黑河、臭河、垃圾河比比皆是，水污染已成为危害群众生命健康、影响群众生活质量、制约经济发展、影响社会安定的主要瓶颈。“五水共治”之前，浙江全省有 32 个省控地表水断面为劣Ⅴ类，31.7%的断面达不到功能区要求。浙江八大水系都受到了不同程度的污染，其中鳌江水质最差，为Ⅱ—劣Ⅴ类。浙江省人均水资源占有量低于国家平均水平，但是污水排放量却以每年 9%至 10%的速度在增加。浙江每生产 1 亿元 GDP 就会排放 28.8 万吨废水，生产 1 亿元工业增加值就会排放 2.38 亿标立方米工业废气，产生 0.45 万吨工业固体废弃物③，这些指标均远

① 浙江省“五水共治”实践经验研究课题组．“五水共治”新发展理念的浙江实践［M］．杭州：浙江人民出版社，2017：43.

② 浙江省“五水共治”实践经验研究课题组．“五水共治”新发展理念的浙江实践［M］．杭州：浙江人民出版社，2017：42.

③ 浙江省“五水共治”实践经验研究课题组．“五水共治”新发展理念的浙江实践［M］．杭州：浙江人民出版社，2017：10.

远高于国家标准几倍至十几倍。与此同时，浙江的海洋污染也日趋严重。近岸海域劣Ⅳ类水超过50%，水体富营养化严重，无机氮、活性磷酸盐等物质严重超标，生物多样性指数普遍偏低。因此，污水治理对于浙江当前的发展状况而言迫在眉睫。

其次，治污水直接关乎群众的切身利益，关乎民生福祉。从社会反映看，水污染是与群众生活最贴近、群众感观最直接、对群众影响最明显的水环境问题；从实际操作看，污水治理好最能见效，最能够起到带动全局的作用。近年来浙江河流污染日趋严重，水生态环境急剧恶化，2013年，浙江多地出现"环保局局长被市民邀请下河游泳"的现象。因此，群众对水污染感官最直接、最深恶痛绝。治污水与群众的体验感、获得感最为相关，治污水是最能代表和凸显水环境治理成效的民生工程，治好污水对于改善群众的生活环境具有最直接的效用。污水问题的解决可以最为直接地提升群众的体验感，进而增加群众的获得感，获得感的提升又会增加群众对党的执政能力的认可和对政府满意度和信任度的提升。由此可见，治污水不仅会直接带来生态效益，也会带来显著的政治效益和社会效益。治污水主要通过"清三河、两覆盖、两转型"来实现。"清三河"就是重点整治黑河、臭河、垃圾河。这三类河流是工业污染、农业污染、生活污染的集中体现，也是群众反映最强烈、意见最大的水污染问题。通过"清三河"，要将河流治理到水体不黑不臭、水面不油不污、水质无毒无害、水中能够游泳的程度。① "两覆盖"就是力争到2016年，最迟到2017年实现城镇截污纳管和农村污水处理、生活垃圾集中处理基本覆盖。"两转型"就是抓工业转型和农业转型。

防洪水、排涝水是"五水共治"重要方面。自古以来，防洪排涝都是关系生命安全的民生大计，是水环境治理的重点。洪水猛于兽，具有极强的破坏力，洪涝灾害会对人民群众生命财产安全构成严重威胁，所以防洪水、排涝水始终是关乎民生的百年大计。因此，防洪水、排涝水自然也是"五水共治"的重要组成部分。2013年，强台风"菲特"袭击浙江，引发重大洪涝灾害。其中余姚70%以上的城区被淹，数日被洪水围困，多地排水系统瘫痪，城市内涝极为严重，给人民群众的生命财产带来了巨大的损失；同时，也暴露了防洪排涝基础设施存在的容量小、管网设施老化、设计不合理、排水率低、排水能力不足等问题。可见，浙江做好关乎人民群众生命安全的防洪水、排涝水，是迫在眉睫的治水工作。浙江每年6月会进入梅雨季，降水量急剧增多，再加上浙江易受

---

① 夏宝龙．以"五水共治"的实际成效取信于民［N］．人民日报，2014-01-22（15）．

台风影响，强降雨时有发生，因此，防汛排涝工作任务艰巨、责任重大，始终是浙江治理水环境的重点工作。“五水共治”通过强库、固堤、扩排三类工程建设推进“防洪水”工作，重点强化流域统筹、疏堵并举，治理洪水。“排涝水”工作主要通过强库堤、疏通道、攻强排，打通断头河，开辟新河道，着力消除易淹易涝片区。①

“保供水”工作是关系人民群众吃水、用水的大问题。饮用水安全事关人民群众的健康、生命安全和社会的和谐稳定。浙江虽然河流众多，河网密布，但符合饮用水标准的水源很少，所以饮用水资源短缺的现象在很多城市极为突出。另外浙江水资源少和人口密度大的矛盾极为突出。浙江地貌特征是“七山一水两分田”，山地面积占到了全省总面积的70%，水域面积只占到5%左右，浙江的环境可容纳能力极为有限。浙江省是全国人口密度最大的省份之一，外来人口呈逐年增长趋势，因此，水资源供给面临着巨大的考验，保障群众的基本用水需求的任务也变得尤为艰巨。

近年来浙江地下水被过度开采，水资源更加短缺，并且随着水污染的加剧，居民饮用水的污染指标超标的现象屡见不鲜。在2000年左右，浙江省有1000万人的饮用水不达标。并且居民饮用水源受污染的事件也时有发生，这也加重了浙江保供水工作的难度和负担。2011年，杭州市发生苯酚槽罐车泄漏导致新安江部分水体受污染事件。由于新安江地处杭州市重要饮用水源地上游，所以，下游居民的生产、生活用水受到严重影响，并一度引起居民疯狂哄抢矿泉水的事件发生，对社会稳定造成了负面影响。可见，做好保障居民的饮用水安全工作也成为浙江水环境治理的重中之重。此外，2013年夏天，浙江遭遇历史罕见的旱灾，全省11个市都遭受了不同程度的旱灾，导致上百条河流断流，水库和山塘干涸。为了应对旱情，如何实现跨流域、跨区域的引调水问题成为当务之急。这些事情的相继发生，再次让人们深刻认识到保供水工作的必要性和迫切性。“五水共治”主要通过开源、引调、提升三方面重点工程建设来落实推进“保供水”工作，切实保障饮水之源，提升饮水质量。

“抓节水”处于“五水共治”的压轴地位，是促转型的关键途径，也是其他“四水”的重要支撑。第一，节水是减排减污的根本途径。工业废水量一般会占到工业取水量的70%~80%，生活污水量一般会占到生活取水量的80%~90%。② 因此，通过节约用水可以大大减少污水的排放量，减轻治理污水的负

---

① 夏宝龙．以“五水共治”的实际成效取信于民［N］．人民日报，2014-01-22（15）．

② 翁建武．“抓节水”处于压轴地位［J］．浙江经济．2015（2）：41.

担。第二，抓节水可以作为保供水的重要支撑。从开源的角度，节水技术包括废水再生利用技术、海水淡化利用技术、雨洪水利用技术等，借助于这些节水技术，可以大大增加供水水源。从节流的角度，节省取水量会极大缓解水资源供需紧张的形势，为保障供水提供强有力的支撑。第三，节约用水可以大大缓解防洪水和排涝水的压力和负荷。通过对雨洪水截流存储技术、雨洪水下渗技术等节水技术的运用，可以在雨季减少地面径流量，进而缓解城市排水系统的防洪压力。第四，“抓节水”是转变生产生活方式、促进经济转型升级的重要途径。通过“抓节水”来提高全民的节水意识，在全社会培养科学用水、节约用水的生活习惯，进而培育和弘扬节水文化。“抓节水”推动了企业由“高排放、高耗能、重污染”的粗放型发展模式向“低排放、低消耗、高效率”的集约型发展模式的转变，也促进了人们摒弃浪费水资源和粗放用水的生活恶习，树立节约用水的生活习惯。“五水共治”主要从改装器具、减少漏损、再生利用和雨水收集利用示范，合理利用水资源方面来加强“抓节水”工作。

第二节　水环境伦理治理

一、水伦理

水伦理研究的兴起。水伦理研究兴起于20世纪末和21世纪初，随着水环境危机日益成为全球性问题，关于水伦理的研究在学术界备受关注，是极具前沿性的研究。1997年，美国著名学者桑德拉·博斯代尔（Sandra Postel）发表了《最后的绿洲》一文，在文章中他提出了构建水伦理的必要性和紧迫性。随后在英国学者费克利·哈桑（Fekli Hassan）发表了《建立全球“水伦理”刻不容缓》的文章，“水是生命”的理念被提出，并在文章中提倡全球要建立起爱惜水资源的水伦理。随着水伦理研究的推进，国内外学术界关于水伦理研究的广度和深度在不断拓展，许多水伦理学术本章和研究专著纷纷涌现。[①] 为了更好地应对和解决全球水生态危机的难题，众多极具影响力的国际组织和机构，例如，联合国教科文组织，都纷纷提倡和组织人员制定国际《水伦理宪章》，以提升全球保护水资源、爱惜水环境的意识。

---

① BROWN P G, SCHMIDT J J. Water Ethics: Foundational Readings for Students and Professions [M]. Washington, D. C.: Island Press, 2010: 241.

水伦理研究的范畴。水伦理研究的是人在与水打交道的生产生活实践过程中所出现的伦理问题。水伦理的研究问题比较广泛，具体的研究范畴可以分为三类：自然形态的水伦理、社会形态的水伦理和精神形态的水伦理。

自然形态的水伦理。自然形态的水伦理是以环境伦理学和当代生态科学为理论根基，从自然生态形态学意义上的“生态善”的视角，强调水是具有道德意义的存在。它主要探究包括河流、海洋、湖泊等一切水体在内的水自身的内在价值、生命权利、道德主体性等问题。美国著名环境史学家罗德里克·弗雷泽·纳什（Roderick Frazier Nash）指出，“对历史学者来说，重要的是这一事实：近年来，许多人发现，非人类生命和无生命的事物也有道德地位，这是令人信服的”①。我们将这种伦理观称为自然形态的水伦理，这是一种将人的道德关怀和伦理范畴扩展至人以外的一切自然之物的“扩展形态的水伦理”。② 纳什提倡：“伦理学应从只关心人（或他们的上帝）扩展到关心动物、植物、岩石甚至一般意义上的大自然。”③ 美国哲学家克里斯托弗·斯通（Christopher D. Stone）教授认为：“法律权利应该赋予森林、海洋、河流以及环境中的其他所谓‘自然物体’——即作为整体的自然环境。”④

生态主义价值观是水伦理重要的理论根源。进入工业文明以来，人水矛盾的激化使人们重新审视人水相处的方式和人水关系，并为从理论上重建人水和谐做了充分准备。在对人类中心主义、功利主义价值观进行批判和解构的基础上，生态主义的价值观逐步走入人们的视线。这是一种立足于整体主义价值观基础上，强调生态共同体的整体性、完整性和可持续性的价值理念。早在20世纪30年代，生态中心论先驱奥尔多·利奥波德（Aldo Leopold）就站在生态主义的视角提出了“大地共同体”和“大地伦理”的理念。其核心要旨是将水、植被、土壤、动物等所有大地要素都看作道德共同体，作为伦理范畴加以考量，强调山川树木、鸟兽虫鱼都具有生存发展的生命权利，使道德共同体的边界扩展到整个大地的存在物。1947年，在其著作《沙乡年鉴》中，利奥波德指出：“一件事情，当它有助于保护生命共同体的完整、稳定和美丽时，它就是正确

---

① NASH R F. The Rights of Nature：A History of Environmental Ethics ［M］. Madison：University of Wisconsin Press，1989.

② 田海平. “水”伦理的道德形态学论纲 ［J］. 江海学刊，2012（4）：5-14.

③ 纳什. 大自然的权利：环境伦理学史 ［M］. 杨通进，译. 青岛：青岛出版社，1999：144.

④ 纳什. 大自然的权利：环境伦理学史 ［M］. 杨通进，译. 青岛：青岛出版社，1999：32.

的，反之，它就是错误的。”①

深层生态学是生态主义价值观的进一步深入。深层生态学的相关学者和秉持自然价值论的哲学家，例如，阿恩·纳斯（Arne Nass）、霍姆斯·罗尔斯顿（Holmes Rolston），他们深入论证了自然之“是”与“应该”之间的关联，并指出大自然的动物、人类和一切非生物存在物是有生命的存在，且都是具有内在价值和道德主体资格的存在，因此也就都是道德关心的范畴。罗尔斯顿指出“自然系统作为一个创生万物的系统，是有内在价值的”②。罗尔斯顿的“自然价值论”理论对生态中心主义的发展产生深远的影响。深层生态学提倡“生态圈平等主义”，包括水在内的一切自然存在物不仅是价值主体，同时它们的内在价值是平等的。并且认为它们的内在价值的平等性是一种直觉上明晰的价值公理。水和人同为自然环境的要素之一，他们之间是一种平等的主际关系，而不是主客关系。人类的价值高于一切的论断不具有合理性。

深层生态学理论对水伦理进行了深刻阐释。深层生态学主张水环境的内在价值具有客观性、先在性和不以人的意志为转移的实在性，人类的价值不能左右或凌驾于水的价值之上。人类在与自然打交道的过程中，要以自然科学、生态科学、水利科学等科学为基础，充分认知和把握水的自然属性和发展规律，让自然科学成为践行水伦理的重要路径。水是生命之源，水生态系统的整体价值具有道德优先性。因此，人的利益凌驾于水生态利益之上的行为是不道德的。人对水环境、水生态讲伦理是最基本的道德底线。人类应该以充分尊重水的自然属性、遵循水的生态规律为伦理原则，以保持人的行为与水的生态规律相一致为道德律令，进而更好地增进人类福祉，实现人与水环境的和谐相处。

水是一种具有生命权利和内在价值的自然存在物。水生态系统是自然环境中的重要因素之一，江、河、湖、海、溪、池塘、沼泽等各种水的存在形态是孕育地球万物，滋养地球各类生命的源泉，是维护生物多样性的根源。美国著名环境学家纳什明确提出：“河流支撑并养育着鱼、水上昆虫、乌鸦、水獭、渔夫、麋鹿、熊及其所有其他动物，包括人类。人应该成为河流的道德之声。”③水的内在价值决定了人们在开发利用水资源、治理水环境、从事水利活动的过程中都负有保护水、爱惜水，维护水环境的完整性和稳定性的道德义务。如今

---

① 利奥波德．沙乡年鉴［M］．侯文惠，译．长春：吉林人民出版社，1997：370.

② 罗尔斯顿．环境伦理学［M］．杨通进，译．北京：中国社会科学出版社，2000：172.

③ 纳什．大自然的权利：环境伦理学史［M］．杨通进，译．青岛：青岛出版社，1999：157.

全球日益严重的水危机的根源就是人类无视水环境的内在价值，只看到水作为一种资源的工具价值，对水环境的干预甚至破坏行为严重超过了水环境生命本身的承载极限，破坏水生态就是在损害地球所有生命赖以生存的环境资源和生命本源。尊重和认可水的内在价值是水伦理的要旨和底线原则，也是在处理人水关系中对水的内在价值优先性的道德回应。自然形态的水伦理是价值论的“尊重”与存在论的“相与”的统一，是生态学上的“是”与伦理上的“应该”的契合。

河流伦理是水伦理研究的重要方面。“河流生命”的理念最早是在21世纪初由黄河水利委员会的成员李国英提出的，并特别强调人类在从事涉水活动的过程中要以维护河流生命的基本水量为底线，这是对河流生命伦理的深刻觉悟，促进了人们河流伦理意识的觉醒。之后在维持黄河健康生存的学术研讨会上，“河流伦理”的概念被正式提出，并为众多高校的学者探究和讨论。余谋昌教授认为：“河流生命伦理观的提出是人类道德进步和完善的表现。它的目标是保护河流生命。”① 关于河流伦理研究的目的，叶平教授认为是唤醒维护河流健康的意识，培养人们保护河流生命的道德素养，树立敬畏和爱护河流生命的道德责任和义务，促进人与河流和谐相处的意念和追求。② 同时他还指出：探究河流伦理“更重要的是要确立一门河流生命学及其研究的社会建制，使河流生命学的理论研究、宣传教育和直接行动三位一体，并自觉内化为一种人与河流关系的伦理”③。黄河水利出版社出版的《河流伦理丛书》详细深入地探究并论证了河流的文化生命、生命价值、黄河文明史、河流伦理价值观和理论基础以及河流立法等相关理论。

自然形态的水伦理的理论困境。自然形态的水伦理面临着一些理论困境，其围绕生态中心主义的水伦理，主张人与水之间的关系是“主体与主体”的结构，这样就没有了客体的存在，主客体是相对而言的，失去了客体，主体也就没有存在的意义。另外生态中心主义的视角认为水生态系统在价值排序上优先于人的价值，有学者会担心这将走向“环境法西斯主义”的极端。因此，学者们又从其他视角探究水伦理的内涵。其中比较有代表性的理论是社会形态的水伦理，也被称为应用形态的水伦理。

社会形态的水伦理也被称为应用形态的水伦理。它主要指人类在开发利用

---

① 余谋昌．建立河流生命伦理观［N］．人民日报，2004-12-21（13）．

② 叶平．关于河流生命的伦理问题［J］．南京林业大学学报（人文社会科学版），2009，9（4）：6-11.

③ 叶平．河流生命论［M］．郑州：黄河水利出版社，2007：96.

水环境、分配水资源、治理水生态、兴修水利、抗旱防洪等一切用水、管水、治水的生产生活实践中涉及的伦理问题。它的主要目的是处理和调节人水关系，以人为本、兴利除害，促进人水和谐。社会形态的水伦理强调促进水生态与经济、政治、文化、社会协同进化、共同发展，使自然之理与人的生存发展之理保持内在一致。它探究人们在涉水实践活动中的伦理选择和道德抉择问题，以及所应遵循的道德规范和伦理原则，并将此作为评判人的行为、品格的合理性、正当性、道德性的价值尺度和伦理依据。同时还涉及有关水环境利用和保护的法律、制度、机制的合伦理性问题，不同利益主体在与水相关的事务中权、责、利分配的公平性、公正性的问题，企业、公民、社会履行节约用水、生态用水、循环用水等社会公德和社会责任的问题。因此，社会形态的水伦理不仅涉及人与水之间的关系，还涉及人与人之间关系和利益的协调问题，只有处理好人与人之间的关系才能为促进人水可持续的和谐关系打下基础。同时，它涉及包括人在内的整个社会发展在处理水问题上的道德合理性，以及人对待水环境的态度，展现的道德修养、品德素质和价值追求。它是人的发展与水的发展的辩证统一。基于这个视角，徐少锦教授指出：“水伦理主要是关于调控人们与水环境之间关系的伦理要求，在利用、保护水资源和治理水患过程中应具的道德意识和应循的道德准则。”①

社会形态的水伦理的理论基础是交往实践论。交往实践论或称为交往实践观是指：“多级主体间通过作用和改造共同体的中介客体而结成的‘主体—客体—主体’关系结构的物质活动。”② 交往实践论打破了主客两极主体论以及多个主体共存的泛主体论以及多极主体论。它建构起了既包含了“主—客”关系，也包含“主—主”关系的“主体（人）—客体（水）—主体（他者）”的关系结构。交往实践论强调在主客体之间相互作用和影响的过程中，同时会面对和牵涉其他多极主体和多重关系，它们共同构成交往实践的网络化机构。环境伦理不仅包括传统伦理意义上的人与自然之间的单一主体和客体的两极关系，同时还关涉以环境为中介而结成的多极主体之间、多重利益、多方矛盾之间的多极关系，整个过程中蕴含着伦理关系网中的多个交往实践片段。③

---

① 徐少锦．当代中国水伦理初探［C］//江西师范大学伦理学研究所，井冈山市人民政府，中国伦理学会．中国伦理学会会员代表大会暨第12届学术讨论会论文汇编．南京：南京审计学院，2004：6.

② 任平．当代视野中的马克思［M］．南京：江苏人民出版社，2003：308.

③ 王建明，王爱桂．论水伦理建构的哲学基础［J］．河海大学学报（哲学社会科学版），2012，14（1）：33-36，42，90.

基于交往实践论，水伦理强调当主体“我”在作用或走向客体“水”时，在人与水的实践交往的过程中，会同时关涉以水为中介的多个“他者”。也就是人水关系中蕴含着主体与其他主体的多重主体间的利益关系，包括当代或后代、显性或隐性、直接或间接的多重利益关系。错综复杂的人与人的利益关系是影响人与水之间关系的深层原因，从这个层面而言，人水伦理在本质上属于人与人之间的关系伦理，尖锐的人水矛盾和严重的水生态危机从根本上讲是用水治水实践中人与人之间的利益矛盾和伦理危机。水伦理是当代人通过“水”这个中介对后代人讲伦理、尽责任；是国家间、地域间、贫富间、上下游、左右岸等不同利益主体之间通过“水”建立协调利益的伦理机制、遵循应有的伦理规范、履行应尽的道德义务。水伦理的建构和践行必须建立在交往实践论中对人与人关系的协调和处理上。

社会形态的水伦理是进化的价值论的充分体现。河流生命伦理的基本原则是既促进水生态保护，又有益于人类发展的人水共同进化的价值论。叶平教授指出：“进化的价值论是指关于人与河流相互作用所依据的共同进化的价值理论。”① 共同进化的价值论是以达尔文（Charles R. Darwin）的进化论为思想基础，同时结合卡尔宾斯卡娅关于“生物界和社会在最大范围内的相互渗透、相互交织和相互补充”的“共同进化”的思想。② 水伦理强调人与水是相互依存、共同进化的关系，人在与河流打交道的过程中要像保护自己的生命一样去保护河流生命，这是人对河流的伦理责任。善待河流也就是善待人类自己，也才可以实现人与水共生共存。人与水的共同进化充分体现了自然方向性和人类发展的目的性的辩证统一，这是一个人与河流共同创造的过程。保护河流的生命健康是人类义不容辞的道德责任，但是不能弃人类的基本生存发展需要而不顾，否则就会走向“荒野保护遮蔽下的人”的极端。同时，在人类中心主义的左右下，为了人类自身的利益而随意透支河流生命、肆意破坏水生态的行为也是违背水伦理的。

“保护”与“发展”是辩证统一、协同共进的。美国环境史学者唐纳德·沃斯特（Donald Worst）提出了“像河流那样思考”的理念。③ 这是一种从生态

---

① 叶平．环境伦理学研究的一个方法论问题：以“河流生命”为例［J］．哲学研究，2009（12）：96.

② 卡尔宾斯卡娅．人与自然的共同进化问题［J］．亦舟，译．国外社会科学，1989（4）：26-31.

③ WORSTER D. The Wealth of Nature：Environmental History and the Ecological Imagination［M］. New York：Oxford University Press，1993：124.

整体论的进路去思考人与水的相互关系，突破了简单的机械论思想，充分蕴含了人与水是生命共同体，共生共存、共进共荣的伦理理念。在人与水共同进化的生态整体论的观念下，河海大学李映红等学者提出了人河互为尺度的水伦理价值观。他们批判了极端生态中心主义者对“以人为尺度”水伦理的矫枉过正，过度推崇以河流为中心和价值尺度的思想。进而提出“人与河流互为尺度”的水伦理价值观，同时深入论证了河流是既具有内在价值，又具有外在功用价值的客观存在，人河互为尺度是工具性价值与目的性价值的辩证统一。①

精神形态的水伦理。水伦理还包括人类以水为载体、以水隐喻的水伦理思想和观念，也把它称为水性和德性相统一的“水德论”。② 著名学者田海平把这种形式的水伦理称为精神形态的水伦理。“精神形态的水伦理是一种以水喻道或以水比德的传统德性伦理。”③ 将水的自然特征、本质属性升华为一种文化象征，抽象为一种精神存在来对人进行道德隐喻，以此来完善人的品格和道德，这本质上属于一种德性伦理。水的德性伦理我们最早在古希腊文明中就可以探知，古希腊神话中很多关于神的传说都与海水关联，《河马史诗》中的很多故事和场景都是以海洋为线索铺排的，并且认为万物之父就是海神夫妇。因此水被人们寓于神一般的高尚品德和崇高精神。古希腊哲学家很早就对素朴的水伦理理念进行了探究。哲学家泰勒斯（Thales）是古希腊米利都学派的创始人、集大成者，在他的哲学思想中将水看作万物的本原，提出了“万物基于水”的哲学理念。古希腊哲学家赫拉克利特（Heraclitus）以水为本体，揭示了“运动的绝对性”的哲学命题，他指出：“一个人不可能两次踏入同一条河流。”

苏格拉底（Socrates）的学生柏拉图（Plato）通过对人与海洋的关系的阐发论证了水对人的思想、秉性、品行的塑造起到的至关重要的作用，并对生活在海洋附近的人的性格、品格进行研究，从而进一步阐释了人类的伦理精神与水的深入关系。④ 环境决定论的代表人物之一孟德斯鸠（Montesquieu），就将包括河流、海洋在内的自然环境看作决定社会发展和人的发展的根本要素，保护和爱惜水在内的一切自然要素和自然环境是人对水应尽的责任和义务，这是水伦

---

① 李映红，黄明理．论河流的主体性及其内在价值：兼论互主体性的河流伦理理念［J］．道德与文明，2012（1）：116-119.

② 楚行军．西方水伦理研究的新进展：《水伦理：用价值的方法解决水危机》述评［J］．国外社会科学，2015（2）：155-159.

③ 田海平．“水”伦理的道德形态学论纲［J］．江海学刊，2012（4）：5.

④ 宋正海．地理环境决定论是人类优秀文化遗产［J］．湛江海洋大学学报，2006（5）：14-19.

理观的重要体现。[1] 将水看作民族精神和灵魂的象征，赋予水以至高无上的神性和威力的古代西方文明充分体现了万物有灵的自然客体中心论思想。这是一种在敬畏水、尊重水、崇拜水、热爱水的客体之上所形成的“以水为本、尊天顺水”的水伦理观。

我国古代水文化、水文明博大精深、源远流长。水伦理观从素朴感性地顺应水环境，发展为辩证理性的“人水和谐、共存共生”的水伦理观。大禹治水充分体现了尊水性、顺水势、人水共生、和谐相处的水伦理理念。《易传》中强调水是万物之所归，将水视作万物的起源和归宿，孔子将水作为悟道的载体，以水喻德，指出水是万物之道。老子视水为人的道德和品性的本原，并充分领悟人与水和合共生的水伦理精神。《老子·道德经》中明确指出：“上善若水，水善利万物而不争。处众人之所恶，故几于道”[2]，老子启迪众人以水为师，以水养德。庄子崇尚水的清澈、自由、宁静、广博，心静如水、有容乃大是对水精神、水境界的向往和追求。

二、治理与伦理治理

治理的起源和概念。“治理”一词的英文表达是 governance，据英国著名社会学家鲍勃·杰索普（Bob Jessop）考证，治理一词源自拉丁语 Kybernets 和古希腊语词汇 κυβερνάω［kubernáo］，原意是驾驶、掌舵。它最早出现在柏拉图的《理想国》中，是柏拉图在探究理想的与劣质的两种治理模式中提出的。[3] 世界银行将治理定义为：管理一个国家的经济和社会发展资源中行使权力的方式。[4] 世界银行全球治理指标项目将治理定义为：一个国家行使权力的传统和制度。这考虑到选举、监测和取代政府的过程；政府有效制定和执行健全政策的能力以及尊重公民和管理公民之间经济和社会互动的机构的状况。[5]

另一种定义认为治理是利用制度、权力结构甚至协作来分配资源、协调或控制社会和经济活动。[6] 联合国开发计划署（UNDP）将治理定义为：“行使经

---

① 孟德斯鸠．论法的精神：上［M］．张雁深，译．北京：商务印书馆，1961：228.

② 王弼．老子道德经注校释［M］．楼宇烈，校释．北京：中华书局，2011：113.

③ 俞可平．治理与善治［M］．北京：社会科学文献出版社，2000：55.

④ The World Bank. Managing Development：The Governance Dimension［M］. Washington，D. C：The World Bank，1991：44.

⑤ 清研集团．世界银行“全球治理指数（WGI）”透视［EB/OL］．清研集团官网，2012-08-11.

⑥ BELL S. Economic Governance and Institutional Dynamics［M］. Oxford：Oxford University Press，2003：223.

济的、政治的和行政的权威去管理一个国家所有层次的事务，包括公民和群体通过一些机制、程序和机构表达他们的利益、行使他们的法律权利，履行他们的义务以及调解他们的分歧。”① 经济合作与发展组织（OECD）定义治理为：“治理是一个国家为管理其国家必须行使的政治、经济和行政的权威，包括决定制定和实施的程序，在政府之内治理是公共机构借以从事公共事务和管理公共资源的过程。”②

治理理论的主要创始人之一詹姆斯·罗西瑙（James N. Rosenau）认为：治理是一系列基于共同目标而开展的管理活动，这些共同的目标不一定是法律或正式规则所规定的责任，它也未必依赖于强制力来保障。③

政治学家罗德里克·罗兹（Roderick Rhodes）对不同场域下的治理进行分类，并总结了它们的核心内涵。

一是最小国家（the minimal state）。治理运用于最小国家的管理中，具体是指国家在管理公共事务时，以最大限度地减少支出、节约成本而换取社会效益的最大化为目标。

二是公司治理（corporate governance）。治理被运用于公司管理中时，它被看作一套组织体制用以规范、引导、监督和把控企业的正常运转。

三是新公共管理（new public management）。治理在新公共管理中，强调在政府提供公共产品和公共服务的过程中，需要将私人部门的高效灵活的管理方式和市场化的激励和竞争机制引入，以提高政府管理的效率。

四是善治（good governance）。善治层面上的治理，强调在公共服务体系中要注重效率问题、依法治理和履行责任。

五是社会控制系统（social-cybernetic systems）。社会控制中的治理，主要建立政府力量与公民社会的合作关系，增强公共部门与私人机构的协作和互动，促进行政手段与市场机制的结合，从而促进社会管理效率的提升。

六是自组织网络（self-organized networks）。治理在自组织网络中，强调社会多元主体基于共同利益和相互信任而建构的协同合作的社会网络。④ 在治理的

---

① BOURN J. Public Sector Management [M]. Aldershot: Hamts Brookfieid USA Dartmouth, 1995: 78-82.

② ZURN M. A Theory of Global Governance Authority, Legitimacy, and Contestation [M]. Oxford: Oxford University Press, 2018: 125-128.

③ ROSENAU J N. Governance without Government: Order and Change in World Politics [M]. Cambridge: Cambridge University Press, 1992: 63.

④ RHODES R A W. The New Governance: Governing without Government [J]. Political Studies, 1996, 44 (4): 652-667.

众多定义中，比较有权威性和代表性的是来自全球治理委员会在 1995 年的界定：治理是或公或私和机构经营管理相同事物的诸多方式的总和。

治理有四大特征。治理不是一套固定的规则条例，也不是一种活动，而是一个过程；支配和控制不是治理的基础，治理以协调为基础；治理不仅会涉及公共部门，而且会包括私人部门；治理并不意味着一种固定不变的制度，而有赖于持续的互动。[①]

治理与管理和监管的区别。“治理”概念强调对社会事务的管理不再是国家的专属特权，不再单纯依赖政府的权威和制裁，而是由政府主体与非政府主体共同解决社会问题。可以说，治理是监管的上位概念，其不仅包含了传统的政府监管的形式，也涵盖了非政府主体的治理活动。在包括研发、扩散和应用的科技创新活动中，政府主体在依据标准、指南和规则进行治理的活动中与个人、机构和组织是协调和持续互动的。管理、监管和治理三者的区别就在于：治理涉及确定目标，选择手段，调节它们的运作，以及考核结果，具有政策性、方向性、宏观性；监管是治理的一方面，是根据规则进行监督、控制；而管理是在特定的行政机构内一些在组织、预算和行政方面的具体技巧。[②] 治理与管理并不相同，管理主要是经济学概念，提高成本——效益比，这个效益主要指经济利益。而治理不能仅关注经济效益，更主要是注重实现初衷、目的和价值取向。例如，医疗卫生领域的治理要注重成本——效果比，关注最后发病率、死亡率的降低，以及健康的寿命延长等；另外治理不限于中央政府，还包括地方政府、社区、机构和民间组织的治理，治理中核心是监管（regulation）。[③]

治理的主要特征包括四方面。

第一，主体多元化。治理指出自政府，但又不限于政府的一套社会公共机构和行为者。治理的主体包括政府、企业、行业、公众、社会组织、私人机构、社会自治组织等，因此具有多元性。治理理论的主要创始人之一的詹姆斯·罗西瑙指出：治理“既包括政府机制，同时也包含非正式、非政府机制，随着治理范围的扩大，各色人等和各类组织得以借助这些机制满足各自的需要，并实

---

① The Acommission on Global Governance. Our Global Neighborhood：The Report of the Commission on Global Governance［M］. Oxford New York：Oxford University Press，1995：220.

② 林瑞珠．伦理治理：伦理与法律协同治理［EB/OL］. Bioethics CSB 微信公众号，2019-12-27.

③ 邱仁宗，翟晓梅，雷瑞鹏．可遗传基因组编辑引起的伦理和治理挑战［J］. 医学与哲学，2019，40（2）：1-6，11.

现各自的愿望”①。

第二，运行机制多样化。治理的运行机制除了有法律外，还包括各类制度、规章、伦理、道德、契约、文化、习俗等，它更强调一种协商性和民主性。

第三，关系伙伴化。治理强调在制度层次上创造中立的国家，在社会层次上创造自由的公共圈或曰民间社会，以及在个人层次上创造“自由”“自我”和“现代”的行为模式。治理是一种多中心化、平行式和互动式的运行方式，它具有合作性和自主性。它强调政府与公民社会、公共机构与私人机构、行政力量与市场机制等多元主体、多种方式相结合，并通过平等参与、民主协商、信息互通、资源共享、风险共担的方式，在共同发挥作用的领域建立一致或取得认同，并自动形成的权、责、利明晰，合作公平的自组织网络。

第四，结构网络化、管理系统化。治理强调行为者网络的自主自治。治理的权威来自多元主体的共识和认可，这是一种在合作关系的基础上建立起的协同网络和行动共同体的公共权威。正如詹姆斯·罗西瑙所指出的：治理对治理共同体的依赖明显大于对宪章和法律的依赖，政府不是治理的唯一主体，政府的强制力量和权威性不是治理推进的动力，治理倾向于一种无政府的状态。② 治理涉及“参与一个集体问题的行动者之间的相互作用和决策过程，这个过程导致社会规范和体制的建立、加强和复制”③。

国外关于伦理治理的研究。伦理治理是关于“伦理”与“治理”的关联。这一术语（理论）已在国外的文献中被频繁使用，最早引入我国是在 21 世纪初，主要涉及生命伦理、医学伦理、人工智能伦理、企业治理、组织治理、环境治理等多个领域，其中应用最广泛的领域就是生命伦理学的研究领域。在国外的文献中对“ethical governance”的研究基本集中在生物、生物医学、生命科学和科学技术、人工智能的领域中。

首先，在生命科学领域中探讨生命伦理。霍利·朗斯塔夫（Holly Longstaff）等探究了生物数据库共享中对数据贡献者人群的隐私和私密性的保护和伦理治理机制的建立问题。特别是对缺乏法律能力，在某些年龄段也缺乏对研究提供

---

① 罗西瑙．没有政府的治理：世界政治中的秩序与变革［M］．张胜军，刘小林，译．南昌：江西人民出版社，2001：5.

② ROSENAU J N. Governance without Government：Order and Change in World Politics［M］. Cambridge：Cambridge University Press，1992：334.

③ HUFTY M. Investigating Policy Processes：The Governance Analytical Framework（GAF）.［J］. Social Science Electronic Publishing，2011（4）：403-424.

知情同意的认知能力的未成年人的保护，因为他们是潜在的易受伤害的研究参与者。① 安·凯斯门特（Ann Casement）在对英国和欧洲大陆精神卫生领域中法律程序和心理健康之间关系探究的基础上，指出：法律问题涉及司法审查、数据保护、反歧视立法、人权和病人材料的保密性。透明度和问责制不仅在精神卫生领域，而且在当今世界许多地方的社会政治经济生活中，都是道德治理的两大支柱。② 曼朱利卡·瓦斯（Manjulika Vaz）等人探究了在生物医学研究中分享生物材料和相关数据时应该建立的道德管理政策。他们审议了国际政策文件中关于共享人类生物材料和相关数据的道德规范如何从全球论坛传播到国家的政策和做法，并侧重于对四个国家，即几内亚、阿根廷、印度和马拉维的国内政策的探究，给出了为确保实现公平分享利益的道德目标，仍需要进一步完善国家相关道德规范建设的建议。③

其次，在技术领域和人工智能领域探究技术伦理。在技术的伦理治理和人工智能的伦理治理中，艾伦·温菲尔德（Alan F. Winfield）和马里纳·伊罗特卡（Marina Jirotka）探究了机器人技术和人工智能（AI）系统的伦理治理问题。他们将道德、标准、监管、负责任的研究和创新以及公众参与等诸多要素联系在一起，以此作为指导机器人和AI道德治理的框架，并提出了人工智能伦理治理的五个支柱：公众的恐惧、标准法规、安全至上、透明度、走向道德机器。④ 艾伦·温菲尔德等探究了机器伦理学的相关问题，包括自主系统如何被灌输道德价值的中心问题，提出了人工智能和自制系统的设计与治理中应建立的伦理规范。⑤ 费尔南·多里多（Fernand Doridot）探究了新兴技术发展的伦理治理问题，研究指出：技术在人们的日常生活和商业中的集成度越高，其应用的道德

---

① LONGSTAFF H, KHRAMOVA V, PORTALES - CASAMAR E, et al. Sharing with More Caring: Coordinating and Improving the Ethical Governance of Data and Biomaterials Obtained from Children [J]. Plos One, 2015, 10 (7): 1-7.

② CASEMENT A. Ethical Governance [J]. British Journal of Psychotherapy, 2008, 24 (4): 407-427.

③ VAZ M, PALMERO A G, NYANGULU W, et al. Diffusion of Ethical Governance Policy on Sharing of Biological Materials and Related Data for Biomedical Research [J]. Wellcome Open Research, 2019, 4 (11): 1-11.

④ WINFIELD A F, JIROTKA M. Ethical Governance is Essential to Building Trust in Robotics and Artificial Intelligence Systems [J]. Philosophical Transactions A: Mathematical, Physical, and Engineering Sciences, 2018, 376 (2133): 1-13.

⑤ WINFIELD A F, MICHAEL K, PITT J, et al. Machine Ethics: The Design and Governance of Ethical AI and Autonomous Systems [J]. Proceedings of the IEEE, 2019, 107 (3): 509-517.

性和适当性就越重要。新兴技术发展的伦理治理在将新技术应用到环境中时，结合了伦理背景、理论和管理方法等多重视角。①

国内关于伦理治理的研究主要集中在以下方面。

伦理治理的概念。在伦理治理这一术语中，"治理"是一个管理学的概念，它是面向实践的，在哲学层面上我们可以将治理解读为："对合作关系或合作网络赋予意义并使之合理化的过程。"②"伦理"是一个哲学概念。伦理是对实践中的现实困境和道德难题的哲学回应。"伦理治理"是哲学与管理学相结合的一个创新的理论。贾平认为：伦理治理是一组过程、程序、文化和价值，它被设计出来去确保行为的最高标准；伦理治理由此超越了简单的善治（good governance），其强调个人和其所工作的组织机构的行为都要符合伦理；规范性的伦理治理，是负责任的研究与创新的重要支柱，由此探寻在伦理问题发生之际或发生之前就去应对，而非等到问题发生之后再按照传统既定方式去应对。③ 雷瑞鹏指出：伦理治理是立法机构、政府机构以及科学家专业组织所采取的干预措施，以确保某门科技的伦理原则，包括实质性和程序性的伦理要求得以实施，保证发展科技的终极目的，即改善人的福祉和促进社会的繁荣得以实现。④ 林瑞珠在对伦理治理的探究中指出：伦理治理是对价值冲突的治理，要建立在满足伦理要求的基础上。伦理治理是一种开放的、综合性概念，既有"价值论"元素，也包含了"对伦理秩序治理"元素，然而就工具论而言，伦理治理强调运用多元方式，以谋求伦理问题的解决。邱仁宗认为：伦理治理的本质是治理中强调伦理价值或道德价值，也就是治理要以伦理善为价值取向。⑤

伦理治理的内涵。伦理治理既对治理的理想状态进行建构，同时又蕴含着伦理善治的价值理念。伦理治理的主体具有广泛性和多样性，包括政府、民间团体、科研机构、行业协会、事业单位、非营利组织、专家学者组成的学术团体、社会公众等，他们通过平等协商、相互协调、彼此合作的方式，共同解决政治、经济、文化、环境、社会等各个领域中的道德困境和伦理难题。

伦理治理是一种整体性的治理，是一种形态治理。它包含了以伦理治理、

① DORIDOT F, DUQUENOY P, GOWON P, et al. Ethical Governance of Emerging Technologies Development [M]. Hershey, Pa.: IGI Global, 2013: 147.

② 丁煌. 西方行政学理论概要 [M]. 北京：中国人民大学出版社，2011：333.

③ 贾平. 治理与伦理治理：概念、定义与区分以利害相关方参与为导向 [EB/OL]. Bioethics CSB 微信公众号，2019-12-27.

④ 雷瑞鹏. 伦理治理的评估问题 [EB/OL]. Bioethics CSB 微信公众号，2019-12-27.

⑤ 邱仁宗，黄雯，翟晓梅. 大数据技术的伦理问题 [J]. 科学与社会，2014，4 (1)：36-48.

对伦理治理和合伦理治理的过程。

伦理治理的第一层内涵是“以伦理治理”。“以伦理治理”是将伦理作为治理的路径和重要的工具。借助于伦理的同一性去规约治理现实世界。它提供了一种整体建构的治理思路——从“整体”出发，视“整体”为最大的普遍性，强调“个体”需要“总体”来指引方向，个体存在的意义在于它归属于整体的和谐与建造，这是一种追求整体和谐的伦理治理方式。田海平认为“以伦理治理”关注的是伦理统一性的寻求，以伦理实体作为第一位的治理原则。其优势在于能够形成强有力的承诺和认同，在家庭、社会、民族、国家由内向外的伦理同质性的扩展中，确立伦理中心主义的治理之道。①

伦理治理的第二层内涵是“对伦理治理”。“对伦理治理”是将伦理困境作为治理的对象，以追求伦理善为目标。这属于一种从“个体”出发的伦理实践方式，强调个体存在的意义是为自己的行为立法——朝向善治的目标，自主地对实践中出现的伦理困境、现实矛盾和道德难题进行治理。例如，现代科学技术的进步不断地突破人类原有的伦理底线，甚至改写了“人”的概念和“文化”的概念，产生了全新的亟须治理的伦理道德难题，这些都是经验层面上对伦理问题和难题的治理。这种实践方式说明，伦理治理不是脱离社会生活实践的孤立抽象的存在，它是一种现实性的“问题治理”，是一种面向“伦理的现代性困境”的治理，是一种现实性的“问题治理”而非理想化的“原则建构”。

从“对伦理治理”的层面而言，“五水共治”中的伦理治理就是对水环境工程实践中的伦理困境、道德难题和现实矛盾进行治理。如果说“以伦理治理”是一种经验形态的治理，“对伦理治理”就是经验形态的治理解题路径。“以伦理治理”是传统意义上的伦理治理，它强调将治理问题伦理化，因而是诉诸、依托乃至等同于伦理同一性（或伦理实体）的治理类型。而“对伦理治理”是现代意义上的伦理治理，它反对把治理问题伦理化，主张在明确区分治理与伦理的边界的基础上，将伦理治理诠释为对伦理问题和难题进行治理。②

伦理治理的第三层内涵是“合伦理治理”。“合伦理治理”是探究“治理如何具有合伦理性”的问题。它强调伦理的“应当”与治理的“良好”之间的“必然”联系。治理行为或治理实践如何具有合埋性的问题，涉及治理程序、治理过程和行为规范的合伦理性问题。程序伦理主要涉及伦理审议（ethical deliberation）、伦理监管（ethical regulation）、伦理监督（ethical oversight）、伦理互

① 田海平．伦理治理何以可能：治理什么与如何治理［J］．哲学动态，2017（12）：5-14.

② 田海平．伦理治理何以可能：治理什么与如何治理［J］．哲学动态，2017（12）：5-14.

动（ethical interaction）、伦理立法管制（legislative regulation）、道德风险评估（moral hazard assessment）等内容。规范伦理主要涉及伦理责任、负责任的研究与创新、透明性、公正性、尊重性、补偿性等伦理原则。栾群从"合伦理的治理"的视角下探究了人工智能的合伦理化举措，包括数据伦理、算法伦理、安全伦理、法律责任，并从符合本国国情、符合产业需求、符合民众利益、符合人类安全的视角给出了人工智能合伦理治理的路径。①

伦理治理的原则、价值和机制。林瑞珠认为伦理治理的原则应该包括以下几方面：开放性，即与公众沟通；参与性，即公众尽可能参与政策制定；问责性，机构之间责任明确；有效性，即有效实现目标和目的；连贯性，即机构和政策之间协调一致。她将伦理治理的价值概括为：法治、透明、问责、人权、参与、反对腐败。伦理治理机制包括伦理审议（ethical deliberation）：公众参与到决定科学研究发展方向的决策之中（国家伦理委员会、与公众的沟通）；伦理规制（ethical regulation）：规制的方式和规制的落实；伦理互动（ethical interaction）：研究者与受试者之间的持续互动；伦理监督（ethical oversight）：同行评议、伦理审查。② 伦理治理、伦理、法律的关系可理解为：伦理治理是上位概念，其包含了伦理规范与法律规范，伦理规范与法律规范同为伦理治理的机制。伦理与法律协同治理模式则为：伦理规范法律化，将伦理原则、准则转化为法律原则或规则；法律规范要求设立伦理审查委员会对涉及人的生物医学研究进行伦理审查；行政管制与伦理规范共同对科技活动行为进行规约。③

伦理治理的要求和作用。陈海丹以英国万人基因组计划（UK10K）伦理顾问组起草的伦理治理框架及英国胚胎和干细胞研究治理争议为例，讨论了伦理治理的要求和作用问题。UK10K 的伦理治理框架的内容包括：一是监管批准，所有研究都必须获得伦理上的批准，并符合英国和/或采集样本的国家对医学研究的所有法律和监管要求；二是知情同意，UK10K 项目的参与者将通过一个适当的研究伦理委员会批准的程序，对基因研究给予知情同意；三是数据可及，UK10K 项目联盟致力于对数据的研究可及的最大化原则，并将确保通过管理的数据可及系统快速发布数据；四是撤回，必须告知研究参与者，他们可以随时

---

① 栾群．人工智能治理的合伦理化举措要点与反思［J］．科技与金融，2019（10）：22-26.

② 林瑞珠．伦理治理：伦理与法律协同治理［EB/OL］．Bioethics CSB 微信公众号，2019-12-27.

③ 周吉银．关于涉及人的健康相关研究的伦理治理［J］中国医学伦理学，2023，35（4）：407-414.

停止参与 UK10K 研究。英国在胚胎和干细胞治疗的伦理治理的经验是，在监管政策制定上，坚持前瞻的、持续的、统一的原则；在监管政策实施中，坚持透明、公正、公平等原则；在面对伦理争论时，让公众理解、参与科学。伦理治理的作用是促进科技的发展、负责任的研究和创新、保护民众的权益。伦理治理的要求则是政策制定上坚持前瞻的、持续的、统一的原则；实施过程中坚持透明、公正、公平的原则。① 刘永谋在对技术治理进行深入的哲学反思后，提出了值得为之辩护的技术治理模式主要涉及的两个问题：一是选择一种更切合实际自然科学活动的科学哲学和科学方法论；二是选择一种更为合理且能规避某些可能风险的专家治国模式。② 这是技术伦理治理的基本要求的路径探索。

伦理治理的评估。雷瑞鹏认为具体科技的伦理治理是否合适所需要的特殊标准应该包括：一是正当性（legitimacy）。正当性是指治理目的的正当性，即治理者是否做了正确的事情，以及治理手段的正当性，即治理者以正确的方式做了正确的事情。二是有效性（effectiveness）。治理的制度和措施应达到预期目的，尽可能避免治理失效或失灵。治理失灵（governance failure）通常是由于治理者腐败、被俘虏（capture，受到被治理者控制）或能力缺乏而造成的。治理失效也可能是受治理者对治理的干预措施抵制的结果。三是审慎性（prudence）。审慎性是指由于新兴科技产生的风险和受益都具有不确定性，需要我们审慎地评估风险和受益，确保风险处于可接受的水平上。四是科学联系性（science connectedness）。科学联系性是由于现代科学发展迅速，对技术的使用随时发生变化，防止治理与科技发生脱节。五是国际相容性（international compatibility）。治理的国际相容性是指对新兴科技要进行国际化的治理，要求设法找到国家之间的共同价值，同时也要尊重彼此之间的差异。③

伦理治理的主要特征。从向善的治理目标而言，伦理治理是为了实现一种“良好”的治理，使治理成效达到善的最大化。就此而言，伦理治理包含以下几个伦理要素。

一是责任性。责任性是伦理治理的一个重要的伦理要素。政府机构、私营部门和民间社会组织都必须对公众及其机构利益攸关各方负责。对谁负责取决于所做的决定或采取的行动是组织内部的还是外部的。一般来说，一个组织或

① 陈海丹. 伦理争论与科技治理：以英国胚胎和干细胞研究为例［J］. 自然辩证法通讯，2019，41（12）：40-46.

② 刘永谋. 技术治理的逻辑［J］. 中国人民大学学报，2016，30（6）：118-127.

③ 雷瑞鹏，邱仁宗. 新兴技术中的伦理和监管问题［J］. 山东科技大学学报（社会科学版），2019，21（4）：1-11.

机构对那些将受其决定或行动影响的人负责。责任是一种应然的规定，在对社会公共事务的治理过程中多元主体所扮演的角色和身份决定了其应该承担的义务和责任，它强调的是治理主体的行为及其行为的影响和后果与其社会角色之间的一致性。在对社会公共事务的管理中，责任尤其强调特定岗位或职位上的管理人员应该履行其职业和职务所要求的责任，以及特定的组织和管理机构应该履行其职责和功能所要求承担的义务。

在公共管理中，责任大致可以分为行政责任、法律责任和道德责任。行政责任强调公共管理的政府机关和公职人员对社会所应承担的职责和义务，伦理治理更侧重于强调政府的社会责任，政府对社会履职越到位，就说明政府在治理中的责任性越强，治理的程度和成效就会更高。法律责任强调包括任何公共机构和公职人员都负有依法行政、依法履职的责任，任何社会组织或个人都负有依法办事、遵纪守法的义务，同时所有人在违反法律情况下，均负有对损害予以补偿和接受法律惩罚的义务。道德责任建立在公共管理伦理关系的基础上，强调治理主体应该承担行为及其后果在道义上的责任。道德责任有赖于人的责任意识和义务观念，伦理治理所追求的是将行政责任与法律责任转化成道德责任，这是一个治理主体化责任为内在信念的过程。伦理治理所追求的公共利益最大化是以道德为基础的，它不是只讲权益而排斥责任和义务，否则只能实现私人利益的最大化，实现良好的治理需要寻求公共利益得以实现的德性基础①，这有赖于道德责任的培养和强化。

二是公正性。公正是社会制度的首要价值。② 公正性是维持治理关系网络稳定性的关键，在平等和公正的基础上人们才可能结成最大的行动共同体。公正性强调任何个人不论其种族、性别、阶层、信仰，都能平等地获得其应该得到的权益以及受到平等的待遇，它体现的是一种群体的人道主义，目的是实现多元治理主体之间利益的均衡。伦理治理是多元利益主体共同参与社会治理，平等享受权利与利益，共同承担风险与责任，实现奉献与索取协调统一的过程。一方面是不同地域和不同群体之间的治理责任分配是均衡的，伦理治理需要全面参与、社会协同来共同应对风险、承担责任。另一方面是所有利益主体都拥有享受治理成果的平等权利，同时拥有免于遭受不利条件限制和不利因素迫害的权利。伦理治理尤其强调发达地区与经济发展落后的区域，以及富裕人群与

---

① 池忠军，赵红灿．善治的德性诉求［J］．道德与文明，2007（2）：88-92.

② 罗尔斯．正义论［M］．何怀宏，何包钢，廖申白，译．北京：中国社会科学出版社，2001：290.

经济贫困的人口之间权利的平等性，切实维护社会弱势群体的基本权利。为了保证公众对公共事务的参与权、知情权、监督权，政府需要做好信息的公开工作，保证政策制定、制度实施、行政执法的透明性、阳光性，广泛听取公众的意见和建议，积极与社会公众互动，对公众的疑问和诉求及时有效地给予回应，并制定完善的解决问题的方案。同时，开放公众参与决策的多重渠道，让社会公众对社会治理过程开展有效监督，透明公开、有效回应是实现公正性的关键。

三是参与性。参与性是伦理治理的重要旨趣之一。公民参与伦理治理可以直接参与，也可以通过合法的中间机构或代表参与。参与一方面意味着保障结社和言论的自由，另一方面需要有组织的民间社会。在伦理治理的过程中，政府需要将适当的职能和权力回归于公民社会，即还政于民。良好的治理是一种政府、专家、企业、社会组织、公众密切配合、相互适应、共同治理的过程。刘永谋在对技术治理进行的哲学反思中指出："在许多涉及科技的行政事务中，专家发挥主导作用是必要的，但这不能否定利益相关者介入的必要性。并且专家在科技民主决策中负有让'公众理解科学'的责任，也就是对民主参与各方进行必要普及和教育。"① 公众理解治理，对治理有科学的、客观的、充分的认知，并能真正参与到治理决策、制度完善、政策执行、社会监督、绩效反馈等治理的全过程中，这是伦理治理的关键所在。俞可平指出："良好的治理有赖于公民自愿的合作和对权威的自觉认同，没有公民的积极参与和合作，就难以保障治理效应的最大化的实现。"② 在统治型的社会治理模式中，统治者的权威和意志是治理的根基和目的，管理型治理模式以效率优先为主导和目标，服务型的社会治理模式，社会公众的需要、意愿和诉求是治理的依据和准则，政府要培养服务大众、尊重民意，践行"权为民所用、情为民所系、利为民所谋"的治理理念。③

伦理治理中公民的角色定位发生了实质性的改变。公民从原来的公共产品的消费者和公共政策的被动接受者，转变为公共服务的联合提供者，以及参与公共决策和管理公共事务的中坚力量，是政府治理和市场治理的重要合作伙伴。苏伦德拉·蒙希（Surendra Munshi）指出，"伦理治理是一种参与性的治理模式，公民权利的保障和公共利益的提升是治理的目的，伦理治理致力于增进人

① 刘永谋．技术治理、反治理与再治理：以智能治理为例［J］．云南社会科学，2019（2）：29-34，2.

② 俞可平．论国家治理现代化［M］．北京：社会科学文献出版社，2014：301.

③ 王玉明．公共管理：理论与实践［M］．广州：广东人民出版社，2008：175.

民福祉和维护社会正义"①。公民参与治理是增进公众对治理方式和治理机制的认知感和认同感的一个过程，善治合法性（legitimacy）的重要来源是社会公众对治理的认可和服从。合法性不能简单等同于合法（legal），合法的东西并不必然具有合法性。② 治理理念或政策决议只有在最大程度上得到公众的体察、认识、认可、认同，在公民社会达成共识，才真正具有合法性。伦理治理所最终达到的效果是与其合法性成正比的。因此增加公民参与治理的渠道、丰富公民参与治理的方式、拓展公民参与治理的深度、保障公民参与治理的有效性、增加公众的同意和认可，是伦理治理的必要路径。

四是法治性。伦理治理需要公正公平的法律框架，它要求充分保护人权。伦理治理模式下的权力具有公共性，在统治型的社会治理模式中，权力的掌握和行使是由少部分统治者操控的，因此会出现滥用权力以谋私利，实施有违社会公正的非理性行为。因此需要对权力进行正当制约和合理限制，法治的理性权威满足了制约权力的需要。同时，法律和制度对于约束和规范治理人员行为也十分重要，尤其是政府人员的治理行为。伦理治理需要行政人员做到奉公守法、廉洁自律、公正执法、不谋私利，以维护公共治理的公平正义。法律是社会公共管理活动的最高准则，通过规约行政人员的行为，使其依法行政，从而为维护公共权威的合法性提供有力保障。

法治在伦理治理中的另一个重要的作用是保障权利。法律面前人人平等，每一个公民都平等地享有参与国家政治生活和参与社会公共事务管理的自由和权利，健全的法治是公民权利最基本也是最可靠的保障。法治也是维护社会秩序、保障社会稳定的基石。政治和平、秩序良好、大局稳定，公民的健康、安全和基本生存和生活有保障，才会有经济的发展和社会进步。尤其是在经济欠发达、政治不稳定、社会制度化程度较低的国家和地区，必须依靠法治来维护良好的社会秩序，才能切实地维护好社会的公共利益。这些都是构成衡量伦理治理的核心指标。

五是透明度。透明度就是要求以遵循规则和符合道德的方式做出决定和执行决定。这意味着充足的信息被以易于理解的形式和媒介直接提供给那些将受到这些决定和执行影响的人。伦理治理需要保证决策、参与、执行、分配等各

---

① MUNSHI S. Concern for Good Governance in Comparative Perspective ［C］// MUNSHI S, ABRAHAM B. Good Governance, Democratic Societies and Globalisation. New Delhi: SAGE Publication, 2004.

② 俞可平．论国家治理现代化［M］．北京：社会科学文献出版社，2014：282.

方面的透明性和公开性，这是对权利的尊重，也是对伦理责任的履行。

六是响应性。伦理治理要求各机构和进程在合理的时间范围内努力为所有利益相关方服务。

七是以共识为导向。在一个特定的社会中，会存在多个行动者和众多的观点。伦理治理需要调解社会中的不同利益，以便就什么才是整个社区的最大利益以及如何实现这一目标达成社会上的广泛共识。它还需要对可持续人类发展需要什么以及如何实现这种发展的目标有广泛而长期的看法。这只能通过对某一社会或社区的历史、文化和社会背景的理解来实现。

八是公平和包容性。一个社会的幸福取决于确保它的所有成员都感到他们与之有利害关系，并且不感到被社会主流排斥。这要求所有群体，特别是弱势的群体，都有机会改善或维持他们的福祉。

九是有效性和高效率。伦理治理意味着各种进程和治理机构产生满足社会需要的结果，同时最佳地利用它们掌握的资源。伦理治理背景下的效率概念还包括自然资源的可持续利用和环境保护。

三、水环境的伦理治理

国内外关于水环境伦理治理的研究。国内外已有的关于水环境伦理治理研究主要包括：河流伦理提出的背景、重新定义生态伦理学①、人类与河流关系的历史发展演变、生态伦理学的理论框架②、河流的生命价值和基本权利、河流伦理的基本原则、人对河流的责任和义务、对环境治理进行伦理评价的方法体系。③ 20 世纪的水治理本质上关于“控制”，水治理是将工程从单一目的和单一手段逐渐扩展到通过多种手段实现多种目的。④ 治水的管理层着眼于提高社会和

① FRODEMAN R. Redefining Ecological Ethics：Science，Policy，and Philosophy at Cape Horn [J]. Science and Engineering Ethics，2008，14（4）：597-610.

② SWART J A A. The Ecological Ethics Framework：Finding our Way in the Ethical Labyrinth of Nature Conservation：Commentary on “Using an Ecshgical Ethics Framework to Make Desicisins About Relocating Widlife” [J]. Science and Engineering Ethics，2008，14（4）：523-526.

③ DYKE F V. Teaching Ethical Analysis in Environmental Management Decisions：A Process-Oriented Approach [J]. Science and Engineering Ethics，2005，11（4）：659-669.

④ CECH T V. Principles of Water Resources History，Development，Management and Policy [M]. Second edition. New York：John Wiley and Sons，Inc.，2004：34.

环境需求之间的效率。①

1984年，国际水管理研究所（IWMI）成立，这标志着水治理从严格的工程角度开始发生转变。IWMI秉持的治水方法借鉴了管理科学，综合了来自科学、技术和社会经济等多方面因素进行水资源管理。② 它强调治水的理性规划应遵循两个规范标准。首先，治水的管理者不仅要制定可行的方案，他们还必须对方案进行评估。其次，对“良好治理”的追求需要协调多种规范。例如，在灌溉领域，水分生产率是一个标准的功利主义目标，但公平规则也很重要。③ 同样，治理目标通常包括赋予农村妇女权力④、改善土著居民的生计⑤和农村社区的参与式发展⑥。大卫·格罗恩菲尔德（David Groenfield）和杰里米·施密特（Jeremy J. Schmidt）在探究伦理和水治理的关系中强调价值观在水治理中的作用，并且以美国新墨西哥州为例，阐述了价值观是如何成为水治理的驱动力的。他们指出：“价值观对于治理水资源的地方至关重要。价值观是个人或文化的标准，赋予主体、客体、行为内在或外在的价值，并界定了道德考量的范围。没有价值观，治理就没有裁定相互竞争的需求和评估不同制度路径的参照物。”⑦

杜兰特（Robert F. Durant）在探究环境治理的挑战、选择和机遇时深入研究了审议民主、民事环境保护主义、环境正义、产权和环境冲突等治理的价值观问题，并指出：当代治理模式的特点往往是不充分的，因为它们不符合新的或不断变化的价值观。例如，通常治理被理解成“指挥与控制”，未能反映参与和社会学习的价值观。⑧ 阿格拉沃尔和阿伦在探究共有资源的可持续利用中指

---

① PIGRAM J. Australia's Water Resources from Use to Management［M］. Collingwood, Vic: CSIRO, 2006: 114-117.

② WIENER A. The Role of Water in Development: An Analysis of Principles of Comprehensive Planning［M］. New York: McGraw-Hill Book Company, 1972: 63-66.

③ PANT N. Productivity and Equity in Irrigation Systems［M］. New Delhi: Ashish Publishing House, 1984: 241.

④ MERREY D, BASISKAR S. Gender Analysis and Reform of Irrigation Management: Concepts, Cases and Gaps in Knowledge［M］. Colomb: International Water Management Institute, 1997: 316.

⑤ PHANSALKAR S J, VERMA S. Improved Water Control as Strategy for Enhancing Tribal Livelihoods［J］. Economic and Political Weekly, 2004, 39 (31): 3469-3476.

⑥ DAVID G. The Potential for Farmer Participation in Irrigation System Management［J］. Irrigation and Drainage Systems , 1988 (2): 241-257.

⑦ GROENFILDT D, SCHMIDT J J. Ethics and Water Governance［J］. Ecology and Society, 2013, 18 (1): 14.

⑧ DURANT R F, FIORINO D J, O'LEARY R. Environmental Governance Reconsidered: Challenges, Choices and Opportunities［M］. Cambridge, Mass: The MIT Press, 2004: 37.

出："要确保环境治理的有效性，就需要了解行为者如何驾驭社会文化规范，以及如何在不同文化基础的权利制度中理解生态系统。"① 杰罗恩·华纳（Jeroen Warner）在探究流域治理时指出：当考虑到社会和环境影响时，我们就会想到"流域"等自然化概念中包含着的许多政治和价值因素。同样，我们如何根据复杂的社会—生态系统对水进行分类也蕴含着价值判断。②

水环境伦理治理的内涵。水环境的伦理治理是将生态伦理、河流伦理的理念和思想引入水环境的治理过程中，以纠正人们对河流价值的片面认知，调适人类与河流的矛盾关系和利益冲突，使人们正视水环境作为道德主体的内在价值和生命权利，重新认识当代水环境问题产生的根源。它使人们对河流价值的认知理念和道德评判，以及对待河流的态度和行为方式朝着更有利于环境友好、人水和谐、可持续发展的方向转变。伦理治理的过程就是要基于河流伦理的道德情境认知，重构个体知、情、意的价值体系和整个社会的道德秩序以及伦理体系，促进全社会不同群体加深对水环境伦理理念的理解与认同，并付诸实践。伦理治理的一种外在表现形式是道德约束，新时期国家治理体系和治理能力现代化的战略中指出，"坚持综合治理，强化道德约束，规范社会行为，调节利益关系，协调社会关系，解决社会问题"③。由此，伦理治理已被提升到了国家战略的高度，已成为国家治理的重要向度之一。

水环境的伦理治理是一个具有复杂性、动态性、开放性、交叉性的系统工程，它不仅是一项环境整治工程，更是一项复杂的社会治理工程。因此，水环境治理不仅依靠技术应用和工程项目，更依赖于党、政府、部门、企业、行业、社会组织、社会公民等各个社会角色的共同参与。各个治水的社会角色不仅要各司其职、各行其是、各负其责、各尽所能，完成好各自社会角色所赋予的责任，同时还要相互信任、彼此配合、协同合作，共同治理。这是各个社会主体之间权利的平等维护、责任的公正分担、利益的合理分配、关系的有效协调，是实现水环境治理的权、责、利的统一，多元主体高效协同的必然要求。因此，水环境伦理治理的关键是治理主体角色的伦理定位。通过对多元治水主体角色的权责给予正确定位，对不同角色应该具备的情感认同、心理认知、思想观念

① AGRAWAL A. Sustainable Governance of Common－Pool Resources：Context，Methods and Politics［J］. Annual Review of Anthropology，2003，32：243-262.

② WARNER J，WESTER P，BOLDING A. Going With the Flow：River Basins as the Natural Units for Water Management?［J］. Water Policy，2008，10（Suppl. 2）：121-138.

③ 《中共中央关于全面深化改革若干重大问题的决定》辅导读本［M］. 北京：人民出版社，2013：60.

给予价值导向，对多元治水角色应遵守和履行的行为规范、道德律令、伦理规约以及行事方式和实践模式给予制度层面的规范、引导和管控，塑造和培育了治理主体的角色意识，规范了多元主体的角色行为、促进了角色互动，使角色的个体善与公共善实现融合。有效地调节不同社会角色之间的利益关系，有利于解决社会利益主体之间的矛盾和问题。多元角色之间的协同合作、共治共享，对于促进社会秩序的安定有序具有重要意义。

水环境治理面临的伦理困境。治水的伦理困境主要包括以下三方面：一是“水的问题”，水的主体性和内在价值是构成维护水环境健康生命的必要性和合理性的理论前提。二是“人与水的关系问题”，水环境保护与经济、社会发展的对立与统一问题。三是“人与人的关系问题”，水环境治理中的权利分配、责任承担、利益协调、公正补偿等问题。由此，水环境的伦理治理包括对“水”的治理、对“人与水关系”的治理和对“人与人关系”的治理，它们共同构成了一个完整的水环境伦理治理体系。

第三节　中国水环境伦理治理的溯源

中国水环境伦理治理的溯源。从历史的维度看，中国的治水工程是合伦理性的。治水历来是关乎兴国安邦、江山社稷、国泰民安的大事，中华民族几千年悠久灿烂的文明史，也可以说是一部除水害、兴水利的治水史。从“井田制”到“大禹治水”再到“都江堰水利工程”都是我国水环境伦理治理的典范。西方语境下的伦理，即 ethics，海德格尔（Martin Heidegger）将其理解为：居息地、聚居地和家园。这与我们中国语境中的“伦理”在内涵上有异曲同工之妙，伦理本质是一种关系，一种关联、一种凝结。伦理在人与人、与社区、与社会构成的关系中形成。

“伦理”的起源最早在我国可以追溯到“井田制”，“井田制”是中国古代伦理治理的典范和文化原型。杜佑在《通典·食货·乡党》云：“昔黄帝始经土设井以塞诤端，立步制亩以防不足。使八家为井，井开四道而分八宅，凿井于中，一则不泄地气，二则无费一家，三则同风俗，四则齐巧拙，五则通财货，六则存亡更守，七则出入相司，八则嫁娶相媒，九则无有相贷，十则疾病相救。是以情性可得而亲，生产可得而均，均则欺陵之路塞，亲则斗讼之心弭。既牧之于邑，故井一为邻，邻三为朋，朋三为里，里五为邑，邑十为都，都十为师，师十为州。夫始分之于井则地著，计之于州则数详。迄乎夏殷，不易其制。"①中国古代人们最早是围绕用水、凿井来建立聚居地并形成关系的。以水井为核心建立共同的家园，共同劳动、共同分配、共同生活，并逐步形成共同的风俗、习惯、文化，进而来调解相互之间的争端、调和相互之间的关系，互通有无、互补余缺、守望相助。可见，没有水我们就没有家园，没有水我们的族群和群落就缺少一个沟通的桥梁。水让个人归属到了整体之中，而整体正是由于用水这件事情而形成的，这其实就是中国最早的伦理本源。所以，"井田制"是中国伦理的根源，是我国古代伦理治理的文化原型。这种文化原型使得中国的文化是以集体为本位的，它不诉诸个人的权力之上，而是崇尚社群的和谐与社群的美好。

大禹治水是中国古代典型的治水实践，充分体现了中国古代治水的合伦理性。在禹治水之前，其父亲鲧担当过平定水患之大任，但鲧是通过"堵塞"的方式来治水，不仅没有解除水患，还违背了先帝之意，招来杀身之祸。鲧死后，禹继承父业，继续治水。《山海经·海内经》有记载："洪水滔天，鲧窃帝之息壤以堙洪水，不待帝命。帝令祝融杀鲧于羽郊。鲧复生禹，帝乃命禹卒布土，以定九州。"② 大禹充分吸取父亲的教训，摒弃了堵塞治水之法，采用了疏导的方式治水，最终平定水患，完成治水大业。正如《庄子·天下篇》所言："昔者禹之湮洪水，决江河而通四夷九州也。名山三百，支川三千，小者无数，禹亲自操橐耜而九杂天下之川。腓无胈，胫无毛，沐甚雨，栉疾风，置万国。"③ 大禹治水之所以大获全胜，是因为大禹治水遵循了水的自然本性和发展规律。水为向下流的本性，鲧所采用的"堵塞"治水法是违背水的这一本性的，失败是必然。大禹正是遵循了水的自然规律，"顺水性，水性就下，导之入海"才取得了治水成功。他带领民众依据地势变化，顺着水流的方向，开挖河道，开渠排水，拓宽峡口，疏通河流，因势利导地疏导了大江大川，疏通了大河小河，沟通了四夷九州，最终治除水患，安定天下，实现了"水由地中行，江、淮、河、汉是也。险阻既远，鸟兽之害人者消，然后人得平土而居之"④ 的局面。

大禹治水的精神是中华民族精神的源头和象征，他深刻诠释了公而忘私、民族至上、民为邦本的民族伦理内涵。大禹治水充分彰显了古人治水的聪明智

---

① 杜佑．通典：第二卷［M］．王文锦，王永兴，刘俊文，等校．北京：中华书局，2016：358.

② 袁珂．山海经校注［M］．北京：北京联合出版公司，2014：136.

③ 方勇，陆永品．庄子诠评［M］．成都：巴蜀书社，2007：117.

④ 杨伯峻．孟子译注［M］．北京：中华书局，2010：85.

慧，大禹"高处就凿通，低处就疏导"的治水思想是中国古代治水合规律性、合伦理性的生动实践。大禹以民族利益为先，带领民众历经艰险、排除万难，日复一日与水患展开艰苦卓绝的斗争。《吕氏春秋》曰："禹娶涂山氏女，不以私害公，自辛至甲四日，复往治水。"① 公私分明，"不以私害公"是关于治水首领个人品德的最早的中国伦理记载。大禹治水十三年，无暇顾及妻儿，"三过家门而不入"，《华阳国志·巴志》曰：" 禹娶于涂山，辛壬癸甲而去，生子启，呱呱啼，不及视，三过其门而不入室，务在救时——今江州涂山是也，帝禹之庙铭存焉。"② 大禹躬亲劳苦、大公无私、心怀天下，置个人利益和安危于不顾，一心为万民兴利除害，他始终与民众一起栉风沐雨、同甘共苦，共同治理水患。大禹治水是中国古代治水合伦理性的集中体现，大禹精神是中华民族治水精神的象征。

都江堰水利工程是被称为"世界奇迹"的水利工程，它深刻地诠释了中国治水实践"天人合一"的伦理思想，是古代治水工程伦理治理的典范。《周易·系辞传上》中最早提出"天人协调"观，"与天地相似，故不违；知周乎万物，而道济天下，故不过；旁行而不流，乐天知命，故不忧"③。天、地、人是统一的、相通的关系，上遵天道，循乎自然本性，这成为指导当时社会水利、农业生产实践的重要思想。公元前 256 年，蜀郡太守李冰带领川西人民修建都江堰水利工程，至今已有 2200 余年的历史，但仍然长盛不衰，继续发挥着重要的生态效益、社会效益和经济效益，让成都平原成为"水旱从人，不知饥馑"的"天府之国"。都江堰水利工程巧妙地利用了自然条件，遵循自然本性，顺应自然规律，并充分发挥了古人的聪明智慧，是"天人合一"的古代治水工程的完美呈现。

都江堰水利工程顺天应人、因势利导、因时制宜。都江堰渠首工程主要由鱼嘴分水堤、飞沙堰溢洪道、宝瓶口进水口三大部分构成。都江堰水利工程"遵循因高卑之宜，驱自然之势"，按照岷江天然的地形地势和水沙四季变化的自然规律，把岷江一分为二，为鱼嘴状，并在沙洲处形成一个天然的河床弯道。枯水季节，岷江在河流弯道处就会分成内外两股，其中内江占六成，可以充分满足成都平原的用水需求。到了洪水期，尽管岷江流量巨大，但有六成的水量直奔外江，成功避免了成都平原的洪水灾害。都江堰水利工程正是顺应自然、

---

① 陆玖．吕氏春秋［M］．北京：中华书局，2011：192.

② 常璩．华阳国志校注［M］．刘琳，校注．成都：巴蜀书社，1984：101.

③ 黄寿祺，张善文．周易译注［M］．刘琳，校注．北京：中华书局，2018：212.

因势利导，实现了“分四六，平潦旱”的治水效果。都江堰工程的各类引水、排沙、岁修、泄洪等治水事宜都充分遵循岷江坡度陡、流量大、流速快的自然特征以及岷江流量和流速的自然变化规律，因时制宜地开展。现代水利工程已充分证实都江堰的科学原理。都江堰的鱼嘴、百丈堤、飞沙堰等重要水利工程的方向、结构、位置、布局都与岷江的地形地势、水量变化、地理环境、河床走势、河道演变在动态中保持着协调和平衡，科学高效地实现了自动调水、自动分流、自动排沙和无坝引水。

都江堰水利工程的众多治水技术、建筑技术都就地取材、因地制宜，实现了人与自然的相互融合、物我合一。都江堰充分利用蜀地盛产竹、木、卵石的天然优势，用这些自然之物制成水利工具：竹笼、杩槎、羊圈和干砌卵石，它们在截流分水、筑堤护岸、抢险堵口等的工程实践中发挥了重要作用。“干砌卵石用作堤防和护岸时还有利于落淤固滩，为河滩各类生物的生长繁衍提供了较好的环境，使堤防产生较好的生态和景观效果。”① 这些传统的水利工具不仅充分利用了当地的资源优势，而且具备成本低、利用率高、制作简易、施工方便、无机械噪声等众多优点。都江堰水利工程通过这些经济安全、环保高效的水工技术和治水工艺实现了生态节流，保护了生态环境，更造福了千秋万代，促进了人—水—技术的和谐统一。都江堰作为人类水利史上一项举世瞩目的伟大水利工程，其“深淘滩、低作堰、遇湾截角、逢正抽心、乘势利导、因时制宜”②的科学治水之策是对中国治水合伦理性的现实佐证。

综上所述，中国古代的治水工程具有合伦理性，治水是一种合伦理的公共工程。从这个层面讲，当代的治水工程是对中国古代治水文化和传统的传承。“五水共治”是一项系统工程，它是“治污水”“防洪水”“排涝水”“保供水”“抓节水”五种水环境问题的关联。“五水共治”作为一项环境工程，也是一项社会工程，是多元利益主体、多部门、多组织之间的协同。所以，“五水共治”从根本上讲是建立在关联和关系基础之上的，这正是伦理的本质之所在。因此，“五水共治”是一种伦理治理，是一种整体性的治理，是一种形态治理，它是一个包含了“以伦理治理”“对伦理治理”和“合伦理治理”的过程。

---

① 谭徐明．都江堰史［M］．北京：中国水利电力出版社，2009：165.

② 四川省地方志编纂委员会．都江堰志［M］．成都：四川辞书出版社，1993：7.

第四节 “五水共治”的研究

由于“五水共治”是我国的水环境治理实践，因此，对“五水共治”的相关研究主要集中在国内的文献之中。已有研究的主要视角和核心内容基本可以分为以下几方面。

一是从政治学和行政学的视角，探究“五水共治”开展的过程。陈立旭等在其《“五水共治”新发展理念的浙江实践》一书中探究了“五水共治”提出的过程；“五水共治”与“美丽浙江”“平安浙江”“法治浙江”建设、基层政权建设的关系，以及“五水共治”对于文化软实力提升的作用。① 沈满洪等总结了“五水共治”的提出背景、战略意义、目标举措、基本经验、制度保障等，并对“五水共治”的主要治水工作做了回顾和展望。② 2017 年 1 月，浙江省“五水共治”工作领导小组办公室编制了《“五水共治”体制机制创新优秀调研报告》，这本汇编收录了 30 篇来自全省各地方、各部门关于开展“五水共治”工作的调研报告。调研内容涉及以下三方面：第一，各地方河流治理的特色实践、成功经验和创新技术。具体包括：农村生活污水、工业污水、污水“零直排区”建设、河湖库塘清污（淤）等治理的方法和经验。第二，各地方在“五水共治”过程中建立的制度、体制、机制。包括治水投融资机制、联防联动机制、奖惩补偿机制、监督管理机制、全民参与机制等。第三，各地方促进企业转型升级的举措和成效。例如，畜牧业、养殖业、造纸业、皮革业、印染业的整治和转型工作。③

二是从管理学的视角，探究“五水共治”的制度、机制和治理过程。胡保卫、程隽探究了“五水共治”的多中心治理模式，探究了多中心治理模式的动因、内涵和模式，并从制度因素的设计、多元参与的可信承诺、行为争议的解决、规则的监督与改变等方面给出了“五水共治”多中心治理的途径。④ 许承

---

① 浙江省“五水共治”实践经验研究课题组．“五水共治”新发展理念的浙江实践［M］．杭州：浙江人民出版社，2017：55.

② 沈满洪，李植斌，张迅，等．2014/2015 浙江生态经济发展报告：“五水共治”的回顾与展望［M］．北京：中国财政经济出版社，2015：110-113.

③ 浙江省“五水共治”工作领导小组办公室．“五水共治”体制机制创新优秀调研报告［R］．杭州：浙江省“五水共治”工作领导小组办公室，2017：29.

④ 胡保卫，程隽．“五水共治”多中心治理模式研究［M］．北京：中国环境出版社，2020：304.

忠基于一种现代化理论的视角考察现阶段“五水共治”建立起的长效机制，尤其对浦江“五水共治”的治水机制、结构弹性进行了深入分析，指出了问题并提出了对策。① 余鹂文以杭州市余杭区的治水工作为例，探究了“五水共治”多元参与的形式、制度保障、信息沟通机制等。② 王益澄等基于外部性理论探究了“五水共治”的体制机制创新问题，并从优化政府的职责权限、引入第三方参与的监控机制、水生态补偿建立等方面提出“五水共治”体制机制创新的路径。③ 王浩文等基于驱动力—压力—状态—影响—响应模型（DPSIR 模型）设计了“五水共治”的绩效评价体系，并对 2014 年和 2015 年“五水共治”的绩效进行测算。④

三是从环境学的视角，对“五水共治”的水资源承载力、生态安全、水环境安全等方面的评估。王丽等人基于水资源承载力评价指标体系，分析了“五水共治”实施以来临海市的水资源承载力的变化情况，并指出治污、开源、节流是提升水资源承载力的主要因素。⑤ 王翳玮等人以“五水共治”治水模式为基础，基于 PSR 模型和城市水生态安全评价指标体系，对临海市水生态安全状况进行了综合计算，并评价其水生态安全状况。⑥ 陈玥等以临海市“五水共治”规划为例，建立了河网水量水质数学模型，分析了山丘区水环境容量计算及限制排污总量。⑦ 何月峰等基于“压力—状态—响应”模型构建起治水评估指标体系，对“五水共治”前后水环境安全进行评估与预警。⑧ 解爱华等从环境设计的视角探究了“五水共治”背景下的景观设计理念。⑨

---

① 许承忠．“五水共治”的长效机制研究：一种现代化理论的视角［D］．杭州：中共浙江省委党校，2018：23-25.

② 余鹂文．多元治理视角下的“五水共治”研究［D］．西安：西北大学，2018：70-72.

③ 王益澄，马仁锋，晏慧忠．基于外部性理论的“五水共治”体制机制创新研究［J］．城市环境与城市生态，2016，29（2）：33-37.

④ 王浩文，鲁仕宝，鲍海君．基于 DPSIR 模型的浙江省“五水共治”绩效评价［J］．上海国土资源，2016，37（4）：77-82，94.

⑤ 王丽，毕佳成，向龙，等．基于“五水共治”规划的水资源承载力评估［J］．水资源保护，2016，32（2）：21-25.

⑥ 王翳玮，陈星，朱琰，等．基于 PSR 的城市水生态安全评价体系研究：以“五水共治”治水模式下的临海市为例［J］．水资源保护，2016，32（2）：82-86.

⑦ 陈玥，李一平，高小孟，等．山丘区水环境容量计算及限制排污总量分析：以临海市“五水共治”规划为例［J］．水资源保护，2016，32（2）：123-128.

⑧ 何月峰，李文洁，陈佳，等．浙江省“五水共治”决策前后水环境安全评估预警［J］．浙江大学学报（理学版），2018，45（2）：234-241.

⑨ 解爱华，刘勇，王蓓．“五水共治”背景下的景观设计理念探讨［J］．浙江万里学院学报，2018，31（2）：73-76.

四是从科普的视角，介绍“五水共治”的基本情况。娄国忠从科普的视角编著了《五水共治365问》，以问答的方式对“五水共治”进行了全面剖析和科学普及。① 陈海雄等人编制了一套《“五水共治”科普丛书》，全丛书共五个分册，分别是《治污水》《防洪水》《排涝水》《保供水》《抓节水》，即“五水共治”的五个方面，全面介绍了“五水共治”各项治水工作的基本情况。② 陈福民等人编著了《“五水共治”浙江治水集结号》，作为一本对社会大众普及“五水共治”的读物，它介绍了“五水共治”的治水任务、治水举措、治水故事和治水经验。③ 中共浙江省委宣传部和浙江省“五水共治”领导小组办公室编著了《“五水共治”画卷》以“五水共治”工作进展为纲，以典型案例为目，采取图文结合的形式，集中反映“五水共治”的实践和图景。④ 戴静探究了科学开展“五水共治”科普宣传工作的原因、方式和举措。⑤

五是从法学的视角，探究“五水共治”的法治保障、法律监督、执法困境等问题。张欢欢分析了浙江省P县开展“五水共治”以来的刑事执法状况，包括环境污染类犯罪案件的特点、成因，以及办理案件时所面临的执法困境，并给出了对策和建议。⑥ 顾敏杰探究了“五水共治”法治建设中存在的问题，并从加强法治保障的角度给出建议。⑦ 何成兵立足于浙江省的水污染防治立法的背景，提出了“五水共治”立法保障的思路和方向，并明确了法律适用中的问题及落实，旨在不断推进我国的水资源保护和水污染处理能力⑧。王良辰、李晓燕分析了“五水共治”语境下出现渎职犯罪侦查的新情况、新问题，并从加强检察机关渎检部门在“五水共治”中的法律监督等方面提出了解决问题的对策。⑨

---

① 娄国忠．五水共治365问［M］．武汉：湖北科学技术出版社，2014：250.

② 陈海雄，张钰娴，王英华．治污水［M］．杭州：浙江工商大学出版社，2014：61.

③ 陈福民，陈礼英，陈仲达．“五水共治”浙江治水集结号［M］．北京：中国水利水电出版社，2014：136.

④ 中共浙江省委宣传部，浙江省“五水共治”工作领导小组办公室．“五水共治”画卷［M］．杭州：浙江摄影出版社，2017：115.

⑤ 戴静．基于“五水共治”科普宣传方式的探索与思考：以绍兴市科协工作为例［C］//浙江省环境科学学会．浙江省环境科学学会2017年学术年会暨浙江环博会论文集．绍兴：绍兴科技馆，2017：7.

⑥ 张欢欢．浙江省P县开展五水共治的调研报告［D］．杭州：浙江大学，2017：12-16.

⑦ 顾敏杰．加强“五水共治”法治建设，共建绿色生态家园［J］．法制与社会，2014（30）：202，210.

⑧ 何成兵．关于浙江省“五水共治”的法律思考［J］．法制与社会，2017（6）：165-166，177.

⑨ 王良辰，李晓燕．“五水共治”语境下渎职犯罪侦查难点与对策［J］．法制与社会，2015（32）：134-135.

综上所述，在已有的关于“五水共治”的研究中，缺乏从哲学、伦理学的视角探究“五水共治”。这就为本文探究“五水共治”的伦理治理，挖掘“五水共治”的哲学依据，为建构水环境治理的中国话语提供了研究空间。

第二章

存在论分析

存在论阐释了人（此在）与人打交道、与物打交道的生存论的整体性。从这个角度探究人、水、技术、组织之间的关系是“五水共治”的研究主题。在水环境治理中，“人—水”关系是最根本的，“人—水”关系的本质是天地与我并生自然而然。人与水并生共存、协同进化的关系赋予了“五水共治”人水同源的行动理念。它要求在治水过程中，始终尊重水的生命价值，并致力于恢复人—水关系“自然而然”的原初状态。

当技术有助力于人类治水的工程实践时，“人—水—技术”的应然关系呈现出“天地有大美而顺其自然”。水之大美无处不在，技术的作用即在于遵循水环境的自然运行规律，使人为破坏后的水环境恢复原初的“大美”之态，重新达到人与水“自然而然”的平衡状态。水环境治理过程中除了人、水、技术的因素外，还离不开组织的参与，组织是治水的黏合剂，让“人—水—技术—组织”四重维度相互融合。“五水共治”遵循水的自然本性和发展规律，促进人水和谐共生，又通过联动治水整合了多元化治水资源，实现了技术的融通和组织的高效协同，最终达成天地物我相融。

第一节　“人—水”的关系：天地与我并生自然而然

“天地与我并生”是人水关系的本质，恢复水的纯净、清洁、健康，即水“自然而然”的本来状态是“五水共治”的首要价值目标。人水并生，相存相融的关系揭示了一种人水共同进化、共同创造的双重伦理观念，这是一个人类与河流之间最大限度地相互交织融合、彼此渗透补充、共同完善发展的过程。河流的进化过程是自身发展的自然方向性与人类生产生活的目的性相结合的结果。一方面它具有源发的自然性和内在的目的性，主要包括河流本身的自然属性、内在价值以及基本的生存诉求。另一方面，它还有建构的自然性和外在工具性，这主要体现在人类通过对河流进行科学开发、合理利用和正当干预，使河流满足人类生存发展的基本需求。我们既反对将人的利益作为评判一切价值的最高尺度，视河流为利益工具，对河流生命过度索取的极端人类中心主义倾向。同时也不赞成割裂人与河流的密切联系，片面抬高河流内在价值，否定人对水环境的积极作用的自然保存论的主张。治理水环境的道德出发点不是“人”而是“水”。治水不是把水治理成人们想要的样子，而是遵从水的自然属性和发展规律，让水恢复“自然而然”的本原状态。这是对水的内在价值的尊重，也是对水生命权利的维护。

一、人水并生，协同进化

人与水关系的本质是并生、共存、相融。庄子在《齐物论》中指出：“夫天下莫大于秋毫之末，而太山为小；莫寿乎殇子，而彭祖为夭。天地与我并生，而万物与我为一。”① 其中“天地与我并生”强调天、地、万物与“我”之间是并存和共生的关系。水属于天地之物，“人—水”关系自然涵盖于天地与“我”的关系之中，人与水从根本上讲是一种共生共存的关系。人和水同处于自然生态系统之中，都是地球生物圈的组成部分和有机构成要素。作为生命物种中的一员，人与水同处一个自然环境中，都要经历共同的生物进化过程，并且干净的环境、适宜的阳光、清洁的空气等维持生命所必需的物质是人与水的生命得以延续的共同需求。人与水关系密切且相互影响。人类、河流及其他生物彼此关联、相互依存、相互作用，共同构成自然生态网络，其中任何生命个体和物种群体的生存环境或生命状况出现问题或发生变化，都会对其他生命物种的生存和发展产生影响，并会导致整个生态系统结构和功能发生变化。因此，水环境恶化对人的生存发展会必然产生直接且深远的影响。

人与水是生命共同体，保护水的生命健康是维护生命共同体的健全和完整的必然要求。万物与我为一，天地万物与“我”是一个同一体，不存在物我之别。人与水处于同一个生命共同体中，这个生命共同体中的其他生命物种和人类一样拥有维系自身生存与健康和实现自身善的权利。自然万物化于无为之中，作为人类我们不能刻意追求和一味满足“我”的欲求，而应该遵循自然之道，顺应规律，与自然和谐相处。生命共同体是一个整体系统，共同体中的各要素相互作用，彼此的生存发展依赖于各物种之间的相互依存关系。系统整体的善和道德价值大于各构成要素所承载的道德价值。生命共同体的善就是整个自然生态体系最高的善，生命共同体的道德价值也大于其任何组成部分的道德价值。

---

① 陈怡.《庄子内篇》精读［M］. 北京：高等教育出版社，2013：77.

罗尔斯顿指出：“生态系统的过程是某种压倒一切的价值，这不是因为它与个体无关，而是因为过程既先于个体性而存在，又是个体性的创造者。”① 因此，人类在开发、利用、治理水环境的过程中，必须将生态系统的整体利益放在首位，明确人类在生命共同体中肩负的伦理义务和道德责任。人的行为要以充分保护生命共同体的健全完整和包括水在内的其他生命物种的生命健康为前提，这是人水并存关系的本质要求，也是人类对待河流应遵循和坚持的基本伦理范式和道德原则。

人与水协同进化、共同发展才可长久地维护人与水之间的并生关系，进而促进人水关系趋向可持续的“自然而然”的和谐。在水环境的治理中，要促进人水协同发展，就必须将“治水”与“治人”同时推进，也就是将修复水环境与治理人类不合理的生产生活方式整体推进，使水环境的改善与人品行的提升、社会发展模式的优化共同发展。水环境生态问题主要表现为河流污染、水环境恶化、水资源短缺和水生态失衡。导致这些现象发生的根源是社会生产方式不环保、产业发展结构不平衡、人们行为习惯不文明、社会管理体制不健全、人与水关系不协调。因此，水环境治理工程是一个由环境、经济、社会、文化等多方面要素组合而成的系统工程，其目的是实现经济效益、生态效益、社会效益等综合效益的最大化。因此我们需要坚持整体性原则，从整体与部分相互依存、互相影响、彼此制约的关系基础上，将水环境治理的各构成要素统筹兼顾。在治理方式上将硬件设施的投入与文化、道德、制度等“软”实力的构建相结合，使自然工程与社会工程相统一。在思想观念上要将资源利用、生态保护与人类发展综合考量，实现水环境整治与社会治理协同开展。人与水关系协调的核心是调整人和水相互作用的方式，而其中人作用于水的行为方式的转变是关键。因此要将河流污染的治理与人们节约用水、垃圾分类、绿色环保的生活习惯的培养相结合；将河流污染源的控制与工业废水排放和农业肥料使用的管控相结合；将河流自然功能的修复与企业的转型升级和产业结构的调整相结合；将水生态的长效改善与惜水护水、爱水赞水、节能环保、绿色发展的社会理念和文化氛围的塑造相结合。只有将水环境治理的各部分相互统一、共同治理，才能实现水环境生态系统整体的修复改善和可持续发展。

基于人水并存共生的关系本质，促进人水生命共同体的完整和协调就成为判定水环境治理行为合理性和正确性的价值标准。人类和河流是构成大自然生命系统的组成要素，它们相互作用、紧密相关。治水行为和活动既有利于人类

---

① 罗尔斯顿. 哲学走向荒野［M］. 刘耳，叶平，译. 吉林人民出版社，2000：112.

发展，又促进水环境自然生命的延续，而不是仅仅满足单方面的利益和需求，这样才具有科学性和可行性。我们在权衡人与河流之间的利益时，需要将“有益于人类发展”与“促进河流生态”相结合。一方面，需要充分认识到河流的自我需要、自我协调、自我更新、自我发展的“合目的性”，在满足人类最基本的生存和发展需求的基础上，最大限度地保障河流的生存所需和生态利益。另一方面，对河流生命系统维护的同时要兼顾人类的基本需求，但同时也应该将人类对河流资源的开发利用控制在河流生态系统可承载的范围之内。

河流生态圈的进化和发展是自然的方向性和人类的目的性的统一。忽视自然方向性的人类中心论与割裂人与自然关系纯粹追求保存自然的自然主义决定论都是片面的。卡尔宾斯卡娅指出：“‘共同进化’这一概念强调生物界和社会在最大范围内的相互渗透、相互交织和相互补充。”① 人与水协同进化、共生共荣，才可实现水环境的生态价值与经济价值、社会价值、文化价值的统一。治理河流的目标是恢复河流的生命健康，而“河流健康”的内涵主要包含两层深意：一是立足于河流发展的需要，河流生态良好、结构完整、功能正常是河流健康的首要标准。二是立足于人类发展的需要，以河流的可持续利用作为衡量河流健康的另一个标准。由此，人类对水资源的合理开发、适度利用、持续保护得到了伦理辩护。“河流健康”的双内涵既明确了不尊重河流内在价值、不顾及河流生态用水的自然需求，过度开发、肆意破坏河流生态系统的行为的过失性，也否定了片面坚持保持河流原始面貌，认为人类任何干预河流的行为都不具有合理性的论断。开发必须与保护并重，兼顾人与河流的共同利益，才是健康河流的真正内涵。

二、尊重水的生命，让水“自然而然”

“我”与天地万物并生共存的关系本质揭示出“我”要尊重和遵从天地万物的本性，也就是要顺乎自然、自然而然。郭象在《齐物论注》中指出：“自已而然，则谓之天然。天然耳，非为也，故以天言之。以天言之，所以明其自然也，岂苍苍之谓哉!”② 自然揭示的是天地万物自身的本性、自己运行的规律、自然而然的生成变化之理，王充曰“自然之化，固疑难知，外若有为，内实自

---

① 卡尔宾斯卡娅．人与自然的共同进化问题［J］．亦舟，译．国外社会科学，1989（4）：24-29.

② 郭象，成玄英．庄子注疏［M］．曹础基，黄兰发，点校．北京：中华书局，2011：301.

然”①。天、地、人的生成变化是皆法“自然”，正如《老子》所言：“道之尊，德之贵，夫莫之命而常自然。”② 自然强调万物天然本性的客观性和运行发展的内在规律性，“自然而然”就是不去人为地干预客观性，不破坏天然的规律性，顺乎万物的内在本性，合乎事物的自身天性，遵循天地的根本法则，让万物自然而然。人不能将自己的利益凌驾于自然之上，忽视甚至损害自然的生命，破坏自然规律。庄子告诫人类：“无以人灭天，无以故灭命。”③ 人不能做毁灭天然，毁灭生命的事情，这有违“道”的旨意。而“顺乎自然，乃是一切快乐和善良之所由来，而服从于人为则是痛苦和邪恶的由来”④。人不是自然的所有者和主宰者，“道”化生万物，但“生而不有”“长而不宰”。人对待万物不能肆意妄为，自然与人之间的作用是相互的，人对自然的爱护就是对自我的爱戴，“处物不伤物。不伤物者，物亦不能伤也”⑤。

“天地与我并生”的思想强调天地万物产生以来就有其存在的价值。自然万物的表象可以有很多，但是万物的本源是相同的。自然之道乃天地为万物之母，万物的内在价值是平等的。人类不能用从自身利益出发的“有用”或“无用”来评判自然万物的价值，庄子指出“以道观之，物无贵贱”⑥。人与其他存在同为宇宙的部分，人不能独立于自然万物之外。与自然并生意味着平等共存，意味着人对自然万物内在价值的认可，对其自然存在习性的尊重。以谦卑的姿态平等地对待自然，充分尊重自然的生命权利，这是人与天地万物和谐相处的首要原则。

在处理人水关系时，人必须以尊重水环境的内在价值为伦理前提。尊重水环境的价值和生命权利是人类对水环境的基本道德态度和终极的伦理关怀，它充分体现了人类对水环境的最基本的道德承诺。是否尊重河流的生命健康和生态规律是评判治水行为是否正确合理的第一原则，这意味着治理水环境的举措和行为要以保护河流健康为出发点，以不损害河流的基本生存利益为底线，视河流为人类命运共同体的组成部分，用平等的“沟通、对话、互敬”取代对河流“占有、征服、支配”的行为。同时，治水在遵循河流基本自然规律的前提

---

① 王充．论衡校注［M］．张宗祥，校注．郑绍昌，校点．上海：上海古籍出版社，2010：224.

② 王弼．老子道德经注校释［M］．楼宇烈，校释．北京：中华书局，2011：1.

③ 陈鼓应．庄子今注今译［M］．北京：中华书局，1983：211.

④ 冯友兰．中国哲学简史［M］．北京：新视界出版社，2004：94.

⑤ 谢立凡．《庄子》通读［M］．上海：上海交通大学出版社，2018：109.

⑥ 王先谦．庄子集解［M］．北京：中华书局，1987：80.

下，也要尊重河流自我维持、自我修复、自我调整、自我发展的基本需要，给予河流以人的道德关照和伦理情怀。

对河流的尊重，首先体现在人类对待河流的态度和处理人与河流关系的立场上。在传统的思想认识中，尤其是“人类中心主义者”所秉持的观点是：在人和河流的关系中，人类处于绝对的优势和完全的主导地位，河流只具有满足人类生存和生活所需的“工具价值”。因此导致了人类对水环境的过度索取、肆意破坏和不计后果地开发，致使水体污染加剧、河床萎缩变形、河道淤塞拥堵、河流干涸断流、湿地缩减退化、生物多样性锐减以致河流整个生态系统紊乱。显然这种“支配与被支配”的关系，是对河流生存权利和生命尊严的践踏。人类与河流同处一个生态系统中，人类不是高高在上的征服者和统治者，而是与河流一样是自然生命共同体中的普通一员，共同作为大自然生态系统的部分构成要素，他们彼此是一种相互依存、相互影响、密切关联的关系。所以人类必须学会尊重河流、敬畏河流、善待河流、保护河流。

其次，对河流的尊重的出发点是“河流”而不是人类。保护河流的生命健康，尤其是治理和修复河流的生态环境，要从河流的需要出发，遵循河流的本质属性、自然特征和发展规律，充分尊重河流的主体性和内在价值，维护河流清洁，保证河流生态需水量，维护河流的完整，保护水生物种的生命健康。治理水环境不是把水环境改成“人们想要的样子”，这是从人类的需要和意愿出发的利己主义的体现。尊重河流体现的是一种道德上的约束力，它要求我们要学会换位思考，从河流的生命利益出发，恢复“河流本来应该有的样子”，回归河流“自然而然”的状态，维持河流的自净能力和完整的自组织系统以及各项自然功能，这也是治水的终极目标。

第二节 “人—水—技术”的关系：天地有大美而顺其自然

水环境治理过程中，治水技术的作用和最终目标是遵循水的自然运行规律，让水恢复“自然而然”的天然状态，顺其自然才会在治水中真正促进“人—水—技术”之间实现可持续的长久和谐。水的“自然而然”彰显的是水之大美。水的广阔浩渺、源远流长、奔腾不息塑造了天地间千姿百态的地形地貌。水是生命之源，孕育着天地万物，滋养着宇宙生灵。但天地有大美而不言，水亦有天地的谦逊之大美，利万物而不争。“五水共治”将“顺其自然”作为治水的技术应用之道，以恢复水环境自然而然的状态为治水目标，遵循水的自然天性和发展规律，着力保护水生物种赖以生存的生命家园，促进人—水—技术的和谐。

一、水之大美

水之大美在于水成就自身的广阔，也成就了大地“样貌”的多样广博。天地有大美，为古今圣贤所称赞。水作为天地自然之物，亦是“大美”之化身。天地之大美首先在于“天”与“地”的广阔、浩大、完备。《庄子·天道》中描述：“夫天地者，古之所大也。”① 《庄子·则阳》中描述：“天地者，形之大者也。”② 《庄子·达生》中描述：“天地之大，万物之多。”③ 可见天地的广大成就了天地的大美，天地大美依“道”化生，“道”作为宇宙本体，广大全备的特性充分体现在天地之上。水乃天地之物，亦有广大之美。大海浩渺无边、河流奔腾不息、瀑布一泻千里，无不彰显着水的广博、浩大和壮阔。水的广阔境界不仅体现在水本身的成就，还体现在水奔流在天地间，塑造了多种多样的地形地貌，成就了天地之间的壮阔之美。河流的落差和径流会共同形成水动力，对地表岩石层造成冲刷和切割，在河流的上游通常会形成峡谷地貌；河流在蜿蜒流淌的过程中，流路变化多端，会自然形成众多绵延曲折的沟壑水系；并且在挟带和沉积的作用下，通常会在河流下游形成冲积平原和三角洲地貌。河流浸泡土壤在陆生与水生生态系统的过渡地带形成湿地，它是河流支撑下的最重要的生态系统，享有“地球之肾”的美誉，哺育了地球上数以万计的鱼类、鸟类、哺乳类、两栖类、爬行类和无脊椎物种，是生物多样性最为丰富的地带。湿地的土壤营养充沛，并且水源充足，因此是孕育植物遗传物质的沃土。

水之大美在于水是育化生命、覆载万物的存在。天地是宇宙万物繁衍栖息的家园，这是由“道”而源发的，是“道”的外在投射和有形显现。天地是宇宙万物之母，是生命灵魂之根。《庄子·达生》中写道：“天地者，万物之父母也。”④ 《庄子·天地》“天地虽大，其化均也；万物虽多，其治一也。”⑤ 水是天地万物的生命之源，滋养生灵、润泽万物，此乃水之大美的重要体现。河流为人类饮水、生活用水、工业生产、农业灌溉供给水源。可以说，没有水资源人就无法生存，更无法发展。例如，灌溉是农作物生长的决定性因素，并且河

① 郭庆藩．庄子集释［M］．北京：中华书局，1961：305.
② 张松辉．庄子译注与解析［M］．北京：中华书局，2011：273.
③ 曹础基．庄子浅注［M］．北京：中华书局，2007：68.
④ 杨柳桥．庄子译诂［M］．上海：上海古籍出版社，1991：33.
⑤ 张松辉．庄子译注与解析［M］．北京：中华书局，2011：156.

流对于改善土壤质量、调节局部小气候也会起到关键作用。农、林、牧、副、渔等相关产业的发展都离不开水资源。河流的不同流域都有独特的自然特征，为孕育生命构筑了得天独厚的自然条件。河口地区水流缓慢，河流带来的大量有机物质就会聚积于此，为浮游物种和各种鱼类提供了丰富的饵料。而这些繁盛的鱼类、蚌类、虾、螃蟹、蠕虫等又会成为鸟类的食物来源，因此湿地也被称为“鸟的乐园”。河流水体的流动会将营养物质、土壤泥沙、植物种子进行转运和沉积，因此河流是物质输送、能量迁移和生物流动的通道。河流的通道功能保证了水域内生物物种所需养分的输送，同时也维持着水生环境的盐分梯度，为水生系统生物多样性和物种繁衍栖息提供了水质保障。

水孕育生命，更孕育文明。河流是人类文明的发祥地，是人类文明的载体和民族文化的象征。我们可以通过一条河流复活一段历史，触摸一个族群，也可以在人类文化中找寻到河流的足迹和缩影。人类的祖先逐水而居，河流是人类的生命之源。人类的早期文明也被称为“河流文明”，黄河孕育了中华文明；古埃及文明诞生于尼罗河；恒河哺育了印度文明；古巴比伦文明又称“两河文明”，发祥于著名的幼发拉底河和底格里斯河流域。河流承载着人类博大精深的历史和文化，人类文明的兴衰荣辱与河流的变迁和演变密切相关。同一条河流可以培育起沿岸不同地域、不同民族的人群间的文化认同和精神共识，有助于增强民族凝聚力，提升民族精神，进而促进民族文化品格和深层意识形态的形成，因此河流也就具有了文化生命。河流具有可观性、动态性的美学价值，它激发了人类丰富的想象力，给予人类源源不断的创作灵感，陶冶着人类的自然情怀，因此河流是文学、音乐、美术等艺术创作的动力和源泉。

水之大美在于水的虚怀若谷、厚德载物。上善若水，水利万物而不争。水涓涓细流，泽被万物，默默滋养生命物种却从不争强斗胜。《庄子·知北游》中指出：“天地有大美而不言，四时有明法而不议，万物有成理而不说。”① 天地有大美但却不言说，四时变幻有分明的规律不需要商议，万物有自然形成的道理却不说。天地是孕育万物的本源，拥有深厚的品德却从不张扬，春生夏长、秋收冬藏，一切都按照其自然规律变化发展。水环境为大自然提供生命之源，更是人类赖以生存的空间和资源，同时也为人类消解灾难，守护着人类家园的平安。河流对于缓解洪涝灾害、维护整个淡水生态系统的稳定性起到重要作用。河流的滩地、流域、湿地既可以对降水起到拦蓄作用，从而减轻洪涝灾害；又可以蓄积雨水，对地表径流起到减缓作用，并为地下水源提供补给，进而发挥

---

① 郭庆藩．庄子集释［M］．北京：中华书局，1961：46.

缓解旱灾的效能。水虽然生养万物、守护生灵，但却拥有无私的美德，从不居功自傲、自我张扬，这体现的是“道”之大美。

体悟水之大美，成就人之大美。水的大美境界也在告诫人类要效仿天地自然，不能好大喜功，居高临下地对待宇宙万物，要顺应万物的规律和本性，成就人之大美。黄帝、尧、舜一统天下做的就是效仿天地。《庄子·外篇·天道》中写道：“夫天地者，古之所大也，而黄帝、尧、舜之所共美也。”① 内圣外王、哲人先贤尚且如此，我们更应该向古人学习去顺应自然、效仿天地。人与水的相处过程中，必须充分体会水的广博、深邃和美丽，深刻感受和领悟水的本性和生存之道。《庄子·天下》篇说：“判天地之美，析万物之理，察古人之全，寡能备于天地之美，称神明之容。”② 天地有大美，我们需要顺应自然，顺应天地的本性，秉持自然无为的精神，这也是“道”的根本特性，观天地之美、原天地之美和判天地之美，这样才会做到“游心于物之初”。顺应自然是精神得以释放，超越感官通往心境自由，让心灵“游”往“物之初”，达到自由极致的关键。“圣人者，原天地之美而达万物之理，是故至人无为，大圣不作，观于天地之谓也。”③ 圣人能够体悟天地的大美境界进而通达万物的自然本性，因此圣人从不妄为，圣人从不乱为，向天地看齐，仰观天地之美，从不做违逆天地大美和自然之道的事。“大美”是水的本体之美，是“道”最高境界的呈现，亦是人生至高至美的境界追求。

二、治水技术应用之道：顺其自然

水环境治理技术的应用需要顺应水之本性，让水自然而然。水之大美彰显着水的本性之美，展现的是水自然而然的原初状态。维护水的自然之美，顺应水之自然是治水技术应用必须遵循的自然之道。顺其自然就是因循万物，万物生于道，自然而无为，它没有任何有目的的追求。万物的生存之道自发如此，势必如此，不能不如此。水有其自然运行的规律，人在水环境面前应该保持虔敬之心，顺应自然之道，顺应万物之理，顺应天地之势，维护水之大美，做到“无为而无不为”。司马迁《太史公自序》：“道家无为，又曰无不为，其实易行，其辞难知。其术以虚无为本，以因循为用。”④ 庄子认为“道”的绝对自由

---

① 方勇，陆永品．庄子诠评［M］．成都：巴蜀书社，2007：55.
② 王夫之．庄子解［M］．长沙：岳麓书社，1993：149.
③ 王先谦．庄子集解［M］．北京：中华书局，1987：88.
④ 司马迁．史记［M］．北京：中华书局，2011：71.

境界是自然无为，顺其自然是领悟天地之大美的最高境界。“道之尊，德之贵，夫莫之命而常自然”①，“道”的尊崇就体现在“道”会完全顺应天地万物，万物的自然本性是“道”的取法依据和行事准则。

在处理“人—水—技术”之间的关系时，人必须遵循“道”顺其自然的旨意。治水技术的应用不能以自身的目的和意图为导向干预水的自然发展，人在应用技术改造水环境时，不能从人类功利主义出发而应顺从水的自然规律，因循水之本性。自然而然是道的最高法则，不存在规则的规则，不存在目的的目的，正所谓：“人法地，地法天，天法道，道法自然。”② 技术的应用之道就是秉持“顺应自然”的价值观，这是一种“浮游不知所求，猖狂不知所往，游者鞅掌，以观无妄”的境界。③ 也即，无所欲求，遵从天地，不违自然，顺应天地万物本来如此的天然状态。治水技术若有违水的自然之道，背离水之本性，甚至破坏水的生态平衡，那不仅会对“水之大美”造成严重创伤，还会给人类带来毁灭性的灾难。

“五水共治”秉持顺其自然的技术应用之道去恢复水的“自然而然”。“五水共治”过程中充分尊重水环境的自然属性，遵循环境自然演变的规律，顺其自然，尽可能地保护河流原始的自然形态、河道断面的多样性和原有的自净能力。自然状态下的河流基本呈自由弯曲的形态，为了保持河流急流与浅滩相间的自然格局以及湿地的生态环境，在治水过程中并没有完全实施截弯取直工程，这样既保持了河流原始的自然形态，也保护了鱼类及微生物栖息繁衍的浅滩环境。与此同时，“五水共治”在河床改造治理中并没有采取人为设定的规则断面，而是保持了水流多样变化的天然面貌；在河流防洪防潮的治理中并没有通过水工建筑物对河流的完整水域进行人为分割，而是保证流域存在于一个健全的、与生物群落共存的水生态系统中，充分尊重和保护了河流的基本生存权利。

“五水共治”致力于治理好河流的自然环境，遵循河流原生的水动力条件、自然节律和生态禀赋，最大限度地恢复河流原来的自然生态。“五水共治”摒弃了单方面致力于固化河堤、硬化河岸的思路，而是以河流应有的自然属性和生态功能的改善和恢复为目标，将工程可能带来的负面影响降至最低。治水在工程材料的选择上非常慎重，放弃了惯用的钢筋混凝土护坡和浆砌的块石护坡，因为这些材质都会使土壤无法正常呼吸，会抑制水生植物的健康生长，水体新

---

① 曹础基．庄子浅注［M］．北京：中华书局，2007：242.

② 王弼．老子道德经注校释［M］．楼宇烈，校释．北京：中华书局，2011：322.

③ 张松辉．庄子译注与解析［M］．北京：中华书局，2011：241.

陈代谢的自我净化功能会被严重削弱。由此各种鱼虾等生物群落就会失去维持生命所必需的食物来源和健康的生存环境，从而食物链的完整性就会遭到破坏。河流治理实施了直立驳岸向斜坡土堤和自然土质岸坡的改建，并且在部分流域采用了覆土护岸、木桩或木框加毛块石缓坡护岸以及天然卵石搭建低水护岸等方式来取代混凝土护岸，缓坡地带进行大量的绿化，为人们提供了休闲的美好自然环境。

"五水共治"各项工程的实施和技术的应用都以保护水生物种的生存环境和生命健康为道德前提。许多流域实施了植物防浪护坡工程，通过种植防风林木来防风固堤，使生物群落赖以生存的水生环境得到最大程度的保护。为了保护流域内浅滩、河湾和湿地的生态，"五水共治"中科学规划了两岸堤防的合理间距，使浅滩爆气增氧和净化水质的生态功能得以完整保存和充分发挥。同时还采取了生态鱼巢护岸，在河流正常水位以下的护岸采用鱼巢结构，一方面充分提高了河流的自净能力，另一方面为鱼儿的繁衍生息提供充足的生存空间，保护了水生生物的多样性以及食物链的完整性。

第三节 "人—水—技术—组织"的关系：尊万物成理达天地物我相融

在治水过程中"人—水—技术—组织"最终要达成天地物我相融的和谐。尊万物之理是实现物我合一的关键，"理"即万物的自然本性和发展规律，水之"理"是水的系统性。水环境系统是人—水—技术—自然—社会多因素耦合的体系，是包含水质、水生态、水技术、水景观、水经济、水社会、水文化的多方面综合体。治理水环境就是修复水环境各系统的正常功能，实现系统要素之间的相互融合与协调统一。道生万物，人水同源，"五水共治"通过联动治水，促进了治水资源的整合、技术的融通和组织的协同，使人、水、技术、自然、社会在水环境治理中相通相融、深度契合。

一、尊水环境系统之理，达人水和谐相融

天地万物有自己运行的规律，我们需要尊重天地的生命本性，遵从万物的自然规律，来促进"我"与天地万物融为一体，实现和谐共处。治水过程中，人类为了修复失衡的水生态和被污染的水环境，需要借助于技术加以修复。同

时，治水的主体具有多元性，包括政府、企业、公民、社会组织等。治水的本质在一定意义上讲就是在处理人、水、技术、组织之间的关系。天人合一、万物一体、物我齐一的价值理念为我们处理这些关系提供了价值依据，它蕴含着人、水、技术、组织彼此之间最终应该达成的是一种天地物我相融的境界。庄子用“万物有成理而不说”来赞美天地万物的虚怀若谷、谦卑伟岸，我们人类也应该效法天地的这种谦逊品质，顺应万物变化发展的内在道理，不违背天地自然的生存之道，才会真正实现可持续的人水相通、人水相融、人水与共。

“尊万物之理”就是要尊重水的自然属性和内在规律。成就天地物我相融需要立足于系统论，以水环境的系统性为根本依据和出发点，促成人、水、技术、组织的和谐相融。水环境（water environment）是水体演化形成、储存分布、传输转化所处的空间系统。水环境是人类赖以生存的自然环境之一，它是孕育万物生命的摇篮，也是维持人类生存、工业生产、农业灌溉的重要资源。关于水环境的概念学术界有不同的理解和界定，其中主要集中于两方面：一是从自然科学的角度来定义水环境，《环境科学大辞典》指出：“水环境是地球上分布的各种水体以及与其密切相连的各环境要素如河床、海岸、植被、土壤等的综合体。”① 二是从社会科学的角度定义水环境。我国《水文基本术语和符号标准》指出：水环境是围绕人群空间及可对人类的生活和发展产生直接或间接影响的水体，以及会影响水的形成、分布和转化等正常功能的各种自然因素和社会因素的总体。②

通常水环境会被解读为“水质环境 water quality environment”和“水生环境 aquatic environment”。在日本的文献中，大多数把水环境解读为“水質環境”，也就是围绕水质改善和用水、排水的环境问题。例如，污水厂的水处理的问题；河道、湖泊的水质问题，这是狭义的水环境概念。水环境还被理解为“水生环境”，它是指围绕生物系统的环境，通常指水生生物的外部环境条件，包括静水环境、流水环境、海水与淡水环境等。这个解读比“水质环境”的概念要宽泛一些，但仍然不完整，仅站在生物的角度来解读水环境概念。

水环境的真正本质是系统性，即“水系统环境 water system enniroment”。水环境问题是一个水的系统的环境问题，是一个流域性的环境问题，它不是单一的水质环境，也不是单一的水生环境，是水—人—自然—技术复杂关联的问题，

---

① 《环境科学大辞典》编委会．环境科学大辞典［M］．北京：中国环境科学出版社，2008：624.

② 国家质量技术监督局，中华人民共和国建设部．水文基本术语和符号标准（GB/T50095-98）［M］．北京：中国计划出版社，1999：197.

是环境—社会—经济问题的缠绕。水来自流域的各个部分，与流域中的各种活动有关系。所以流域内的诸多要素都会对水系统产生影响。涉及水的方方面面的问题都是流域水环境或者水系统环境治理的问题。水的系统是人类社会、生物、自然、经济等结合在一起的环境，这个环境的内涵更加丰富。水系统环境就是流域水环境，流域水环境涉及流域内的用水、排水、节水等问题，流域内的社会经济发展问题，流域内的人与自然、人与人的关系协调问题，都是流域里水系统的环境问题。相对于水质环境、水生环境等单一要素的问题，流域水环境是一个系统周边的环境，也就是由很多要素复杂结合在一起的环境。这包括水景观系统、水生态系统、水循环系统、物质循环系统等要素，也包括流域社会、流域经济、流域文化等系统要素，如图 2. 1 所示。

图 2. 1　水系统环境图

水环境系统构成具有层次关系，如图 2. 2 所示。水环境的生境修复是基础，主要通过控制污染、改善水质来实现。恢复水环境健康生境是水环境生态修复的必要组成部分，由于生境的多样性决定了生物的多样性，修复水环境的生境就成了生态修复的基础。同时水质改善是实现人水和谐的重要保障。生态修复是在水质改善基础上的更高层次的治水目标，这是立足于整体论视角的，是对水体、水生物种、水循环体系等要素构成的整个水环境生态系统的修复和保护。同时生态修护和生境修复是相互作用的，水生动植物、微生物等生命物种的保护对水质净化有重要的促进作用。生态修复是人与自然关系改善的重要举措，也是核心和关键。人与自然关系的修复是最高层级，实现人水和谐，促进人与水的可持续发展是环境治理的最终目标。而影响人水关系的更深层次的因素是人与人之间的关系，处理好治水过程中人与人之间的协同合作、平等互动、权利公平、利益公正等问题是水环境治理的重要方面。

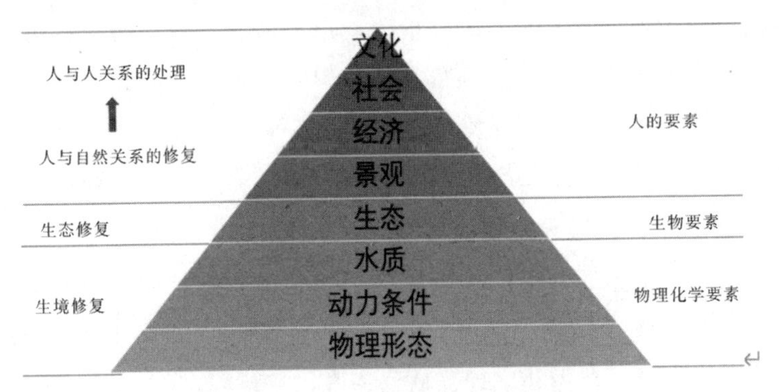

图 2.2 水环境系统构成的层次论图

水环境的系统论和层级论共同构成水系统环境的一体论，形成了多位一体的水系统环境。如图 2.3 所示。水环境治理是为了改善水环境，使水系统更加健全、可持续，使人—水—技术—组织更加相融、更加和谐而做的工作。

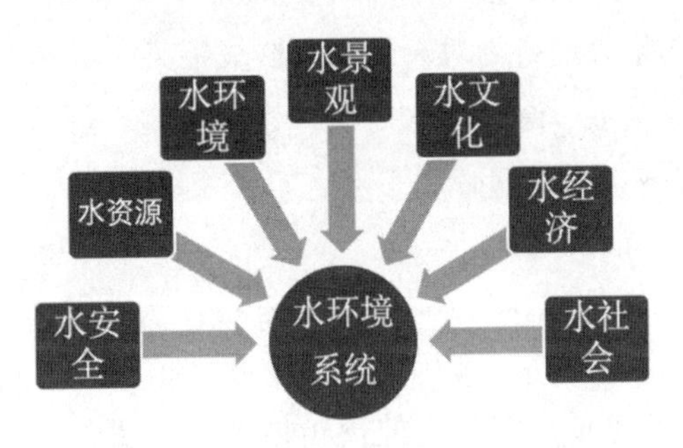

图 2.3 水环境一体论示意图

水环境治理是“硬工程”与“软工程”结合在一起的综合治理。治水是水安全、水资源、水环境、水景观、水文化、水经济和水社会等综合问题的治理。主要包括：化学环境的改善，主要进行污染源控制，例如，治污水工程；物理环境的改善，借助物质材料实现水环境连通以及形态的改善，例如，防洪水、排涝水工程；生物环境的改善，主要包括生物栖息地的修复、生物链的保护等工程；人类用水问题的改善，主要包括涉及水安全、水资源、水经济、水社会的保供水、抓节水等工程；景观文化的修复，主要包括水景观、水文化相关的治水工程。水环境治理的目标具有多样性，包括做好河流污染源控制，实现流域化学环境的改善；借助材料、工程等物理工具使河流的连通，修复河流的健康形态，从而实现流域物理环境的改善；通过对生物栖息地、自然生物链、生物间关系的修复和保护，来实现流域生物环境的改善；对流域水环境景观文化的修复；流域内人类生产方式的变革和生活习惯以及方式的转变，人与人之间协同合作、共治共享、公正平等关系的建立；等等。

二、联动治水，促进天地物我相融

人水相融共生的本质在于人与水是一个统一体，拥有相同的本源，共同遵循"道"的法则。道生万物，天地物我同源，道家秉持道生万物、天人同源的理念，主张道法自然，尊万物之理，物我一体。"道"蕴含着人与水和谐统一的必然性，本身就是一个天地万物相融相生的和谐体，它建构了人水一体化的价值观，人水同源、和谐相处、共同进化乃是"道"的价值指向。"道"的自然性和自发性是人的行为应该遵循的准则，按照自然的客观规律和自然本性行事，遵循水自我修复、自我调节、自我净化的运行规律，与水相生相融、共进共存，既是对水的保护，也是对天地物我统一体的维护。老子认为："知常曰明，不知常，妄作凶"①，如果人的行为对天地自然造成损害，必然会遭到自然的报复和惩罚。"和"乃道之本，"德"乃人之本，崇尚天地、遵从法则、效法自然、讲求德性是实现天地物我相融的必然要求，如此才可促进人、自然、社会、技术、组织的平衡有序、和谐发展。

"五水共治"为了促进在治水中人、水、技术、组织等各要素之间相互的融合，开展了多组织、多部门、多群体之间的联动治水。人水同源、物我共生于同一个系统之中，各要素协同是实现物我相融共存的必然要求。治水系统也是一个由人、技术、自然、社会等若干子要素组成的统一体，要发挥最大效能，必须使具备一定功能的子要素之间彼此整合、协同合作、相互作用，并且协同后所产生的整体功能要大于各部分的功能之和，这也就是所谓的协同效能。联动治水使治水的人力、物力、资源、技术实现了相融相通、互补互促、共和共进。2015年，浙江省出台《关于加强跨行政区域联合治水的指导意见》，文件明确提出："以大局的意识、相邻的情谊、共同的责任，实行跨区域联合治水、协同治水。"② 联合治水的部署和安排，直接目的是在"五水共治"中形成联动

① 王弼．老子道德经注校释［M］．楼宇烈，校释．北京：中华书局，2011：62.

② 吴深荣．浙江省政协深度调研跨区域水环境治理困难［N］．人民政协报，2015-01-08（1）.

一体化、联防责任化、联治高效化、联商常态化，根本目的是促进资源整合、技术融通、组织协同，进而实现人水物我相融。

“五水共治”通过联动治水整合治水资源，优化治水结构。“五水共治”实施了治水行政合同制度，推动了资源联合和结构优化。“五水共治”引入市场主体通过与政府签订行政合同来参与治水任务和治水项目的建设和运行，充分盘活市场的各方资源，利用市场的多重优势，调动全社会的力量共建、共治、共享，促进治水合作的制度化、规范化、有序化。治水资源的融合充分体现在行政资源与科研资源的融合。政府与高等院校、科研机构、专家教授团队通过治水行政合同展开合作。在政府的宏观引导和政策扶持下，科研专家团队充分发挥专业领域的知识、科技、技能等优势，开展工程设计，研发治污新技术，制定治水方案，完成项目规划，全面承担和解决技术含量高、专业性强的治水工作和治水难题。浙江清华长三角研究院与浙江省政府开展关于“五水共治”的技术合作，实现了信息互通、资源共享、优势互补。研究机构组织专业团队研发现代化、高科技的水污染治理技术，并推广应用于河道综合整治、工业污染防治、农村生活污水治理、农村禽畜养殖的污染防治等多个领域，大大提高了治污效率，使治水事半功倍。政府积极建立了水环境治理“人才库”，双方进一步就钱塘江水质问题、浙江大气污染成因分析等重大科研课题积极展开深度合作，极大地促进了管理资源、技术资源、科研资源的深度融合，治水成效显著。

政府搭建了“点对点”公共科技服务平台，并开启了“村企结对”模式促进联动治水。为了更好地促进技术资源与基层治水、乡村治水、企业治水的对接和融合，政府充分发挥组织协调职能，牵线高校和科研机构与基层组织、中小企业、经济欠发达的偏远农村进行治水结对，组织双方一对一签订治水技术服务协议。这样科研机构就可以充分发挥专业技术优势，并结合不同地方、团体的具体情况、水污染特点和污染成因，因地制宜地制定治水策略和方案，提供治水技术指导和科技服务，并为企业、工厂、社区、农村培养治水技术人才，提升地方、企业治水的专业化水平。

“五水共治”实施了区域联动机制，促进治水技术融通，提升治水效率。不同地方在治水过程中都有各自的技术优势，包括独特的治水方式、全新的技术方法，以及丰富的治水经验。各地方间技术的交流、方法的互通、经验的互鉴，打破了区域间各自为政、闭门造车的治水格局，更推动了人与人之间、物与物之间，以及人与物之间的密切融合。为了更好地协调不同地方的治水工作，“五水共治”结合地域相连、环境相融、业态相近、人文相通的特点制定了区域联动机制。浙江省专门设立了钱塘江、运河等 6 个跨市域河流的河长，并全部由副省级领导担任，由此建立起治水区域联动的协作领导机制。他们组织区域治水部门开展跨地市交界区水环境联防联治行动，做到工程同步、问题共商、成果共享。对于跨行政区域的边界治水，按照以边界属地政府为主体的原则，"五水共治"建立了"省、市、县、镇、村"五级上下游治水协调机制。

"五水共治"制定并实施区域联防、联合监测、联合督查机制，来促进区域联动治水的推进和落实。在联合治水实践中，"五水共治"不断完善联动制度体系，不断改进治水方式方法，不断应对新的治水难题和挑战。跨区域的多地会开展区域联防工作，多个地方统一行动，对跨区域河流左右岸、上下游的重点污染源，河道保洁情况，饮用水源地污染隐患，农村点、面源污染状况，城镇污水管网铺设情况等进行联合督查、逐一排查，共同查找问题、解决问题。与此同时，在联合治水的过程中，"五水共治"制定了联合督查制度，侧重各区域间的交叉督查。在交叉督查中互指问题、互纠错误，并及时向对方反馈和通报，以促进问题的及时有效解决。同时他们借此机会也相互借鉴、相互激励，让好的治水方法和治水经验得到推广。跨区域经常开展治水的联合会商、联合执法、联合监测、联合督查和排查，以保证对水质的同步监测、对治水的同步督查，对问题的同步整改。区域联动机制使"五水共治"冲破地域局限，实现全流域管理、联动化治水，建构起"上下游、左右岸同下一盘棋"的联合治水格局，让水环境治理在更广阔、更完善的体制框架内高效推进。

"五水共治"实施了上下联动的治水机制，促进组织治水形成合力。为了进一步促进治水技术互补、资源互通、物我相融，"五水共治"建立了上下级联动的组织架构和领导体制，加强了治水组织之间的信息共享、资源互补和协同合作。省级层面成立了"五水共治"领导小组，作为全省"五水共治"工作的最高领导体制，设立常设机构"五水共治"领导小组办公室全面负责部署、安排治水的各项工作。同时，各地市、县区也按照省级层面的"五水共治"领导组织架构建立了"五水共治"的领导小组、办公室，全面落实省里的各项治水战略部署，并将地方治水的实践经验和问题、百姓的诉求和心声及时反馈给省级层面，这样上下配合、相互协调、信息畅通、高效联动的治水机制就形成了。省"五水共治"领导小组成员基本是由生态、环保、水利、建设、城管等各单位和各职能部门抽调而来的干部构成。他们具备扎实的专业技能和良好的工作协调能力，在履行好"五水共治"相关职责的同时，更肩负起了联结省治水办与各治水单位和部门之间的桥梁和纽带的任务。他们制定不同部门联合治水的行动方案，使各部门之间工作更加协调、沟通更加畅通、配合更加密切，充分发挥了各职能部门的专业特长和治水优势，让"五水共治"的推进更加顺利。

“五水共治”制定了部门联动的治水机制来促进联动治水。省级各部门、各行业，以及各地市、县区的相关部门为了加强与其他部门和区域之间的配合与协调，均制定和出台了与其他部门的合作机制，以及专门保障“五水共治”顺利推进的配套措施。环保、建设、水利、农办、发改委、财政部门分别牵头制定和出台了与“五水共治”配套的制度机制、工作计划、治水方案，加强了各部门与各地方治水办之间的联动。省高级人民法院全面履行人民法院的职责，为“五水共治”的有序推进做好全面的法律服务和法治保障，并充分发挥司法裁判的价值导向作用，引导社会公众广泛参与“五水共治”。部门联动制度让“五水共治”成为全社会的共同职责，各种部门的职能优势充分发挥，各部门间相互合作、互通有无、互补余缺，发挥出 1+1>2 的治水效能。

第三章

价值融通

“五水共治”的实践是生态价值观、技术价值观和工程价值观融通的过程，因此，价值融通体现了“五水共治”的价值观。“五水共治”中存在着“人—水”“人—水—技术”和“人—水—技术—组织”的三重关系，通过对治水关系的分析可以探究到治水的“实践理性”的价值合理性依据，这就构成了“五水共治”的价值伦理。与这三重主要的治水关系相承接，“五水共治”体现了“物我齐一”的生态伦理观、“兴天下之利”的技术伦理观和“道法自然”的工程伦理观的融通。人水本就相融并生、物我齐一，“齐”内含无差别、平等的寓意。水是具有内在价值的主体，人需要认可水的主体性，尊重水的内在价值，这样才会根本上促进人水齐一、和谐与共。“人—水—技术”的治理之道是技术“兴天下之利”，“五水共治”妥善化解治水过程中的环境风险和社会风险，使治水工程和治水技术充分展现出“利”的一面，在促进人水和谐中发挥着积极的、正面的、有益的作用。“五水共治”遵循“道法自然”的伦理观，在治水中遵循水的复杂性、系统性、动态性和开放性的本质属性和自然规律，恢复水生态的自然平衡、水空间的功能稳定、水环境的健康有序、水景观的优美和谐。

第一节　“物我齐一”的生态伦理观

“天地物我齐一”揭示了万物一体的价值理念，内含着“人水齐一”的生态价值观，人与水互为主体，同具内在价值。水是与人一样的具有主体性的存在，主体性的判别主要在于是否具备主动性、能动性和创造性。人在水面前并非拥有绝对的主动权，人也会成为水反作用的对象。水具备维持自身存在的目的性和适应整体的能动性，同时水具备作为自然万物的根本属性的创造性，因此，水的主体性可以得到充分的伦理辩护。“齐”乃无差别，河流的内在价值是因自身的存在而具有的价值，具有不以人的意志为转移的客观性和先验性，人应该平等地看待水的内在价值。“人水齐一”是一种摆脱了人类中心主义禁锢，遵循生态中心主义的价值观，它是“五水共治”的理论前提和理论依据。

一、人水齐一，同具主体性

庄子在《齐物论》中指出：“天地与我并生，而万物与我为一。”① 这深刻地揭示了“物我齐一”的生态理念，这也是《齐物论》的精神内核。天地万物的生成、发展、灭亡都有其自身的内在规律，这是“道”的内核。天下万物齐同，浑然一体，同归于“道”，统一于自然，这是道家的宇宙伦理归依论的核心，也正如成玄英有疏曰：“夫人伦万物，莫不自然，爱及自然，是以人天不二，万物混同。”② 人类应该怀抱宇宙，顺应自然，等同对待天地万物，视人类自身为宇宙中的普通一员，以谦卑的姿态、敬畏的态度对待自然，正所谓“同于禽兽居，族与万物并”，与自然友好协调、和谐共处。天人合一、物我同源，这里的“一”就是“道”，人与自然有着共同的本源，人与万物遵循共同的法则。“物我齐一”就是人与天地同生共运、浑然一体，宇宙因由、万物缘起、人之本性处于同一境界，“天”“地”“自然”“道”与人相融相通。天人合于道，合于自然，人与自然互养互取，不以人助天，不以人灭天，天地、万物、人灵相生相合不相胜，此乃“泛爱万物，天地一体也”③。

“物我齐一”的思想既有对自然的道德关怀，也有对人伦的关切。它强调人应该保持亲近自然的本性，尊重自然、热爱自然，在自然中寻求“返璞归真”的境界。“物我齐一”是天道与人道的统一，揭示了自然命运不可违，人与天地万物统一协调的内在关系，是对天命规律与人事关系的本质阐释。人应该在效法天地、顺应自然、遵行法则中实现人伦天道化和天道人伦化的统一。“物我齐一”强调人与自然万物共生共存、地位平等，统一于“道”。人与水的价值对等、地位平等从根本上取决于水和人一样是具有主体性的存在。人类中心主义者一直秉持着人以外的其他自然万物都不具有主体性，这是人的利益凌驾于自然万物之上的根本原因。

人水齐一，水和人一样是具有道德主体性的客观存在。在传统的价值理论中，判定某一对象是否具有内在价值和道德权利，就要看它是否具有主体性。“主体”这一概念是由古希腊语“根据”一词演变而来的，原意是指目之所及

---

① 王夫之．庄子解［M］．长沙：岳麓书社，1993：72.

② 郭象，成玄英．南华真经注疏［M］．曹础基，黄兰发，点校．北京：中华书局，2016：119.

③ 张松辉．庄子译注与解析［M］．北京：中华书局，2011：261.

的存在物。[①] 它的本意并没有强调“主体”必然与人、“自我”“自我意识”有关联。但自笛卡尔（René Descartes）提出“我思故我在”以来，人们普遍将主体等同于“自我”（ego）、“自我意识”，用“主客二分”的观念来区分世界万物，并认为除了人以外的其他对象都不具有自我意识，因此不具有主体性，它们只能作为被认识和改造的客体而存在，因此有了“人类是唯一的主体”的论断，进而人类中心主义认为只有人才具有内在价值。主体是自主、自足，具备主动性、能动性和创造性的存在者，而这些性质并不是人类独有的绝对属性。

首先，水是具有主动性的自然属性。主动性是相对而言的，在具体的情境中，人类在大自然面前并不绝对地拥有主动性，如在突如其来自然灾害面前，人在这种境遇下相对大自然而言是被动的。余谋昌教授指出：“自然不是任人摆布的，它会对人的作用作出反应，人也会成为自然反作用的对象，自然本身也可以作为主体。”[②]

其次，能动性是水的本质属性之一。能动性主要通过目的性来体现，就是为了达到自身的目的而做出调整性、适应性的行动，而目的性是自然存在物所普遍具有的。自然存在物作为大自然中的一个部分总是处于不断调整自我、修复自我、建构自我的过程中，从而去适应自然整体。因此，自然生态系统中的存在物都具有维持自身存在的目的性和适应整体的能动性。美国系统哲学家欧文·拉兹洛（Ervin Laszlo）曾详细论证过自然系统的目的性和能动性，并提出了“部分适应整体，整体又作为部分去适应更高层次的整体”的自然建构过程。[③] 约翰·H. 霍兰（John H. Holland）指出：组成系统的各“要素”是“具有适应能力的个体”或“主体”，而且正是由于系统内部各“主体”具备“主动的适应性”，整个系统的复杂性才得以形成。[④]

最后，水是具有创造性的存在。创造性也是大自然的根本属性。山川河流、花草树木、日月星辰、飞禽走兽、风雨雷电包括人类自身都是自然界长期演化的产物。所以说只有人具有创造力，显然是立不住脚的。余谋昌教授从主体进化的角度，把主体分为三个层次：一是地球进化的前生物阶段，物质自身是主体，即物质是一切变化的主体。二是地球进化的生物阶段，生物成为生命主体。

---

① 海德格尔．海德格尔选集：下卷［M］．上海：上海三联书店，1996：138.

② 余谋昌．自然价值论［M］．西安：陕西人民教育出版社，2003：120.

③ 拉兹洛．系统哲学引论［M］．钱兆华，熊继宁，刘俊生，译．北京：商务印书馆，1998：343.

④ 霍兰．隐秩序：适应性造就复杂性［M］．周晓牧，韩晖，译．上海：上海科技教育出版社，2000：331.

这里产生了“生态主体”，它可以是生物个体或生物种群，生物种群与生物群落，各种生态系统，乃至全球生态系统（生物圈）等不同层次的主体。三是地球进化的人类阶段，人和社会成为生存主体。① 由此可见，大自然各自然要素和自组织系统也都具备主体的属性特征，也具有主体性。河流与人类同为主体，胡塞尔（Edmund Husserl）将这种“互为主体”的关系称为“主体间性”，并将其核心概括为主体间彼此对话、相互交往、共同沟通的平等关系。

二、人水合一，同具内在价值

水是具有内在价值的主体，对水的内在价值持尊重和平等对待的态度是实现“人水合一”的必然要求。“物我齐一”意指自然万物与人同是自然系统的组成要素，人应该充分尊重自然的生命和价值。在处理人水关系时，“物我齐一”的生态理念告诫我们要充分认可和尊重水的基本生存权利和生命价值，像保护我们人类自己的生命一样去保护水环境的生命健康，只有这样才会促进人水合一的真正实现。“道”“生而不有，为而不恃，功成而弗居”②，“道”不言、不争、处下、容纳，平等地对待自然万物，这是我们对水环境应有的态度。人与水环境是一个有机的整体，人与水的关系是共生的、共存的，在与水相处的过程中，正视水的内在价值，像爱护我们自身一样尊重水、爱护水、善待水，平等看待水的生命和权利，禁止一切破坏水环境、危害水生态、浪费水资源的行为，这是我们人类对水环境应尽的责任。因此，人既要维护人与水的和谐关系，遵循水环境的天然属性，让水能自然而然地发展，同时，更要从根本上认可水环境作为自然物存在的主体性和内在价值。内在价值是主体仅因为其自身是，即自身的存在而具有的价值，我们也可以把它称为“非工具价值”，即某个对象存在本身就是它的目的，这种目的不是实现任何其他目的的手段。深层生态学的提出者阿伦·奈斯（Arne Naess）指出：地球上非人类生命的良好存在本身就具有价值。这种价值是独立于有限的人类目的的工具有用性之外的。③

内在价值具有客观性，水的内在价值是一种不依赖人的意识和价值评判的客观存在。内在价值是一种不以人的道德关怀的扩展和人的平等意识和同情心的延伸为前提的客观存在，它是主体基于自利的生命本性而具有的纯粹目的性，例如，生存权之于所有物种，这也是内在价值有别于工具价值的本质特征。同

---

① 余谋昌. 自然价值论［M］. 西安：陕西人民教育出版社，2003：120.

② 王弼. 老子道德经注校释［M］. 楼宇烈，校释. 北京：中华书局，2011：89.

③ O'NEILL J. The Varieties of Intrinsic Value［J］. The Monist，1992，75（2）：119-137.

样，河流自身的存在就是它的目的，这种目的通过河流各种自然特征（水体流动性、水流连续性、系统的完整性、生物的多样性等）和生态功能（栖息地、过滤、屏蔽、通道、源汇等）展现出来，并通过它与外界物质能量的循环、更替和转化来维持地球水生态系统的平衡。存在和健康是自然万物的生命表征，河流的内在价值就是这种生命表征对其自身的价值。正是因为河流的内在价值的客观性，即不由人来决定的和不以人的意志、需要和情感为转移的自主性，决定了水拥有像人一样的应该受到道德尊重和伦理关照的权利。

内在价值具有先验性，水的内在价值在人类赋予它“价值观念”之前就已经客观存在了。河流的产生与人没有必然的联系，它是大自然地质运动的产物，河流的产生体现了大自然的创造性和目的性。约翰·罗尔斯指出：“自然系统的创造性是价值之母，大自然的所有创造物，只有在它们是自然创造性的实现的意义上，才是有价值的，并且这些自然创造物为了自身的生存发展会主动去适应自然的变化。”① 河流是大自然的产物，其自身的自然属性、生命结构和自然特征也是大自然作用的结果，并且河流在自然界存在的几十亿年间，随着地壳和自然界的变化在不断调整和适应，在这个过程中，它也为众多水生生物提供了充足的养分和生存空间，为维持自然平衡和生态稳定发挥着重要的作用。所以，河流自身具有的内在价值是大自然所赋予的，它不受人的意志所左右，又先于人的价值评判而存在，这就是河流内在价值所具有的先验性的重要体现。就这个层面而言，河流为人所有、受人主宰、由人支配的工具主义思想是得不到伦理辩护的。人与水同为大自然的产物，彼此互不占有、互不隶属，因此，人水和谐共存的前提和基础是人要充分认可水的内在价值，并且像尊重人类生命一样尊重水的生命权益。

第二节 “兴天下之利”的技术伦理观

“五水共治”过程中治水技术的应用遵循“兴天下之利”的伦理原则。治水以“不伤害”为基本伦理底线，治水工程项目的设计、规划、实施都将保护生态平衡，不伤害自然生态环境，不危及包括人类在内的所有生命物种的安全，确保技术安全可控、可行可靠是技术“利天下”作用发挥的基础。在“五水共

① 罗尔斯．正义论［M］．何怀宏，何包钢，廖申白，译．北京：中国社会科学出版社，2001：56.

治”过程中，治水技术应用和工程项目的实施存在对环境、公众、社会带来损害和风险的可能，例如，“五水共治”中建设的污水处理厂项目和垃圾焚烧发电项目，作为“邻避工程”这些项目存在着一定的环境风险和社会稳定风险。因此，“五水共治”结合项目风险的具体特征制定了详细的风险防范方案，并采取了及时有效的风险治理措施，成功化解了临平净水厂和九峰垃圾焚烧发电项目的诸多技术风险，将工程和技术的负效应降到最低，充分彰显了技术“兴天下之利”的价值理念。

一、治水技术：“兴天下之利”

“兴天下之利”作为中国传统墨家的科技伦理思想是水环境治理最基本的技术伦理原则。随着工业文明的快速推进，技术通过物质重组、高效率的时空变换等特定方式正在迅速改变着人们的生活，使人们的生活更加便捷，条件更加优越。技术是一种杠杆，可以放大自然力和社会力，从而引起自然和社会的巨大改变。[①] 人类的发展进程深受当代技术的影响，人类赖以生存的生态环境也在随着技术的发展发生着改变，并且很多改变是使生态环境越来越恶化和越来越失衡的变化。因为，尽管现代技术体现着主观理性、工具理性、手段—目的合理性、技术理性，但现实的技术发展表明，技术并不完全是理性的产物，技术中也包含着非理性的成分。[②] 所以，人们在享受着技术带来的便捷的同时深深地意识到科技应用必须遵循一定的伦理规范和价值原则。

治水过程中技术的使用必须以“利而不害”作为法则和伦理标准。技术应用在治水过程中是必不可少的，运用水利技术、生态技术、智能技术进行水污染整治、水生态修复以及水环境管理，但技术的应用必须遵循“不损害”生态利益，“不伤害”人的基本权益的伦理原则，以“兴天下之利”为基本的价值要求。“子墨子言曰：‘仁人之事者，必务求兴天下之利，除天下之害。将以为法乎天下，利人乎即为，不利人乎即止。’”[③] 墨家的价值理念强调人所做之事，必须以“兴天下之利，除天下之害”为基本原则和价值追求，那么人对技术的使用也必须遵循有利于民众、友好于自然、有益于社会的伦理规范。孟子评价墨子：“墨子兼爱，摩顶放踵利天下，为之。”[④]“利天下”是人最基本的行

---

① 王大洲，关士续．技术哲学、技术实践与技术理性［J］．哲学研究，2004（11）：58.
② 王大洲，关士续．技术哲学、技术实践与技术理性［J］．哲学研究，2004（11）：59.
③ 墨翟．墨子译注［M］．张永祥，肖霞，译注．上海：上海古籍出版社，2016：97.
④ 南怀瑾．孟子与尽心篇［M］．北京：东方出版社，2014：117.

为规范，由于技术不仅是一种人与自然之间的中介，更是一种人与人的中介，因此，“兴天下之利”的技术伦理观不但要渗透在自然活动中，也要作为人类活动的基本道德规范，这是对“天之道，利而不害；圣人之道，为而不争”① 的践行。“五水共治”治水技术的应用以遵循“利天下”为伦理规范，将不危害到包括人类在内的宇宙万物的生命安全和切身利益作为道德底线。

“五水共治”工程项目的建设和水利技术的应用严格遵守利于生态、利于人类的基本伦理规范。技术是为人类服务的，技术的使用也必须符合生态伦理规范，它不能伤害自然环境，应该以改善和保护自然为重要目标，这是技术发展必须恪守的生态伦理理念。“兴天下之利”要求水环境治理在项目设计和技术规划之初就要秉持有益于人类福祉、有益于生态环境发展的价值取向，并且将生态伦理的理念贯穿于工程实施的全过程。这就需要技术和项目实施过程中将生态环境要素、生命健康和安全要素放在首位，对工程产生的废水、废气、废渣等各类对生态有害的物质进行无害化的妥善处理，尽可能节约资源、保护环境，以维护生态系统的稳定。“五水共治”的过程中也面临众多生态伦理问题，许多大型水利工程项目的实施会对当地的水资源分布、水文特征、地质状况产生负面影响。工程实施过程中会涉及移民、失业等社会问题，公众正常的生产生活会受到不同程度的影响。一些污水处理厂、垃圾处理厂等工厂建设项目不可避免地会带来“邻避效应”，影响周边生态和生活环境。

“五水共治”秉持“不伤害”的伦理原则，严格规范治水技术的开发和应用。“五水共治”将“不伤害”的伦理规范作为工程项目规划和技术应用考量的重点，坚持将治水工程和技术对生态环境的影响降到最低，并且对技术的可行性、安全性、可靠性、风险性进行谨慎衡量、科学审视和有效防范。同时针对技术可能带来的各类生态影响、社会负效应和伦理风险进行科学评估，并建立预警机制和补偿修复举措。美国著名学者斯蒂芬·昂格尔（Stephen Unger）指出：“过去，工程伦理学主要关心是否把工作做好了，而今天要考虑我们是否做了好的工作。”②“把工作做好”是对工程技术的最基本要求，而现在我们需要考量的是“是否做了好的工作”，“好”工程决定了工程技术活动的本质，“好”的初衷直接影响和作用于工程活动的过程和结果。

---

① 王弼．老子道德经注校释［M］．楼宇烈，校释．北京：中华书局，2011：229.

② 秦红岭．文化新视角：环境伦理与建筑工程［J］．建筑，2008（9）：64.

二、风险治理："以利天下"

治水技术风险的防范和治理是技术"兴天下之利"的基本保障。治水技术的终极目标是造福于人类及生态环境，但是技术并不是绝对安全的，技术的应用可能会带来生态伦理风险和社会稳定风险，威胁人与环境的安全，破坏人与自然的和谐。因此，水环境治理必须将伦理风险纳入重要考量的因素之中，权衡技术负效应，制定化解和治理潜在风险的方案举措。治水技术作用的发挥必须以伦理道德等非物质要素为重要导向，任何技术活动和工程实践都要符合道德和伦理要求，当代技术是社会建制的核心要素，必须与伦理并行，才会充分发挥技术的正面效应和积极作用。同时，只有技术可能带来的风险是可控的，并且是可以弥补和修复的，技术才可"兴天下之利"。

"五水共治"中的一些治水工程和项目带来了一定的社会稳定风险。"五水共治"过程中涉及污水处理厂和垃圾焚烧发电厂等水环境治理项目，这些项目的实施给属地居民的生产生活和项目周边的生态环境都会带来一些负面影响。工程项目的社会稳定风险通常可以划分为原生风险和衍生风险。原生风险又可以分为内部风险和外部风险。内部风险一般是指工程建设自身引发的风险。引发内部风险的因素包括：技术方案不合理、生态补偿机制不健全、突发事件应急处置不当、资金筹措和使用不当、管理工作不到位。外部风险一般是指政府、公众、媒体等社会外界因素在工程建设中引发的风险，例如，工程公众参与程度不够、媒体舆论导向及自媒体传播的风险。工程项目的衍生风险指随着项目的进展，属地居民利益诉求在不断改变。一开始属地居民担心工程导致区域环境发生变化，顾虑点较为单一；随后利益诉求逐渐多样化，集中于工程对个人健康的影响，尤其关注施工过程中的噪声、废气、固体废料的处理，进而更多地关注工程能否给自己带来足够的利益以及经济补偿，以及工程对个人就业与发展前景的影响。

在治理项目带来的风险过程中，"五水共治"秉持"兴天下之利"的伦理理念成功化解了工程带来的技术风险、环境风险和社会风险。"五水共治"让治水科学技术和工程项目充分发挥了趋利避害的作用，既促进了水生态环境的改善，同时优化了公众的生存环境，提高了公众的生活质量。

"五水共治"成功化解了污水处理项目面临的工程风险。在"五水共治"

过程中，临平净水厂项目作为一项污水处理工程在实施过程中遇到了重重阻碍。① 在第一次选址时，由于项目存在对周边的生态环境和居民生活不利的潜在风险，因此遭到周边居民的反对和抵制，随后变更了项目方案，采取了有力措施，化解了工程风险。2011 年 11 月，临平污水处理厂进行了第一次选址规划。厂区构建采用常规地上布局，在污水处理厂的旁边建设生态公园并与污水厂平列分布。该选址与规划居住区和公共建筑群的防护距离为 150 米左右，这一选址方案对生态环境和周边居民的生产生活都会产生影响，因此受到了重重阻力，工程的邻避效应显著。2014 年 12 月，重新启动了污水处理厂项目，将其更名为临平净水厂项目，进行二次选址。第二次选址位于沪杭高速公路以南、东湖路以西地块，此次选址所占的地块为城市建设用地，厂址范围内涉及的少数民居也已拆迁完毕，并且属于高速匝道范围内，与周边居民区有匝道相隔断。与此同时，第二次所选的地段具备工程建设所需的水、电、交通等基础设施，有助于降低工程的建设成本。与第一次规划的地上建设方案相比，这一次采用了地埋式设计，将原计划的地上污水处理厂建成地下污水处理厂。污水处理过程中产生的噪声，通过采用地下综合降噪措施处理后，对地面建筑和居民基本不产生影响。同时，全封闭、无渗漏的地下污水处理措施，不会对地表水和空气造成二次污染。地埋式净水厂的上方建设生态公园，一方面，净化后的水可在生态公园再次循环利用，另一方面，生态公园为周边居民提供了散步、健身、休闲的场所。

表 3.1　临平净水厂两次选址方案对比分析表

	第一次选址方案	第二次选址方案
选址时间	2011 年 11 月	2014 年 12 月
地理位置	南苑街道钱塘社区，杭浦高速以南、杭海路以北、规划运河二通道以东	沪杭高速公路以南、东湖路以西地块
占地面积	260 亩（17.3 公顷）	74.2 亩（4.9 公顷）
土地性质	住宅用地	建设用地
厂区布局	地上布置，与公园平行分布	地埋式布置，与公园垂直分布

① 丛杭青，顾萍，沈琪，等．工程项目应对与化解社会稳定风险的策略研究：以“临平净水厂”项目为例［J］．科学学研究，2019，37（3）：385-391.

续表

	第一次选址方案	第二次选址方案
主要处理工艺	水解池、多点进水倒置 A/A/O 工艺、高效沉淀池、纤维滤池工艺	水解酸化和膜生物反应器 MBR（更精准、更先进、更安全）
民居防护距离	150 米左右	匝道相隔，距离较远
民意情况	邻避效应显著，要求“全征全迁”	民意阻力较小，补偿较为合理

为了避免和化解项目可能带来的社会稳定风险，并将工程对公众的影响降到最低，在第二次选址项目开工之前，当地政府和建设方采取了一系列有效防范工程社会稳定风险的措施。

第一，组织属地居民实地考察同类项目。很多居民对污水处理厂的环境影响存在着过度的担忧，甚至恐惧。为了消除居民的邻避情结和认知偏见，同时也为了更好地让居民参与工程建设，政府做了专门安排，由相关社区工作人员组织并带领社区居民代表（尤其持反对态度的代表）外出参观同类污水处理厂，前后近百人分五个批次赴广东实地参观考察了深圳布吉污水处理厂的运营情况及对周边环境的影响。居民代表对布吉污水处理厂处理后的污水亲自取样、观察，并没有闻到异味，而且水体较为清澈。此外，他们主动向污水处理厂周边的社区居民了解情况，依据当地居民反映，布吉污水处理厂对臭味、噪声、固体废料等污染物处理得非常到位，对他们的生活并没产生任何负面的影响。布吉污水处理厂采用的地埋式设计，污水厂上方是文体公园，处理过的水还可以用于公园浇灌，周边环境优美。布吉污水处理厂的工作人员还向他们详细介绍了污水处理的工艺流程、技术指标、环保措施以及日常运行监管和配套管理等相关情况，加深了居民代表对地下污水处理工程的了解。通过政府和建设方组织属地居民实地走访和同类项目参观，公众对污水处理厂的担忧和疑虑开始逐步化解，抵触情绪也随之消解，并且逐步认识到污水处理项目对于他们的生产生活的重要意义，由此扭转了公众对污水处理厂主观认知，大大降低了公众对污水处理厂的风险感知，提升了公众对项目建设的信心。

第二，制定并实施环境影响评价公众参与方案。为了进一步加强与公众的互动和沟通，拓宽公众参与的渠道，在项目启动之前，建设方制定了环境影响评价公众参与方案。方案确定了临平净水厂项目的敏感区为净水厂周围半径 2.5 千米范围内的社区，并将项目建址周围 1 千米范围内的居民和社会团体作为调查的重点对象。① 政府第一时间将建地环境现状监测报告和环境影响评价报告向在项目建地 2.5 千米范围内涉及的社区及村委会进行了公示。方案制定了公众参与工程的主要方式和渠道包括座谈会、动员会、圆桌会，以及进行个人和集体的问卷调查，实地走访属地社区、入户访谈属地居民，设立意见信箱、热线电话，畅通信息交流渠道，利用电视广播、新闻媒体进行政策宣传和信息公开，建立群众举报信息平台，全面接受社会公众的监督。

第三，实施工程维稳的群众路线。公众不理解，工程项目坚决不开工。政府和建设方坚持不取得属地群众的充分谅解和支持，不与属地居民达成广泛的社会共识，工程项目就坚决不开工的原则。当地政府各部门联合行动、全员上阵，与建设方、属地基层党组织和村民自治组织共同组建工程项目群众工作专项小组。通过圆桌会议的形式听取属地社区干部和村干部的意见和建议，真实地了解各社区和村落的实际情况。与此同时，专项小组成员集思广益、因地制宜地制定了不同的群众工作方案。政府干部牵头负责，派出驻村干部分批定点深入属地居民家中，多对一地为群众答疑解惑、排忧解难，在工程项目的敏感区域形成了专项小组成员与属地家庭成员 2∶1 甚至 3∶1 的服务局面。他们登门入户地倾听群众最真实的想法和利益诉求，搜集公众的反对原因和建议，尽可能地化解公众对工程项目的抵触情绪和风险感知，将居民安置与经济补偿的方案与群众深入交换意见，提高居民对工程项目的利益感知，争取居民最大程度的理解和配合。为了了解群众呼声的实时动态，保证公示后社会舆情的平稳，在项目公示前后专项小组以调查问卷的形式进行了公众调查。项目公示前后通过的民意调查情况见表 3.2，这也构成了建设项目社会稳定风险识别和预判的重要依据。

表 3.2 项目规划公示前后公众调查情况对比分析表②

		样本数	支持	有条件支持	不支持	无所谓
个体居民（单位：人）	公示前	62	12	15	29	6
		100%	19.3%	24.2%	46.8%	9.7%
	公示后	125	71	4	36	14
		100%	56.8%	3.2%	28.8%	11.2%

① 杭州市社会科学院．杭州市临平净水厂项目环境影响评价公示及公众参与方案［R］．杭州：杭州市社会科学，2016：10.

② 本表的数据由《临平净水厂社会稳定风险评估报告》整理而来。

续表

		样本数	支持	有条件支持	不支持	无所谓
团体单位（单位：家）	公示前	6	6	0	0	0
		100%	100%	0%	0%	0%
	公示后	30	23	7	0	0
		100%	76.7%	23.3%	0%	0%

安置补偿不到位，工程项目坚决不开工。政府和建设方在取得属地居民充分理解的同时，将属地群众的利益诉求作为群众工作的关键。通过多次与属地居民磋商，不断完善补偿方案。不仅如此，政府和建设多还承诺不会因为污水处理厂的建设而影响当地的发展，反而要通过此项目的规划建设和配套设施的实施来带动当地产业的高效发展。政府制定了项目建设后当地的发展规划方案，在招商引资、村级留用地配置和使用等方面给予了多项政策倾斜。建设方也积极采取了一系列惠民策略，将解决属地居民就业和带动周边产业发展作为重点事项，在招工方面对于专业技术要求不高的岗位优先考虑属地居民。与此同时，在项目建设的同时加强道路修建、绿化种植、公园建设，尽可能地完善周边的基础设施，促进属地社区公共事业的发展。此外，还通过对属地居民减免污水处理费、无偿提供公共活动场所等方式，拓展和完善了对属地居民的补偿事宜。

社会维稳是工程设计的目标之一。临平净水厂的二次选址以及围绕社会稳定风险所采取的预防和化解的措施是一次处理工程社会稳定风险的理论与实践的有益探索。2012 年 8 月，国家发展改革委出台了《国家发展改革委重大固定资产投资项目社会稳定风险评估暂行办法》，明确要求项目单位在开展重大项目时，需要对工程的社会稳定风险进行评估和分析，并制定防范与化解措施。由此可见，维护社会稳定是贯穿工程始终的重要原则，也是工程设计的目标之一，它是与安全性、可操作性、可靠性同等重要的工程目标。临平净水厂在第二次选址的同时，对项目也进行了重新设计，将社会维稳作为项目设计的重要目标。从厂区的地理位置、土地性质、与居民区之间的防护距离到污水处理工艺的选择都坚持减少环境的负面影响、维护社会稳定的原则。第二次选址使用建筑用地，与居民区距离远且有匝道相隔，避免了征用宅基地而可能引起的矛盾。污水处理设备是在检测污水水样之后专门选用的，更有针对性，且技术水平较第一次选用的传统污水处理工艺，更加成熟、稳定和安全。第二次选址及方案的重新设计将工程对生态环境和居民生活的影响降到最低，有助于缓解公众的负面情绪，化解工程与属地居民之间的矛盾，从而起到有效防范工程社会稳定风险的作用。社会维稳的工程设计还体现在项目名称的概念创新上。

临平净水厂化解工程风险的理念创新。项目第二次启动时，将名称由“临平污水处理厂”变更为“临平净水厂”，从“污”水到“净”水，一字之差，体现了理念创新。在人们以往的日常用语中，净水仅指饮用水。经污水处理工艺处理后的水质达到了《城镇污水处理厂污染物排放标准》（GB 18918—2002）一级 A 标准，满足了除饮用以外的其他的任何用水需求。事实上，这是对“净水”这一传统的日常用语的拓展，有助于从直观上消解公众对污水处理工程的抵触情绪和对工程邻避风险的过度担忧。这也充分体现了工程建设主体较强的社会维稳意识，以及将公共安全、社会稳定、公众满意、生态影响置于工程建设重要地位的工程理念。与此同时，这也是企业树立良好的社会形象和维护声誉的重要策略。

临平净水厂开启了公众具身参与工程的化解风险的创新模式。具身参与是公众参与工程的方式创新，“具身”的概念揭示了生理体验和心理状态之间的紧密联系。人的认知是在身体体验及其活动的过程中形成的，身体的行动方式、活动过程、感觉体验、实践经历决定了人的认知判断、心理倾向和意念主张。公众的具身参与是一种现场式、体验式的参与。临平净水厂项目开工建设之前，政府组织公众先后考察国内其他同类工程项目建设的情况，公众通过实地走访了解到地埋式的污水处理工程建设对环境和周边居民的生活基本不产生影响，进而对工程项目由抵触和反对的情绪转变为认可和支持的态度。

具身性的参与打破了传统的公众参与工程的体制化模式。亲自考察和切身体验的具身性参与方式具有以下特性：一是直接性。具身参与使公众直接掌握了工程建设及其影响的真实情况。以往的公众参与模式始终将公众置于旁观者的位置，而不是体验者和参与者，公众只能借助间接的渠道来了解工程项目，这种间接的参与并不能从根本上消除公众的认知偏差、顾虑和疑惑，也不能真正起到预防和化解社会稳定风险的作用。二是预防性。通过在工程开工建设之前让公众切实体验和考察同类工程项目，这是一种将工程可能造成的社会稳定风险进行事前的化解和预防，将风险消解于萌芽状态，而不是风险发生后的善后应急处置。与此同时，具身参与在时间上具有超前性，而不是滞后性，这有助于很好地控制社会稳定风险。三是主动性。从政府和工程建设主体的角度，公众的具身参与是一种主动维稳的体现，抢占抑制风险的良好时机，积极主动联系公众，消除可能的风险隐患。从公众角度，具身参与转变了公众在工程项目建设中的角色，由被动地配合转为主动地参与，主动了解实情、化解疑惑，这样可以第一时间避免由于片面认知和过度偏激而与其他工程主体之间发生矛盾。四是强化公众的权利意识。具身参与让公众充分行使了对工程状况的知情权和认知评判的话语权，公众由单向地承担义务转变为充分地享有并行使权利。这有助于从根本上提高公众参与工程的积极性，从而建立起政府、工程建设主体和公众之间良性互动的协调关系。五是互动性。公众具身参与工程的一种方式是直接介入工程的监督管理中，政府或企业组建工程环境监督小组，聘请社区居民轮流担任监督员。这是一种互动性的具身参与，使公众由维稳的对象转变成参与维稳的主体。公众通过监督政府或企业行为参与到工程建设中，政府通过公众监督而不断改进工程管理的方式，提升工程建设的质量，并积极履行保护环境的责任。互动式的具身参与使工程的外部监督机制更具常态性、开放性和透明性。

在“五水共治”的过程中另一个成功化解工程风险的项目是九峰垃圾焚烧发电项目。① 垃圾焚烧可能会产生有害物质，排放在空气中一方面会对生态环境造成负面影响。另一方面，也会存在有害物质危害人的身心健康、影响社会秩序稳定的社会风险。同时，垃圾处理厂的建设会影响周边产业发展，很多企业和商家在谈到垃圾厂附近落户都会从心里十分抵触。因此，九峰垃圾焚烧发电厂的建设必然会给周边生态环境、经济发展、居民生活、社会就业等带来负效应。为了应对这些环境风险和社会风险，九峰项目实施了社会协同治理工程风险的方案，并成功化解了该项目的潜在风险，让工程发挥了“兴天下之利”的作用。如图 3-1 所示，在治理风险过程中形成了协同治理风险机制。

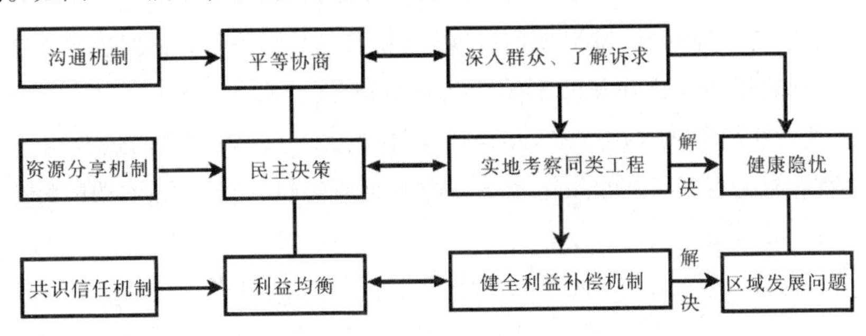

图 3-1 协同治理风险机制示意图

首先，为了化解风险，九峰垃圾焚烧发电项目形成了平等协商的沟通机制。

① 顾萍，丛杭青．工程社会稳定风险的协同治理研究：以九峰垃圾焚烧发电项目为例[J]．自然辩证法通讯，2020，42（1）：108-114.

多元主体进行沟通的前提是平等，只有不同利益主体处于平等的地位，拥有平等的权利，才可能进行友好磋商。工程项目能否高效率推进并高质量地完成很大程度上取决于多元主体间能否实现平等协商和民主决策。① 九峰垃圾焚烧发电项目建立了平等协商的沟通机制，主要表现为以下三方面。

第一，在项目实施不同阶段都设置了磋商环节，保障了沟通的全程性和完整性。在项目的环境评估阶段，通过问卷调查和样本调查相结合的方式，就社会公众重点关注的问题向周边的居民、企业、组织征询意见和建议。公众也通过电话专线、信函和电子邮件等渠道对项目的实施表达了自己的态度和诉求。此外，从项目规划、项目选址到项目建设运营的各个阶段，开展了听证会、网络调查、媒体见面会等各种形式的意见咨询会。由此工程项目真实有效的信息可以及时传递给社会公众，充分保障了公众的知情权。

第二，政府实施“驻村干部”制和“多对一”服务制，保障了沟通的彻底性和深入性。政府设立了由主要领导牵头负责的九峰项目专职管理部门，并且成立了重大民生项目领导小组，关于九峰项目的专题研讨会每个月都会定期召开，专职人员会将不同群体的意见进行汇总，进一步完善工程项目维稳的阶段性工作。同时政府派出驻村干部，对属地村民进行“一对一”和“多对一”的服务工作，靠近九峰项目的中桥村最高峰的时候有 140 多名驻村干部为村民答疑解惑。大多数驻村干部都曾在项目所在地工作过，他们对村里的风土人情、百姓生活都很熟悉，便于和百姓建立亲近感和信任感。通过深入沟通政府了解到公众的担忧主要来自两方面：一是担心九峰项目对生态环境和人类健康会造成负面影响。二是担忧区域未来的发展问题，他们担心自己的家园因建了垃圾处理厂而被边缘化。政府由此明确了工作的重点和方向。

第三，政府积极回应公众诉求并制定对策方案，保障了沟通的及时性和有效性。政府专门召开了九峰垃圾焚烧发电项目新闻报告会，全面回应公众的意见和建议。政府做出了项目没有履行完法定程序不开工；项目未获得公众的理解和支持不开工的承诺。与此同时，政府发布了工程项目的《36 问 36 答》，客观地说明了九峰项目建设的必要性和可行性，科学解释了项目采用的处理工艺、工业流程和排放标准，全面地回答了公众最关心的生态影响问题并公布了地域发展的规划方案，充分化解了群众的疑虑和担忧。

其次，为了化解风险，九峰项目建立了资源分享机制。通常资源不对等和

① 朱春艳，朱葆伟．试论工程共同体中的权威与民主［J］．工程研究——跨学科视野中的工程，2008，4（0）：59-68.

信息不流通是造成工程社会稳定风险的主要因素之一。往往表现为政府拥有充足的资源和大量的信息，但公众、企业、社会组织等其他利益相关者却无法分享和利用，极易导致因信息不流通而引发不同群体之间的矛盾，从而造成社会状态的不稳定。九峰项目的风险治理过程中政府主动让渡部分职能，让公众和社会充分行使权利，同时还积极联系和拓展更多的资源和信息，并将它们与多元利益主体共同分享。政府组织了人大代表、企业代表和普通群众先后 82 批 4000 多人次赴苏州、常州、南京、广州、济南等地的垃圾焚烧处理厂进行实地考察，并且政府确保了九峰垃圾处理厂影响范围内的四个核心村的每户人家都有成员亲自参与考察。公众不仅享有了参与权，还充分行使了决策权。

政府根据参观村民的意见和诉求及时调整项目方案和计划。第一批次村民代表在赴广州参观某垃圾焚烧发电厂后疑虑颇多，并向政府表达了他们的意见和看法。政府充分尊重公众的意见，再次带领群众去考察了其他地方的垃圾焚烧发电厂和多家不同的承建企业。最终政府和公众共同商议选定了公众最满意的项目承建单位和公众最信赖的技术处理工艺。在这一过程中公众不仅亲眼见识和切身了解了垃圾焚烧发电厂的实际运行状况，还与发电厂附近的居民进行了深入交谈，了解了当地居民正常安稳的生活情况、舒适良好的生活环境以及繁荣兴盛的产业发展状况。由此，百姓心理的疑虑迎刃而解。

最后，九峰项目建立了共识信任机制。多元主体之间矛盾的调和建立在达成共识和相互信任的基础之上。利益均衡是多元主体之间的共识，也是协同治理的前提。在九峰垃圾焚烧发电项目上，各利益主体通过建立健全利益补偿机制，使利益分配更加合理公平，解决了公众对利益补偿的诉求和对区域发展的担忧问题，建立了公众对政府的信任，同时增强了公众对企业的认可和肯定，形成了互信互通、互动互助的协同关系，有效地消解了由于工程主体之间关系的不协调而引发的社会不稳定现象。

政府采取有效的举措建立起了与群众之间的信任。第一，做好居民安置工作。政府对项目 300 米环境防护距离内的住户进行了整体搬迁，并给予合理的经济补偿。第二，投资建设项目周边的产业。政府专项拨出了 1000 亩（66.7 公顷）土地空间指标用于发展项目周边的产业，重点开发了南湖小镇，将其打造为产城相融的多功能复合型生活小城，使其成为当地发展、农民创收的效益增长点，并规划了百余项实事工程用来改善当地的生态环境和生产生活设施，投资 20 多亿元在九峰项目周边建设生态休闲公园。第三，创造就业机会，引导村民创业。政府通过招商引资，引进了专业的旅游发展公司为属地打造了多个旅游产品，引导村民充分利用当地城郊结合的地域优势以及自己的庭院农房，开发民宿、农家乐等乡村旅游业，让老百姓在家做老板、在家就业。第四，项目出台了一系列经济补贴政策，努力为属地居民提供政策红利。环境改善基金就是给予属地的重要经济补贴，政策规定向九峰垃圾焚烧发电厂每输入1吨垃圾，垃圾输出城市都需要缴纳一定数额的补贴金，此项资金专门用于九峰项目周边地区的环境改造、配套设施维护、区域经济发展扶持和居民生活品质提升等方面。

九峰垃圾焚烧发电项目对成功化解工程社会风险具有重要的意义和价值。该项目将协同治理理论与化解工程的社会稳定风险的具体问题和社会实践相结合，探索出了政府、企业、社会组织、公众协商共治、共同应对工程社会稳定风险的协同治理模式，扭转了垃圾焚烧发电项目在我国各大城市无法推进的僵局，这也是垃圾焚烧发电工程在全国范围内全面推行的标志和里程碑。这种实践性、具体性、模式性的探索，是社会协同治理理论与"中国问题、中国实践、中国方案、中国智慧"的完美契合。

工程社会稳定风险的化解需要多元利益主体有强烈的责任意识和勇于担当的伦理精神，这是促进协同治理长久、持续、高效运行的根本动力和基本保证。不同利益相关者不仅要履行好各自应尽的义务，更要勇于承担超出个体义务范围的公共责任、集体责任和社会责任。在协同治理的过程中利益相关者不仅要共同参与，更要主动承担跨越边界的公共责任。① 对全人类的安全、健康和福祉负责是工程共同体的不同主体需要自觉承担的责任，这被看作工程伦理学的"首要条款"。② 工程是一项集体的乃至全社会的活动，那么工程责任也是一项所有参与其中并受影响的群体和组织的集体责任。③ 因此，多元利益主体共同承担公共责任，主动担当工程的负外部性，既体现了对集体的奉献精神，更是化解工程社会稳定风险的关键。

工程风险治理的本质。工程风险的防范与治理不是一套固定不变的规则体例，而是一个过程，这个过程并不完全依赖于制度和机制，而是依赖于不同利益主体良好关系的维系和持续的相互作用。社会稳定风险的协同治理不以支配为基础，而以调和为基础，既包括人与物关系的调和，更包括人与人关系的协调，而社会协同治理是工程共同体之间化解矛盾、调和关系、促进稳定的重要

---

① FREEMAN R E. Strategic Management：A Stakeholder Approach [M]. Boston：Pitman Publishing Inc，1984.

② 丛杭青. 工程伦理学的现状和展望 [J]. 华中科技大学学报（社会科学版），2006（4）：76-81.

③ 朱葆伟. 工程活动的伦理责任 [J]. 伦理学研究，2006（6）：36-41.

方式。治理工程社会稳定风险本质上是一种对工程事务的社会性分担与协同，它需要政府、企业、社会组织、公众在平等协商的基础上建立合作关系，寻求多元主体的共同利益，民主决策工程方案，共同监管工程项目，并最大限度地实现公共利益。工程多元主体之间均衡普惠、共进共享的良好关系是社会结构稳定性和有序化的根本保障。垃圾焚烧发电工程是由政府主导、企业承建且与公众切身利益密切相关的公共基础建设工程。其项目社会稳定风险的协同治理充分调动了多元社会主体的积极性，以共识为导向，整合多种社会资源，将政府主导、企业配合、公众参与、社会联动相结合，最终的目的是实现工程效益的最大化、矛盾冲突的最小化、利益分配的合理化和社会稳定的常态化。九峰垃圾焚烧发电工程在治理社会稳定风险过程中，形成了多元主体共同构成的命运共同体，他们共同的社会责任意识和担当精神是推动其长久高效协同的根本动因。因此，协同治理的多元主体间的责任共分、风险同担、公平互利、共治共享、共进共荣是维系彼此间和谐与共、密切合作的关键，是利益相关者命运共同体的根基，也是协同治理得以实现的理论根源和根本依据。

第三节 “道法自然”的工程伦理观

“五水共治”体现和遵循的是“道法自然”的工程伦理观。水环境是具有复杂性、系统性、动态性和开放性的自然体系，这是水的本性。“五水共治”效法水的自然之道，遵循水本身的自然法则和本质属性，按照水自然发展的客观规律来治水。维护水的自然之态和自然秩序，不妄加干涉、任意改造水的本来面貌和运行规则，保护水生态的平衡和水环境的健康完整，促进了人水合一、人水相融、人水和谐的实现。

一、效法水的复杂性、系统性

“道法自然”是道家哲学的本质，也是“五水共治”伦理治理的重要体现和伦理依据。“人法地，地法天，天法道，道法自然。”① 大地是人类生存的家园，人的生存遵循着大地发展变化的规律。大地承载着天，天地万物的繁衍生存也依赖天象变幻、气候变化的天然法则。天的变化又要效法宇宙之“道”，

① 王弼．老子道德经注［M］．楼宇烈，校释．北京：中华书局，2011：29.

"道生一，一生二，二生三，三生万物，万物负阴而抱阳，冲气以为和"①。"道"乃天的依归，它是"天地之始"②"万物之母"③。"道"福泽天下、孕育万物，天地万物本来的样子就是自然而然，自然是对宇宙万物的本然状态、通常状态和理想状态的体认，"自然"是"道"的本质。张岱年先生将"道法自然"解释为"道则唯以自己为法，更别无他法"④。任继愈先生将其译为"道效法它自己"。总之，道效法自己的自然而然，"道"以自然为依归，自然之道是天地万物运行发展都要遵循的准则。自然是宇宙万物的起源，世间万物最终也要复归自然。"自然"是一种不计外道，化性自为的状态。"法自然，宗无为"是"道"所揭示的伦理精神的最高纲领。自然是万物运行的天然规律，是一种万物和谐、自由发展的天然秩序，是人和万物生存发展不可违背的天然法则。因此，包括人在内的宇宙万物都要受自然的支配，遵从自然、效法自然才可有所作为。正如王弼所注"道不违自然，乃得其性。法自然者，在方而法方，在圆而法圆，于自然无所违也"⑤。"道法自然"是一种价值判断，也是一种对生命本质的求索。

"五水共治"以"道法自然"为伦理导向，效法水之自然，进行科学治水。效法水之自然就是要遵循水的自然属性，"五水共治"坚持从水出发，立足于水环境的自然属性、本质特征和发展规律，遵循水的天然本性，效法水的自然状态，顺应水的生息变化，尊重水的生命权利，使水恢复自然而然。那么，水的本身的自然特征、自然状态、自然属性就是"五水共治"的科学依据和理论前提。

复杂性和系统性是水环境显著的自然属性。水环境本身是由河流与动植物和微生物等物种群落以及人类活动等众多环境要素相互耦合、共同作用而形成的有机生命系统和生态整体。各子要素在自然规律的作用下相互交织，通过物质循环、气候变换、食物链和能量转化使水环境成为一个具备统一性和整体性功能的复合体。水环境与上下游、左右岸的生命物种休戚与共、共生共存，它们各自功能的正常发挥共同促成了水生态系统的平衡和稳定。水环境的生命形态是其与生物、大气、土壤、岩石等其他自然环境相互作用和影响的过程。它们紧密相连共同处于一个完整的生态系统之中，任何要素都不能脱离系统而单

① 王弼．老子道德经注［M］．楼宇烈，校释．北京：中华书局，2011：94.
② 王弼．老子道德经注［M］．楼宇烈，校释．北京：中华书局，2011：177.
③ 王弼．老子道德经注［M］．楼宇烈，校释．北京：中华书局，2011：305.
④ 张岱年．中国哲学大纲［M］．北京：中华书局，2011：254.
⑤ 王弼．老子道德经注［M］．楼宇烈，校释．北京：中华书局，2011：133.

独存在，否则就不会具有系统整体的功能，也会失去其本身的自然功能和生命特性。水环境为生物群落的繁衍生息提供生命之源和生存空间，同时水体中的元素含量、水质状况、营养成分、含氧量、酸碱度等都会对水生物种产生影响，水环境的温度、湿度、光照、水流等物理因素和碳、氧、锶、硅、氟等化学元素对水生动植物的生长繁衍、食物链结构、物种类别都会起到决定性的作用。同时众多生命物种也共同构成了水环境的生态多样性，它们有助于净化水质，增强水体流动性。水环境要是没有其他生命物种的存在，脱离了整体的生态系统，也就不再具备生态系统赋予水体的自净能力，水质就会越来越差，进而失去基本的生态健康。

立足于水环境的系统性和复杂性，水环境整体功能的修复离不开各构成要素的自然功能和生命健康的恢复。“五水共治”治水的科学对策立足于从水环境系统总体协调的需要，来确定对水环境生态系统进行整体规划和综合治理。“五水共治”注重保护河流整个流域的生物多样性、沿河湿地的自然生态以及水陆的连续性和完整性，并致力于整个水环境生态系统的安全性、健康性、舒适性和可持续性的改善，努力恢复水环境在资源、生态、环境等多方面的综合功能。与此同时，水环境也是一个受人类、自然、社会、经济等众多因素渗透和影响的复合体系。“五水共治”在遵循水环境基本属性和自然规律的基础上，综合协调和运用生态、技术、社会、经济等多方面的手段去保护和修复水生态。将修复河流的生命健康与兼顾人类正常的生存发展需求相结合，立足于复杂系统内部子要素的相互依存和协同进化关系，以促进人水关系的和谐共存，从而为水环境的可持续发展提供保障。注重水环境的整体性也是罗尔斯顿一直强调的系统价值的重要性，任何个体或部分的功能和价值都不能代替整个水生态环境的系统价值。罗尔斯顿指出：“在生态系统层面，我们面对的不再是工具价值，尽管作为生命之源，生态系统具有工具价值的属性。我们面对的也不是内在价值，尽管生态系统由于它自身的缘故而护卫某些完整的生命形式。我们已接触到了某种需要用第三个术语——系统价值——来描述的事物。”①

水环境的复杂性还体现在水环境的各类构成要素的相互交织和转化，形成了水生态、水空间、水能源、水工程、水景观等多种关系结构。“五水共治”通过治污水、防洪水、排涝水致力于修复水生态环境，恢复河流径流量、水质的健康状况，使河流水体自净、排洪输沙等功能恢复正常。“五水共治”致力于保护水能源和水空间，水体凭借自然落差、地势运动所产生的势能、动能、压力

① 罗尔斯顿．环境伦理学［M］．杨通进，译．北京：中国社会科学出版社，2000：99.

能、潮汐能、海流能等能量资源是水环境系统的重要组成部分，保护水能源就是对水环境对人类生产生活的资源供给能力的保障。水体流经的横向区域和水体聚集的纵向深度共同构成水空间，通过保护水空间来保障水环境养殖、航运、旅游等功能的正常发挥。“五水共治”修建水利工程、水工建筑物，并实施了千岛湖调配水工程等合理调配、控制和利用水资源的项目，这些水工程充分发挥了防洪排涝、兴利除害的作用。同时，“五水共治”在水域岸线边缘修建和维护的各类人文设施和滨水景观，创造了更美的水生环境。

二、效法水的动态性、开放性

“五水共治”遵循“道法自然”的生态伦理观，遵照水的自然本性和自然规律来治理水环境。水的自然之道展现的是水的本能、本性和本真，是按照水自身的规律自由发展，按照水的本性自我演化和自我运行，不干涉水的自由，不控制水的发展，不左右水的成长。动态性和开放性是水环境的重要的本质属性和发展规律，“五水共治”效法“水之自然”而为之。

水环境是一个动态演化的系统。水环境作为一个复杂系统处于不断动态演化之中，其内部各要素之间按照一定的自组织性不断地变化运动，同时系统通过能量的输入和输出与外界物质保持着融通和互动，水环境动态演化维持着整个系统的生命活性和结构的有序性。水环境的常态演化需要保持在一定的弹性阈值内，如果水环境系统受到外界的干预过度而超出系统的弹性阈值，那么系统内部组分之间的正常关系和演化规律就会受到破坏，进而整个水环境系统就会丧失原有的正常功能，导致不可逆的生态破坏。在动态演化中，水域与陆域、地表河流与地下水系以及水与自然物种成为一个连续贯通的生命链条，人类不能随意将其进行割裂和分离，否则就破坏了水环境生命系统的连续性和相关性，也会阻碍河流的正常流动性，而流动性是水环境生命系统的命脉，如果水体的“血管”被堵塞，整个水系统的循环性就会被重创，从而导致不可逆的生态危机。

水环境是一个具有耗散结构特征的开放系统。水环境是动态平衡的复杂系统，它具备显著的耗散结构特征。耗散结构理论是比利时著名化学家普利高津（Llya Prigogine）提出的，耗散结构的形成需要具备四个核心因素：开放系统是前提，非线性结构是保障，远离平衡态是条件，系统涨落是动力。

首先，水环境系统具有开放性。水环境与外界保持着持续的交流互通，它能与自然界的大气、土壤、植被等其他物质不断进行能量转化，调节着整个地球的生态气候。水环境系统的内部要素与外界在不断完成着输入与输出的物质能量转换，同时在水利工程、水工项目等人工措施的干预下，水环境也与外部环境不停进行着资源调配、能量获取和输出反馈，以此来维持水系统的动态活性和稳定有序的整体功能。①

其次，水环境系统具有非线性特征。水环境系统中各个要素和变量之间是不按比例、不成直线的关系，它们各自的动态变化是不规则的运动，并且这种变化率并不是恒定的。降水、河流、植被、土壤、人类活动、生物多样性等水环境要素之间是非线性结构，它们彼此联系、相互交叉的过程是一个复杂的非线性动态过程。

再次，水环境系统是远离平衡态的。其系统本身是不断发展变化的动态结构，同时不同时间和地区的水域面积、水资源分布都极不均匀，且降水总量、用水效率、开发程度也存在着显著的差异，因此整个水环境系统呈现出远离平衡态的显著特征。

最后，水环境系统存在涨落现象。水环境在系统内部各要素和外界因素的作用下系统变量会在动态运动中偏离平均值而形成不同程度的"涨落"，当水环境系统的涨落达到一定极限值的时候系统就会跃进新的组织结构中，演化出新的有序形态和稳定功能。

"五水共治"遵循水环境系统动态演化的规律，依据水环境生态系统耗散结构的特点，采取因地制宜、因时制宜和因物制宜的灵活治理措施。一方面，立足于水环境系统的开放性，从水环境生态危机的外部原因着手，制止人类过度开发和不合理利用的行为，适度降低对水环境原本生态的作用程度和影响范围。此外，保持人类对河流合理的、正常的干预也十分必要，通过工程、技术举措进行排涝、行洪、调蓄，降低自然灾害对水环境可能造成的外部伤害，从根本上保证来自外界的作用对水环境的影响不超过水环境生态系统的弹性阈值，水环境保有良好的自净、自循环、自组织的自我修复能力，从而有助于维持水环境结构和形态的持久稳定。另一方面，"五水共治"从水环境系统内部入手，立足于水环境系统动态演化的特征，用发展的思路去指导水环境治理，即治理目标不是去恢复原貌，而是遵循水环境运动变化的规律，结合当前的生态状况去修复内部组分的自然功能，并调整和重建系统组分之间的关系结构，恢复水环境整体系统宏观稳定的自组织状态。

---

① FALKENMARK M, CUNHA L D, DAVID L. New Water Management Strategies Needed for the 21st Century [J]. Water International, 1987, 12 (3): 94-101.

第四章

权利定位

“五水共治”促进人—水—技术—组织关系的动态平衡的关键就是明确多重关系之间的权利定位，并促进多重权利之间的平衡。从微观的视角，治水的多元主体之间通过权利和价值的让渡，形成治水契约，进而达成行动共识，契约权利促进了“五水共治”权、责、利的平等均衡。“五水共治”借助契约权利来促成多元主体之间的协同共治，它是过程，也是目标。治水的过程落脚到中观层面就是要促进人、水、技术、组织的协同发展，即处理好发展权利的问题。“五水共治”以促进人与水、人与人之间的公正发展为伦理价值目标，致力于维护生态发展的基本权益和人的基本发展利益，以及通过开展文化治水，促进水文化的传承和发展。从宏观层面而言，治水的可持续发展必须将包括水在内的整个生态系统有机纳入。“五水共治”伦理治理以维护和保障生态权利为出发点和落脚点，全面维护河流的基本生存权和生命健康权，促进人、水、技术、工程、组织、生态有机整体的和谐发展。这是自然的生态观，也是哲学上的生态观，更是“五水共治”从手段到目的、从技术到实践的生态观。

第一节　契约权利论

“五水共治”是人、水、组织建立在契约基础上的统一。多元的社会主体以促进人水和谐发展为共同价值目标，通过让渡各自的权利和价值，达成共同治水、恢复水生态生命健康的行动共识。治水契约让“五水共治”实现全民共商、全民共治和全民共享，维护了权利行使的平等，促进了责任分担的均衡，保障了利益分配的公正。

一、权利让渡，达成共识

“五水共治”从根本上体现的是人、水、组织之间的一种契约权利关系。“五水共治”是有目的、有意识的社会群体在治理无目的、无意识的水，有意识的社会群体认识到了无意识的水体的规律，然后在地球村命运共同体的层面上，达到目标和利益的一致，最后通过契约的形式表现出来。契约的本质在于通过权利（或价值）让渡来寻求目标的一致，最终达成行动的共识。"五水共治"是一种治水契约，体现的是政府、企业、公众、社会组织等订约者之间的治水合意，契约合意的过程体现的是一种协同合作的伦理精神。治水是具有社会性和公共性的实践活动，是任何个体无法单独完成的，它需要的是社会多元主体之间的协同合作。由此，订约者为了从对方获得自身的某种需要和实现自身无法完成的治理水污染、改善水环境的目标，通过彼此沟通、相互协商，在共同利益和共同目标的基础上让渡各自的部分价值，尊重和维护彼此的权利，履行和完成各自的义务，达成建立合作治水关系的协议，进而促成共同体目标的实现。"五水共治"只有依靠多元主体共同参与、相互合作、高效协同才能实现治水公共利益的最大化。这是一种"自我把对他人的考量纳入自己的决策之中，并以这种考量作为对自己的约束"的契约精神。①

"五水共治"的治水契约关系以契约伦理中的自由、平等、信任、合意、义务等为普遍法则。这种治水的契约共识既具有法律的强有力的约束力，也具备道德潜移默化的规范性，它通过影响人们的思维方式、行为习惯以及社会风气、文化习俗来促成治水社会整合功能的实现，并且它是将水环境、水资源相关法律的权威性转化为人们爱水、护水、节水、治水行动的自觉性的重要途径。此外，"五水共治"的治水契约论体现的是一种信任的伦理品质。治水契约达成的基础是订约者之间的相互信赖，对彼此能够按照约定来履行各自义务的信任，对各方通过契约可以实现效益最大化的结果预期的坚信。这种信任关系在"五水共治"中突出体现为政府取信于民、为民谋利，相信群众、依靠群众，使得治水得到社会群众的支持和拥护。政府相信公众，团结社会治水力量，与群众和社会组织治水合作是取得"五水共治"良好治理成效的最优解。

"五水共治"通过制定治水法规来促进多元主体对治水契约的履行。"五水共治"多元主体在形成契约关系后，建立了一系列法律和制度来规范多元主体的治水行为，使利益相关者能更好地履行治水契约的内容，为治水行动的协同性与一致性提供了保障。法律制度在促进多元主体共同遵守契约精神中发挥了基础性的调节作用，是关于治水主体参与"五水共治"普遍法则的制定，它属于一种外在性的规范。通过对参与者在工程活动中权利与义务进行规定，同时对不遵守法律规定的行为予以处罚，从而促进了社会多元主体践行治水契约的

---

① 甘绍平．伦理智慧［M］．北京：中国发展出版社，2000：56.

合法化和有序化，全面维护了治水契约权利的公平公正。

“五水共治”中最有代表性的法规是《浙江省河长制规定》，这是全国首个河长制的地方性法规。“河长”在治水契约中承担着重要角色。河长不仅是治水任务和治水工作的主要负责人，也是治水契约的重要订约者。河长是一条河流、一方水域、一个水系进行整治和维护的主导者和协调者，在履行治水契约中起到表率作用。河长信守契约承诺，履行好治水工作中宏观部署、组织协调、监管督查等职责，促进社会各方在践行治水契约中的良性互动和友好合作，这些都是在契约精神指导下的河长应该履行的治水责任。《浙江省河长制规定》的颁布是以法律的形式规定了河长制的体系设置、各级河长的主要职责、工作考核办法等内容，使河长履职有章可循、有法可依，也为河长进一步组织、引导、协调社会各团体履行治水契约提供了法律保障。

“河长制”以国家法律的形式被确定下来。从国家的层面，2017 年 6 月新修订的《中华人民共和国水污染防治法》，首次将“河长制”写入该法律，增加“河长制”内容作为该法律的第五条：“省、市、县、乡建立河长制，分级分段组织领导本行政区域内江河、湖泊的水资源保护、水域岸线管理、水污染防治、水环境治理等工作。”① “河长制”纳入国家法律体系，这意味着河长制在全国范围内的推行步入了法治化轨道，这也为全社会共同参与水环境治理，共同履行全民治水契约提供了法律依据。与此同时，多部国家和地方性的水资源保护法中包含的各开发、利用、治理水环境的法律条款，对于全社会协同参与“五水共治”具有权威性、科学性和可操作性的指导意义，也是对不履行治水契约、违背“五水共治”契约精神的行为进行处罚和制裁的重要依据。

“五水共治”加强工业治水法治化，规范企业行为，促进企业严格履行治水契约。“五水共治”的成效也取决于多元治理主体是否能履行好各自的参与治水、让渡权利、履行义务的责任意识。工业污染始终是“五水共治”治理的重点，节水减排、节能降耗、清洁生产、绿色发展是企业作为治水契约中的重要订约人的重要职责和基本义务。“五水共治”契约的有效性取决于订约方都能按照规定来承担各自的责任和履行各自的义务。浙江省环保厅 2013 年 8 月颁布了《关于实施企业刷卡排污总量控制制度的通知》，对企业的环境管理从浓度控制向浓度、总量双控制转变，推进排污权有偿使用，扩大企业间排污权交易和租赁，从而督促企业履行治水契约，加快推进企业转型升级。紧接着，2013 年 11

① 中国修改水污染防治法首次写入河长制加强水环境保护［EB/OL］. 中国新闻网，2017-06-27.

月，省环境保护厅又颁布了《关于建立主要污染物总量控制激励制度推进产业转型升级的通知》。对印染、造纸、化工、医药、制革、火电、热电、水泥等重污染行业企业实行差异化总量控制激励政策，同时，依法加强对重污染、高耗能企业进行清洁生产审核，大力整治技术含量低、规模小、分布散的企业，加快淘汰产能低端、安全隐患突出、环境脏乱差的企业，并且依法惩治各类涉水违法行为。由此，做到奖优惩劣、赏罚分明，从而维护了治水契约的公平公正。

“五水共治”依法加强对各地方治水考核，促进各地公平合作、协同治水，为履行好各地方的治水契约责任提供保障。“五水共治”期间设立了符合浙江特色的地方性治水法律法规和规章规定，同时，制定和完善了治水的地方标准体系和行政规范性制度体系，为各地方践行治水契约提供法律依据。为了加强对各地方完成具体治水任务和治水目标情况的管理，促进各地之间信息互通、技术互鉴、协同合作，进而使治水契约的效益最大化。“五水共治”根据具体治水重点任务，先后制定了一系列的地方治水监督考核办法。浙江省治水办制定了《浙江省垃圾河、黑臭河清理验收标准》，详细规定了各地方黑河、臭河、垃圾河的治理标准、验收流程、日常管理制度、河长职责以及工程质量标准、管网清疏标准、排涝能力标准等项目标准，让各地方对标治水、精准发力，将治水契约扎实落地。为了落实各地的防洪水、排涝水工作，浙江省人民政府办公厅出台了《浙江省人民政府办公厅关于加强城市内涝防治工作的实施意见》。它对浙江各城市内涝防治的工作总体要求和目标任务、应急体系、易涝隐患区域的整治、城市排水防涝综合规划的编制、城市排水防涝系统的建设、排水防涝设施的日常维护等方面的举措作了明确的要求和规范，促进各地方履行好各自防洪排涝、联合治水的契约责任，进而促进整个“五水共治”工作中的权利平等、义务均衡。

“五水共治”加强对工业治水违法行为的惩戒。为了进一步加强对各主体治水履约的监管，严格对企业事业单位和生产经营者的履约失信的惩戒，完善“五水共治”治水契约体系的建设，督促企业和个人更好地在治水中承担契约责任、履行契约义务，浙江省环保厅发布了《浙江省环境违法“黑名单”管理办法（试行）》。此法明确了会被纳入环境违法“黑名单”的 13 种行为和情形，同时指出对被列入“黑名单”的对象会依法采取公开曝光、行为限制和失信惩戒等措施，在行政审批、融资授信、资质评定、政府采购等方面对其予以限制。此项规章维护了治水契约的客观公正和公平正义，为“五水共治”契约的公平性和权威性提供了法律保障。

二、权、责、利的平等均衡

“五水共治”的治水契约旨在维护社会的公平正义。治水契约以促进治水过程中人与人之间权利的平等性、义务分配的均衡性、风险承担的公平性为主要的价值追求。“五水共治”通过治水契约维护了水环境治理过程中多元主体间权利、责任和利益的平等、公正和均衡，这在本质上体现了卢梭（Rousseau）的《社会契约论》中的人民主权思想。人生而自由且平等，人们通过订立契约来建立国家，国家是自由的人民自由协议的产物，是人民契约的结合体。① 享受美好的水环境、拥有平等的水资源、不被水环境污染伤害是每个人的自由和权利。任何形式的契约从本质上讲都是用来建立和维护人的自由权利，是一种体现自由主义精神的规范性思想，也是具有“绝对命令”意义的立法标准。② 水环境治理理应是这样一份维护人民自由、平等权利的协议，这种平等尤其强调对处于社会不利地位的弱势群体，以及条件落后、发展滞后的偏远地区给予更多人文关怀和伦理关照，促进社会机会的平等，实现最广泛的公平正义，这也是约翰·罗尔斯所强调的有差别的公正，这是社会契约中所强调的公平的正义的核心旨趣。③

“五水共治”中形成了一套较为完善的制度体系，成为联结多元治水主体共同履行治水契约的保障。“五水共治”的制度体系是促进多元主体彼此维护权利、共同承担责任、一起分担风险的渠道和纽带。根据河流、海洋、湖泊、小微水体等不同的水资源类型，“五水共治”分别制定了河长制、滩（湾）长制、湖长制、塘（渠）长制，以及村规民约等规范条例，如图 4.1 所示。这些制度设置了专门负责和管理不同水系资源的河长、滩（湾）长、湖长、塘（渠）长，他们的构成涵盖了社会多个领域、多个年龄层面和多个职业（包括政府人员、社区居民、村民、企业职工、社会组织成员），在这些河长的带领和组织下，退休老师、青年学生、外商华侨、少先队员、家庭主妇等全面总动员，联合治污水，共同践行治水契约。

---

① 卢梭．社会契约论［M］．李平沤，译．北京：商务印书馆，2017：51.

② 康德．道德形而上学原理［M］．苗田力，译．上海：上海人民出版社，2005：27.

③ 罗尔斯．正义论［M］．何怀宏，何包钢，廖申白，译．北京：中国社会科学出版社，1988：223.

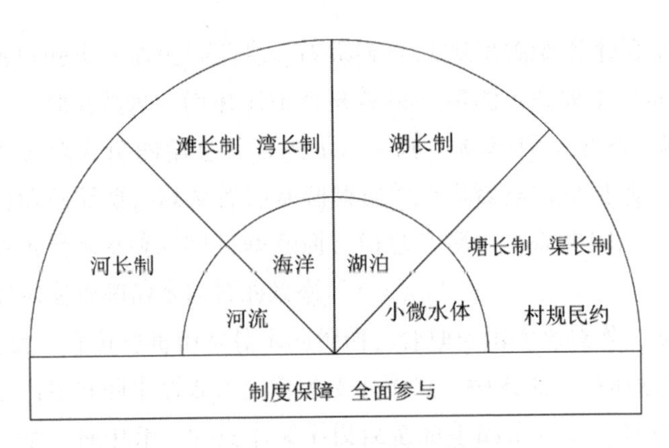

图 4.1　“五水共治”制度体系图

以“河长制”为首的制度体系让公民的基本权利得到充分行使，保障了公众的切身利益。“河长制”是由政府牵头、社会参与、协商共治的一项治水制度和责任制度。河长主要负责辖区内河流的污染治理、水质保护、治水活动的组织和安排等。河长制让每一条河流、每一段河道、每一处水域都有专人（河长）负责“管”“保”“护”。《浙江省河长制规定》的颁布明确了河长的责、权、利，创新地解决了“谁来负责，怎么负责”的难题，建立了“市级牵头、县为主体、乡镇执行、村居为基本依托”的责任体系，以及日常巡查制度、动态监管制度、责任追究制度等河长履职管理制度。除了官方河长制外，浙江省还招募了大量志愿者作为民间河长、巡河志愿者、农民监管员、河道保洁信息员、塘长、滩长。

民间河长在促进全民参与治水中起到了重要的作用。民间河长盘活了各种社会资源，促成了“五水共治”的全民参与、共同履责。在这个过程中，社会公众充分行使了基本权利，自身的利益得到切实维护。他们充当着治水参谋员，为治水方案的制定和河长决策出谋划策，充分行使了治水的建议权和决策权。同时他们还是治水宣传员和信息员，深入社区单位，走村入户宣传“五水共治”政策、活动，积极向身边人传递治水信息、最新的工程进展和治水情况，让更多的人加入治水大军，充分行使了公民基本的知情权、表达权。另外，民间河长充分行使了治水监督权和参与权，他们担当了治水的社会监督员和巡查员，对身边的河流污染状况、河流整治情况、企业的排污口、生活污水和垃圾的排放、农业面源污染等进行监督和反馈，行使权利的同时对企业、组织和他人践行治水契约、履行治水责任的行为形成有效的监管和鞭策。

“五水共治”制定了“河警制”为治水提供法制保障。为了使“五水共治”

过程中群众基本权利和根本利益得到更好的维护，同时，让社会各群体更好地承担治水责任、履行治水义务，浙江省公安厅出台了与“河长制”相配套的“河警制”。河道警长一方面配合河长做好河流污染整治的日常管护工作，另一方面肩负着治水监督和执法的职责。河道警长对非法排污、水污染犯罪等违法行为进行依法打击，并且依法处理各类涉水案件，及时排查化解与水环境治理相关的群众纠纷、社会矛盾、集体冲突等事件。让破坏治水公平、有违治水公正、不如实践行治水契约的行为得到严惩，从而保护了其他人的合法权益。

针对海洋治理、湖泊治理和小微水体的治理问题，“五水共治”制定了相应的制度。“五水共治”为了发动沿海渔民、村民、居民积极参与到治水中，同时也为了更好地监督和管理沿海居民践行治水责任，针对海洋污染治理，制定了“滩长制”和“湾长制”。加强对渔业养殖、违禁渔具、非法修拆造船舶、入海排污口的监察和管制，着力保护浅海滩涂的水域环境。“湖长制”的实施对居民围垦湖泊、过度采砂、侵占湖域和非法排污等行为进行全面整治，不仅有效地恢复了湖泊水域岸线蓄洪储水、生态航运的自然功能，同时在湖长的带领和组织下，让更多的社会公众参与到“五水共治”中来，多方力量联合，共同维护美好的水生环境，共同应对水环境带来的挑战，也一起承担共同的生态责任和社会责任，维护治水契约的正义和公平。为了让治水走入每一村、每一户、每一人的生产生活中，动员一切社会力量，发挥各自的优势和专长联合治水，“五水共治”针对小微水体的治理实施了“塘长制”“库长制”“渠长制”等。这样，自己房前屋后的小池塘、小水沟、小水渠都在治理的范围之内，治污延伸到了水环境的“毛细血管”处，也让每一个人的治水责任可以得到具体落实，治水契约网更广、更细、更密，这是人与人之间的权利和责任的契约，更是人与水之间可持续发展的生态契约。与此同时，各地还因地制宜地针对不同水系的具体情况，提出各具特色的水环境治理方案，“一河一策”“一滩一策”“一湖一策”“一塘一策”。这些制度的制定和落实充分挖掘了当地群众治水护水的智慧和经验，调动了群众的治水热情，集聚了群众的治水力量，让治水契约的权、责、利得到更加合理、公正、有效的落实和分配。

“五水共治”的内容写入村规民约①，增强了“五水共治”治水契约的社会影响力和群众渗透力，形成了独具特色的治水契约文化。为了进一步拉近“五水共治”与百姓之间的距离，乡村的村规民约、《村民自治章程》，市镇社区的

---

① 作者对浙江富阳区渌渚镇的村规民约进行调研，对 13 个村的村规民约中有关“五水共治”的内容进行整理和汇编，详见附录一。

《居民自治章程》、居民公约中都增加了“五水共治”的相关内容，让参与水治理、行使治水权利、履行治水义务、共享治水成果的理念渗入百姓的日常行为和生产生活中。《村规民约》是最贴近百姓生产生活的规约，是对百姓言行举止的约束和规范，将水环境治理举措、农村生活垃圾处理模式、垃圾分类方法、自觉节约用水、河道清淤、保洁、绿化等内容写入其中，可以更好地指导民众从生活点滴中履行爱水、护水、治水的责任。同时有助于增强村民参与保护水环境的主动性和积极性，推动了移风易俗，培育了文明乡风，促进了村民养成绿色环保、健康文明、自觉自律的生活方式。村民积极行动起来相互监督、相互提醒，不仅将自家庭院清扫干净，同时，将门前屋后的水塘沟渠内的淤泥、垃圾、废弃物做了彻底清理和长期维护。治理出了河水清澈、村容整洁、环境优美、乡风文明、秩序良好的洁美村庄。村规民约明确了违反规定者的处罚举措，并在村里设有治水“黑榜”和“红榜”，分别对违法者进行通报批评以及对在治水行动中表现优异的家庭和个人给予表彰。由此，起到了奖优惩劣、奖罚分明的公正治水的社会氛围，这也有助于激励社会公众切实践行治水契约，行使好自己的权利，更履行好各自的义务，同时又能共同分享美好水环境带来的益处。

第二节 发展权利论

从中观层面，“五水共治”以发展伦理为导向，从治水的“过程”来审视人、水、技术、组织的发展问题，保障发展权利的实现。公正发展是治水的重要目标和价值追求，“五水共治”将维护水的生命权益放在首位，将全面治理水污染，修复水环境的生命健康作为首要目标，将生态价值观与发展价值观相融合，促进了人与水之间发展的公正。影响人水公正发展的深层原因是人与人之间的公正，全民参与“五水共治”促进了全社会不同群体、不同地域、不同组织、不同个体之间共同行使治水权利、共同分担治水风险、共同履行治水义务、共同承担治水责任、共同分享治水成果，实现了权、责、利分配合理公平的价值目标。文化的传承和发扬在促进人类发展中发挥着至关重要的作用。“五水共治”通过文化治水促进治水文化的发展。水利工程、水工建筑物、水利技术是物质水文化的重要符号，“五水共治”的过程就是塑造和传承物质水文化的过程。“五水共治”中水节日、水文学、水制度、水文明，以及百折不挠、甘于奉献、勇于担当的治水精神，让水文化得以传承和发扬。

一、公正发展

“五水共治”的目标是为了实现人与水的可持续发展，公正发展是促成可持续发展的前提和基础，也是可持续发展的方向和目标。在水环境治理中的公正发展主要有两个维度。第一个维度是“人与水”之间的公正，人的发展不能以破坏水环境、危害水生态为代价。因此要促进人与水之间的发展公正，就必须树立生态优先，保护好水资源，爱护好水环境，修复好已经受到破坏的水生态。

“五水共治”致力于治理水污染、修复水生态、保护水环境，促进水作为生命主体的公正发展。“五水共治”将生态价值观融入发展价值观之中，将环境智慧渗入发展伦理之内，调和了生态环境保护与人类发展的价值冲突，促进了人与水之间发展的公正。“五水共治”将人与水环境、水生物、水生态之间发展的公平性问题放在重要位置，将水视为具有内在价值的权利主体和道德存在。尊重河流的内在价值，公正维护河流权益和自身的善，修复河流生态系统的自然结构和原有功能，保护河流的自然生境，满足河流作为自然生命主体所具有的基本的生存和发展的诉求。“五水共治”作为一项水污染治理工程，根本上是在弥补人类曾给水环境造成的损害和人类违背人水公平发展的行为后果的过错。过去人类以损害和牺牲水环境的生命健康为代价换取经济和社会的发展，过度开发利用水资源，肆无忌惮地污染和破坏水环境，甚至对水环境造成难以逆转和永久性的损害，这严重违背了种际公正的伦理道德，也是将生态与发展割裂的极端行为。

“五水共治”秉持整体论的径路，将保护与发展形成合力。保护与发展是一对矛盾体，但二者既是对立的又是统一的，德尼·古莱（Denis Goulet）指出：“没有环境智慧就不能有健全的发展伦理，反过来，没有稳固的发展伦理就没有环境智慧。”① “人类自由与大自然之间的对立可以纳入一个更大的整体——‘整体发展’，这是一个包含了三个要素的规范性概念：美好生活、社会生活基础以及对大自然的正确态度。”② “五水共治，治污先行”，将恢复水环境的生命健康放在首位，给予水环境以道德关怀，善待自然万物，维持水生态平衡。同时，以“五水共治”为突破口倒逼企业转型升级，促进工业生产模式、经济发

---

① 古莱．发展伦理学［M］．高铦，温平，李继红，译．北京：社会科学文献出版社，2003：12.

② 古莱．发展伦理学［M］．高铦，温平，李继红，译．北京：社会科学文献出版社，2003：145.

展方式、社会生活方式的转型提质、结构优化、科学发展，实现追求美好生活的同时兼顾自然的生态健康。

水环境治理公正发展的另一个维度是人与人之间的公正。促进社会公正是发展的重要价值目标。“五水共治”中人与人之间公正发展的维护具有时间和空间两个维度的含义。

时间维度上的公正是一种纵向公正，也叫代际公正。“五水共治”是当代的水环境治理工程，治水的重要目标是调和当代人与后代人之间的水资源的公正分配和可持续利用的问题。各代人之间在水资源的使用、自身利益的满足、生存权利的谋取和发展机会的获得上是平等的。当代人并不处于主导和支配的地位，水资源、水环境和水生态是各代人的需要，当代人获取这些需要的能力应该限制在合理的区间之内，绝对不能损害未来各代人满足其自身生存和发展需要的能力。同时，任何社会或时代的发展都不应该影响或阻碍其他社会或时代对水资源的需求。是发展伦理的首要价值尺度，是发展的内在诉求。德尼·古莱指出：“发展对所有人群至少有以下目的，首先是为社会成员提供更多、更好的生存物品。”水是生命之源，当代人肆无忌惮地挥霍水资源、污染水环境、破坏水生态就是在剥夺后代人生存的权利，是对后代人生命的践踏和摧残，这是对人类发展毁灭性的打击。因为“真正的价值来自维持或丰富生命的力量，价值直接在于生命机能，发展最重要的目标之一是延长人类生命，使之少受疾病、有害自然因素和无力面对的敌人的打击”①。因此，保护个体生命的基本生存权益，维护其生命健康，保持其生命力量的延续是发展的首要因素。

空间维度上的公正是一种横向公正，也叫代内公正。“五水共治”通过一系列调配水工程、治污水工程、防洪排涝工程和保供水工程调和着不同人群、不同地域之间水资源的合理分配和公平使用。处于同一个时代的不同人群，在享用水资源和承担环境责任上没有地位级别之分，也不存在地域、贫富之别，同一时代任何部分人群的发展都不能损害其他部分人群的发展需要，所有人都应该享受平等的待遇。

人与人之间的公正是影响人与水之间公正发展的深层次因素。“五水共治”深刻认识到要实现公正发展必须从根本上治理水资源占有和使用的不公正，贫富地区权责分配、利益协调的不公平，强势群体将环境代价转嫁于弱势群体的不公正等社会现象。只有在平等和公正的基础上人们才可能在水环境治理中结

---

① 古莱．发展伦理学［M］．高铦，温平，李继红，译．北京：社会科学文献出版社，2003：15.

成最大的行动共同体，实现最高效的协同，共同致力于水生态保护和提高全人类的健康、安全和福祉的事务上，由此才可真正促进人与水的长效可持续发展。发展公正强调社会中的每个个体都能获得其应该得到的权益。这体现的是一种群体的人道主义，其内涵是社会群体中的任意成员之间的权利与义务、贡献与索取、风险与责任、负担与福利的协调统一。“五水共治”为了实现治水中人与人发展之间的公正，积极组织并促进多元利益主体共同参与治水，平等享受权利与利益，共同承担风险与责任，使环境负担和社会福利得到合理、公正的分配。

“五水共治”全面致力于维护在治水中人与人之间权利和责任的公正。“五水共治”一方面致力于在保护和治理水环境的实践中，努力促进不同区域和不同群体所承担的治理任务和环境责任的平等，让水环境治理成为一项社会协同、全民参与的实践活动。政府、企业、行业、公众等不同利益相关者共同构成一个行动者网络系统，大家基于保护水生环境的共同目的和促进人类发展的共同利益协同共治，共同承担责任与义务，共同应对风险和挑战。另一方面，“五水共治”致力于促进所有利益主体都能拥有享受美好水环境、利用水资源的平等权利，同时又能享有免于遭受恶劣水环境影响、水生态灾难侵害、水资源限制的生存权利。尤其强调发达地区与经济发展落后、地理位置偏僻的区域，以及富裕人群与贫困、受教育程度偏低的人口之间权利的平等性、资源分配的合理性和福利享用的公平性。从这个层面而言，公正发展蕴含着获得应有尊重的内涵，“处于发展弱势的群体疯狂地追求发展，为的就是能够获得掌握物质财富和技术力量的人们所享有的尊重”①。寻求尊重是发展伦理的重要价值层面，获得尊重是人们的普遍需要和共同的价值追求。“以某种方式产生或改善物质生活条件以达到所期望的尊重需要”被德尼·古莱看作发展伦理所包含重要伦理精神。

“五水共治”组织全民参与治水，促进人与人之间权责分配的公平公正。全民参与“五水共治”，充分保障了公民在治水中的知情权、参与权和决策权。人们在充分行使权利的过程中，责任共负、风险同担、成果共享，真正促进了发展公平公正的实现。在“五水共治”中，治水不是工程技术领域的“专利”，也不是只有政府或专业人士才可以从事的“专项”，而是全社会人人都可以参与、人人都能够参与的活动。无论任何职业、任何地域、任何群体、任何个人都可以以平等的方式参与治水行动、治水监督、治水考核、治水管理等各项事

① 古莱．发展伦理学［M］．高铦，温平，李继红，译．北京：社会科学文献出版社，2003：51.

宜中。在全民参与治水的过程中促进了治水任务、治水责任、治水风险的公正分担，社会主体应有权利和利益可以在参与中充分得到保障和落实，美好的水环境、安全的水环境、清洁的水资源等所有的治水成果可以为全民所共享。这也正是德尼·古莱所强调的发展伦理中的另一个核心价值目标：获得自由，并且这种自由是平等的自由，是公平公正的自由。自由不能以牺牲多数人的生存权利和利益选择为代价，“如果少数人的自由必须以多数人的贫困为代价，可以相当肯定地说维护自由的可能性几乎等于零”。并且“大多数人所希望的自由是指他们可以在自己熟谙的领域内施展才干和开展活动”①。“五水共治”为所有人提供了这样一个可以自由参与并且是可以以自己力所能及的、擅长的、喜欢的各种方式参与治水的自由空间。

各行各业，不同领域、不同身份的社会公众都以自己力所能及的方式参与“五水共治”，共同履行治水的责任。社会公众充分发挥灵活机动的优势，主动担当起双休日、节假日、“八小时外”的清晨和夜间的治河、巡河员，有效地弥补了政府治水的时间空当。“民间河长”“百姓河长”“治河专职网格员”纷纷涌现，他们为“五水共治”慷慨解囊、捐资助款，大力支持治水项目的建设和运营。社会公众自发组成青年治水突击队、巾帼护水队、村嫂治水团、少先队员“河小二”等各类治水志愿者团队，同时还组建了“艾绿环境发展中心”等各类治水非政府组织（Non-Government Organizations，缩写为NOG）以及各种环保协会。志愿者们力所能及地开展各种各样的治水活动，他们自觉使用节水器具，做好垃圾分类，不乱倒污水，一水多用，不在河边池塘洗菜洗衣，拒绝使用含磷的洗涤产品。他们大力宣传和积极践行治水护水的知识，深入海滩、河岸、塘边、水渠等大大小小的水域，清理淤泥，察看水质，捡拾垃圾，放生鱼苗、绿化河岸。他们积极向政府建言献策，许多农村的小微水体的治理方案都是在听取了经验丰富的村民的建议后制定的，使得治水效果事半功倍。很多治水志愿者还当起了治水督察员，对企业的生产、排污进行定期查看，对各级河长履职进行监督，他们可以通过河长公示牌上的信息或治水微信群、QQ群、“智慧河长”手机APP等将河流污染的图片、位置等信息反映出来，并协助河长落实整改，使全社会形成了治水护水的浓厚氛围。

驻浙人民解放军、武警部队和民兵预备役人员在“五水共治”中充分发挥生力军的作用，他们坚守在各类抢险救灾的最前线，积极支援水环境治理工程

---

① 古莱．发展伦理学［M］．高铦，温平，李继红，译．北京：社会科学文献出版社，2003：5.

建设，成为保护人民生命安全，维护人民生命健康，创造美好生态水环境的最可靠的“卫士”。来自各行各业的热心公众，包括青年学生、普通职员、人民教师、保洁工人、家庭主妇、退休职工主动当起了民间河长，他们建立了“日联络、周交流、月座谈”的制度，并通过信息公众平台开展治水论坛，积极分享治水经验并探讨治水方案。他们收集社情民意，配合治水部门发现问题、解决问题、落实问题。同时肩负起宣传治河政策、组织居民开展各种护河爱水活动的责任。在“民间河长”的带动下，“企业河长”“百姓河长”“治河专职网格员”相继涌现，全社会都积极参与到了“五水共治”中，共同承担治水责任，充分行使参与、决策、管理、监管等各种权利。

“五水共治”通过补偿损失来促进治水补偿的公正。治水过程中会出现权责分配不均、利益协调不当的情况，因此需要通过补偿损失来维护治水的公平公正。补偿损失是治水中的一种存在形式，是人与人之间的补足缺欠、抵偿损失的行为。人类的行为有时不仅侵犯了水环境的生态利益，同时违背了人际伦理和道德规范。不同地区和不同人群对于水资源的利用程度和对水环境影响的程度是不尽相同的，例如，经济发达、工业昌盛的大城市对水资源的需求量、消耗量和对水生态的开发和利用度，以及工业废水和生活污水的产生量都明显大于经济发展滞后的地区，这是水环境治理中不可回避的一种“不平等”的客观事实，它是人与人之间关系不平等、不公正的表现，也是造成当今水环境生态恶化的深层根源。少部分人或少部分地区为了自身的利益和发展污染了人类所共有的水环境，这本身就是一种侵害大多数人或大部分地区的环境权益的行为，违背了人与人之公平公正的原则。

水环境治理公平性的伦理内涵是“平等的事物平等对待，不平等的事物区别对待”①。那么对于客观事实的不平等，“五水共治”采取了“区别对待”的态度，也即让不同地区和社群在治理水环境上承担共同但有差别的责任。为了保证地域性的公平，“五水共治”中发达地区在水环境修复过程中投入更多，并且给予弱势地区一定的利益补偿及合理的援助和帮扶。同时，政府也给处于不利地位的社群以政策红利、制度倾斜和社会福利等补偿，使他们能够得到优先发展，进而缩小地域差异和贫富对立，实现全社会协同共进、平等公正地共享治水成果的目标。

“五水共治”致力于促进不同类型企业和不同地域之间的公正发展。“五水共治”实施了排污收费、污水处理缴费、主要污染物排污权交易、排污许可证

---

① 李正风，丛杭青，王前，等. 工程伦理［M］. 北京：清华大学出版社，2016：74-76.

等制度，严格项目建设和企业生产的环境污染风险评估，提高行业的环境准入门槛，建立了不同地域之间的水环境容量指标补偿机制。首先根据不同区域的实际情况合理地分配水环境容量资源，科学确定每个地区应该拥有的水环境容量指标。其次，要求对超出指定容量额度的企业和地区，对节约和腾让容量的企业和地区进行补偿，以维持行业间、区域间的水环境占补平衡。对水环境治理的重大工程，例如，垃圾焚烧厂、污水处理厂以及生态湿地保护区和饮用水源保护区的项目所在地进行生态补偿、政策扶持和优先发展，并且要求垃圾输出城市向垃圾输入城市提供生态补偿，以使这些承受了环境负外部性的区域和人群的利益得到公正维护。政府还实施了水资源收费“差别化”的阶梯计价制度，对高耗水、重污染企业的用水进行累计加价，对工业用水进行分级管理，优先保障绿色、清洁、高效、低排的环保企业的水资源需求，以激励企业、行业加快转型升级的步伐。

二、水文化的发展

“五水共治”进行文化治水，传承和发扬治水文化，促进治水文化软实力的发展。德尼·古莱特别强调发展离不开对文化尤其是对民族传统文化的传承和发扬，文化的传承对于一个民族和社会的发展具有深远而重要的意义，“一切社会的意义体系——它们的哲学、宗教、象征与神话——给它们的千百万成员带来了一种认同感，一种对生死意义的最终解释，并给予他们在宇宙万物秩序中一个有意义的位置与作用”①。这就是文化的力量。任何一个民族和社会的发展都需要加强对传统文化的认同以及对文明成果完整性的保护，促进民族文化在人类发展和社会进步中不断传承和延续。水是资源要素，也是文化要素，它是文明之母，也是思想之魂。浙江因水而兴、因水而美，水孕育了浙江文化。

水文化的内涵和价值。水文化，我们可以理解为人们在进行与水相关的用水、治水、管水、护水等各类涉水活动过程中所形成的以水为背景、以水为载体、以水为依托的各种文化现象的总和。水文化是民族文化的重要组成部分，是中华文明的重要瑰宝。它是以水为核心、以水元素为本质的文化综合体，它包含人类在认识世界和改造世界的发展历程中对水的认识、利用、影响、保护等方方面面的活动，以及人类与水相互作用过程中所积累的物质财富和精神财富。浙江是唯一一个名称里都有“水”的省份，世世代代的浙江人与水共生共

---

① 古莱. 发展伦理学［M］. 高铦，温平，李继红，译. 北京：社会科学文献出版社，2003：170.

荣。浙江的水文化与浙江人的成长一脉相承，水文化是流淌在祖祖辈辈的浙江人身体里的血液。治水文化凝结着一个民族的精神气节、人文思想和文化品格，是民族的秉性和人格的象征，是为全体人民所共同拥有和享用的宝贵财富。

“五水共治”传承和发扬了物质水文化。水文化的表现形式具有多样性，一方面表现为一种外在的、显性的、直观的物质水文化，物质形式的水文化是水文化的重要组成部分。“五水共治”过程中建造了防洪排涝、除险固堤、供水调蓄的大坝、海塘、水库、水闸、筏道、渡槽等众多水利工程和水工建筑物，同时在治水过程中还形成了清淤疏浚、雨污分流、河道整治等各项水工技术、施工技术、灌溉工艺等。

水文化的另一方面表现为一种内在的、隐性的、具有抽象意义的精神水文化。它包括人在与水打交道的过程中所形成的价值理念、思维方式、意识观念、伦理道德、精神意志，也包括人类制定的涉水方面的法律、制度、规章、条例、规约、机制、体制，以及在水文明发展历程中人类所形成的风俗、宗教、节日、民俗、习惯等各类与水相关的文化制度。另外，以水文学、水艺术、水著作等为主要表现形式的创作也是精神层面的水文化。浙江自古就有大禹治水的佳话，大禹治水百折不挠、艰苦奋斗、公而忘私、尊重自然、民为邦本的治水精神，是浙江治水文化的精神典范，“五水共治”是对大禹治水精神的传承和发扬。“天人合一”是古代治水留下的思想精华和文化精髓，在当代治水实践中演变为“知行合一”的思想，它们都是在强调人与自然和谐相处、意识和行动协调统一，这也是建设生态文明、促进经济转型升级、保障社会稳定、践行可持续发展的重要思想基础。

“五水共治”让社会美德重新回归，治水铁军塑造了治水精神。“五水共治”唤起了节约用水、保护水环境、维护水生态的社会美德，治水的过程是在全社会挖掘、传承和繁荣水文化、水文明、水精神的过程。① 治水的过程也是治人的过程，拉近人与水之间的距离，增进人与水之间的情感，在全社会注入爱护水、节约水、善待水的思想清流和深刻的文化内涵，营造了全民参与、共治共享、为水立传的治水文化氛围。“五水共治”带来了企业转型升级的“短暂阵痛”和重重的社会压力，但全社会仍痛下决心、排除万难、背水一战，拿出壮士断腕的魄力，破釜沉舟、义无反顾地将治理水污染、修复水环境的工作一抓到底，这是一种敢于担当、勇于挑战、甘于奉献的担当精神和奋斗精神。各级政府、各个组织部门以责任意识、大局意识、进取意识为先，以不留退路、不

① 闫彦．“五水共治”的文化意义［N］．浙江日报，2015-05-19（8）．

拖时间、不会手软、不做解释的“四不”态度，扎实落实治水任务，严格遵守时间安排，充分发扬不怕苦、不怕累、不怕骂的拼搏精神和坚持到底、坚韧不拔、绝不放弃的顽强毅力。全省数以万计的治水队伍用顽强拼搏的精神铸就了治水铁军，不仅偿还了生态债，还将奋斗担当、积极有为的精神与品格发扬光大。

“五水共治”增强了社会的向心力和凝聚力。它不仅让水环境得到恢复，让水变清、山变绿、村变美，让山清水秀、鱼翔浅底的良好水生态重回人们的身边，更让政治、经济、社会等方方面面的发展更有后劲，让群众的满意度和获得感不断提升，让社会的战斗力和集体的向心力极大增强，“五水共治”起到了聚人心、树正气、炼意志的积极作用。“五水共治”深刻地诠释了“水之治，乃德之治”“水之美，乃德之美”① 的真谛。它摒除了人们的生活陋习，净化了社会风气，培育了科学、健康、环保、文明的生活方式，提升了人们的生活质量，激发了公众的治水积极性和主动性，树立了社会正义，增强了社会责任感，守住了发展的道德底线。

“五水共治”通过普及水知识、挖掘水文化、传承水文明、弘扬水精神来促进水文化的发展。治水的过程中还形成了精神层面的水文化。人们树立了善待河流生命、保护河流健康的生态价值理念，以及生活中节约用水，不浪费、多循环、再利用的环保意识，企业也形成了绿色生产、节能减排、低碳降耗的行业精神，全社会铸造起了亲近爱护水环境、支持参与水治理、促进人水和谐的良好文化氛围。“五水共治”让治水的行动和活动走进学校、课堂，走入社区、街道，走进工厂、企业，让爱水的意识和觉悟深入百姓的生活和内心。有重点、有计划、分层次的治水宣传和教育让水文化、水生态、水文明渗透到全社会各个群体之中，提升了珍惜水资源、保护水环境的社会意识，净化了社会风气，促进了节水文化长效机制的形成，这是一个文化软实力不断增强的过程。另外，人们在治水过程中开展了丰富多彩的治水文化活动，围绕“五水共治”开展了农民治水赛诗会、治水村歌赛、传唱大禹治水歌、举办爱水书画展等活动，并确立了“开渔节”“敬鱼文化节”“祈水节”“全民护水日”“环境卫生保洁日”等形式多样的治水节日。社区和乡村将“五水共治”写入社区居民公约和村规民约之中，形成了独具特色的治水制度文化。各个地方为水立传，深入挖掘治水护水的传统民俗、人文典故、民间传说等非物质文化遗产，大力弘扬水文环

① 浙江省人民政府咨询委员会．“五水共治”：富民强省的一篇大文章［N］．浙江日报，2014-03-17（14）．

境、水乡建设、水乡文脉的文化内涵。很多地方在“五水共治”过程中搜集整理了当地的治水传说、人物传记、文学作品等，并编写水文化乡土教材，这样传统的治水文化以文字的形式得以长久传承下去。多地创建和修复了以治水为主题的历史建筑和人文景观，充分保护了水文化非物质遗产。

各地秉持文化治水的理念，塑造了独具地方特色的治水文化。湖州市德清县坚持文化治水的路线，通过普及治水文化，唤起百姓乡愁，增强社会爱护水环境的意识的行动。德清县积极修建了“三馆一堂一园”，“三馆”是指德清水文化馆、水源地主题文化馆、桥文化馆。德清水文化馆是湖州市第一个以水文化为主题的场馆，将德清的治水故事、治水历史、治水文化、水利工程建设等以文字、照片、影像等方式展览出来，全馆由四个展区组成，分别是“水文生态秀美”“水乡文脉隽永”“水利建设成就”“水乡风貌变迁”。水源地主题文化馆充分将河口村及河口水库的历史变迁和治水历程的清晰展现，让老百姓对养育自己的母亲河的历史过往和如今状况有了更深刻的认知。桥文化馆展示了德清古桥群落的历史，桥文化作为水文化的重要元素，它的繁荣对于水文化的保护与传承具有重要的意义。“一堂”是指“雷甸镇雷甸村文化礼堂”，充分展示了水乡文化的历史和发展。“一园”是指水文化公园，成了当地历史文化村落保护地，独具风格的水景观与优美的生态环境交相辉映，让百姓感受文化村发展变迁的历史过程，同时也可以享受治水成果的优越性和幸福感。德清县根据每条河流的具体信息和情况，建立了“一河一档一故事”，让人们在河流的故事中寻找乡愁、忆起乡愁，从而更加珍惜和爱护乡愁中的那一汪清水。宁波市在开展文化治水的过程中，深入挖掘姚江（余姚江）、奉化江、甬江流域的文化资源，对三江流域的文化和历史进行整理、重构、保护和传承，让三江流域的人文风采和文化魅力重新绽放。

第三节　生态权利论

“五水共治”以生态权利论为价值指向，遵循自然生态观的价值理念，促进人、水、技术、工程、组织、自然界的有机整合和生态发展。水环境拥有自我净化、自我循环、自我维持的自组织性能，“五水共治”全面致力于维持水环境生命正常运转的性能，维护了水环境的用水权、完整权、造物权、清洁权等基本生存和生命健康的权利。

一、维护河流的基本生存权

“五水共治”践行生态伦理价值观，以维护河流的基本生存权为重要原则和价值目标。“生存权，从生物学上讲，是指为了生存适应性配合的权利。适应性配合，需经上千年的维持生存过程。这种思想至少使人们想到，生态物种有完善的权利。因此，人类允许物种的存在和进化，才是公正的。”① 言外之意，人类如果干预和破坏物种的生存权利就是违背了公平公正。生存权是自然万物生而具有的按照自然规律使自身生命延续下去的权利，它不是外在力量赋予的。所以，任何生命个体的生存权都不应该由其他外界力量所决定，也不应该受到任何外在力量的干预和侵害。那么，河流作为自然界的生命主体，也同样拥有按照自然规律自主存在，自然生命得以自然延续、生存的生态环境不遭破坏、自组织系统的安全得到保障的权利。人类对水环境的污染和破坏就是损害河流生存的权益，河流有权利做出回应。

“五水共治”充分尊重河流的生存权利，全面致力于维护和保障河流的用水权。水是河流生命最主要，也是最重要的组成部分。因此，河流的需水量是河流生存的最基本的需求，也是河流生命得以延续的最重要保障。“五水共治”将满足河流自身的用水需求放在优先考虑的地位，治污、防洪、排涝、保供水等各类开发、利用、保护、治理等水环境治理项目和工程，都以保障水环境生命运行所需要的基本水量和最低水位为底线和原则。有学者对陆地地表生态需水进行了细致的划分，具体如图 4.2 所示。

---

① 罗尔斯顿．环境伦理学［M］．杨通进，译．北京：中国社会科学出版社，2000：288.

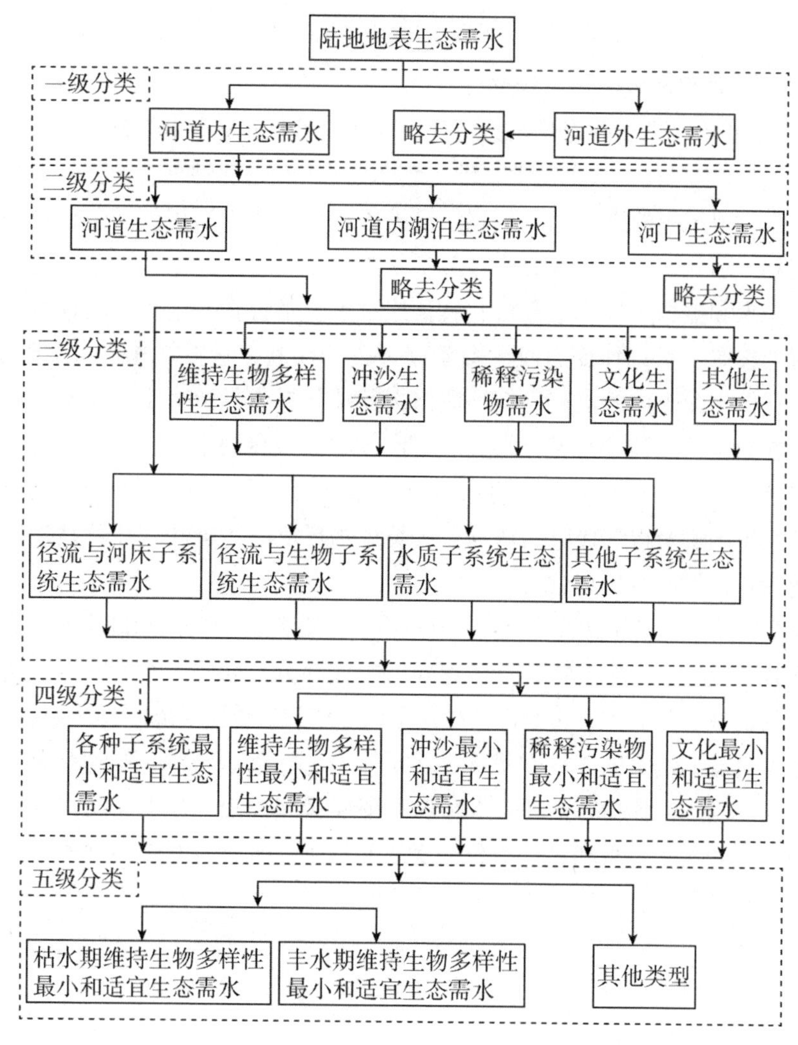

图 4.2　陆地地表生态需水分类图①

由图可知，我们可以将河流的用水需求主要概括为两方面：生态用水和输沙用水。②

生态用水是河流最基本的用水需求。河流的生态用水可以理解为河流最小生态需水量和适宜的生态需水量，也就是保证河流生命物种存在和河流基本生态功能正常所需的最小水量和保持稳定的河流生态系统所需的最小水量。"五水

① 徐志侠，王浩，董增川，等．河道与湖泊生态需水理论与实践［M］．北京：中国水利水电出版社，2005：45.

② 雷毅．河流的价值与伦理［M］．郑州：黄河水利出版社，2007：139.

共治”实施了清淤疏浚工程，彻底清理了黑臭河道的淤泥、底泥以及各类污染物，全面疏通了各大水系，抑制了河道淤积，改善了河流水质，促进了水体流动、水文循环和水物质交换，维持了河流中的生命物种繁衍、栖息、生存及生态平衡所需的基本水量。“五水共治”实施保供水和抓节水工程，发展节水灌溉和节水农业，促进城市和工业节水治理，以“供定需”减少工农业及生活用水的浪费。治水过程中实施了各类调配水工程，大大促进了水资源的优化调度。众多举措的实施从根本上保障了河流维持自净、自循环、正常蒸发、补给地下水、稀释污染物所需要的基本水量。

输送泥沙是河流生态系统的重要功能之一。输沙用水是保障河流生态功能得以正常运转，维护河流生态系统的健康稳定的基本需要。“五水共治”遵循河流水文变化的自然规律，在河流汛期和洪水期时将满足河流输沙功能放在优先的位置，此阶段输运单位泥沙的用水量最少，这个时期输沙效率也是最高的。在河流的非汛期和枯水期，“五水共治”将满足河流生态用水的需求优先于河流输沙用水来考虑。因为这个阶段河流的输沙量较小，输运单位泥沙的用水量极大，输沙效率最低。由此，科学合理地维持了河流生态用水和输沙用水，使河流最基本的用水权利得到充分满足和维护，进而保障了河流作为生命主体的生存权和发展权。

“五水共治”致力于维护水环境的完整权。河流的完整权是河流生存权利的另一个重要方面，因为河流的完整性是河流生存发展的基本保障，河流生命的延续以河流的完整性为前提和基础。河流拥有保持自身应有的物理形态，且生态环境、结构功能和生物群落的组成没有受到损害的权利，也即河流拥有完整性的权利。“五水共治”通过恢复河流系统各构成要素的健康状态来维护整个水环境河流的健康完整。河流系统内部各要素相互依存、相互作用、紧密相关，任何部分的缺失都会影响整个水生态系统结构和性质。各要素之间形成的环环相扣的复杂食物链结构是维持河流生态系统稳定性的关键。“五水共治”在污水治理过程中十分注重水中营养物质的监测和保护，对水体富营养化导致的生态失调和恶化问题进行了重点治理。从而避免河流中某些元素或物质的缺失或过剩，满足各类水生物种生存、繁衍、栖息所需的营养元素和生存环境，保护了水生物种的多样性，促进了水环境中各类生物群落发展的相对均衡，从根本上维护了水生系统的完整、平衡和稳定。

“五水共治”通过修复河流生态结构的有序性和保持河流的流动性来维护河流的完整权。河流的表层、中部和底部分别分布着不同种类的水生物种，“五水共治”使它们的空间分布恢复自然有序，结构恢复自然协调。由此，为不同生物群落进行有序的物质交换、持续的相互作用和相互适应提供了保障。河流通常具有较大的时间跨度和较广的空间分布，其干流和支流所流经区域是一个连续贯通的有机整体。“五水共治”彻底改善了河流断流、河道萎缩的情况，保持每条河道拥有持续的动态水流，进而维持了地表水域和地下水域之间的循环和融通，促成了整个水环境生态系统的有机耦合。

“五水共治”通过保障河流的连续性来维护河流的完整权。为了保障河流生态系统的连续性，一方面，“五水共治”致力于修复河流流域内地表水与地下水之间的连续，打通地表水和地下水之间的融通渠道，使得地表水可以通过渗透土壤来对地下水进行正常补充，同时使地下水能够正常发挥毛细作用进而有效湿润地表。另一方面，“五水共治”促进水域与陆域的连续，使水域—湿地—陆域形成连续的整体，同时保障水生物—两栖生物—陆地生物之间连续完整，畅通水环境的生物通道，促进水环境生物链的完整性。“五水共治”坚持从源头到上、中、下游再到河口全方位的全面治理，使河流的整个水域在地理空间、物理特征、生物属性上都保持连续统一，进而促进河流不同流域的流速、流量、水位、脉动压力、温度遵循自然规律发生连续性、稳定性的变化。与此同时，“五水共治”促进河流与湿地、河汊、河岸、陆域之间的相互流通，使它们能彼此之间进行自然的物质交换、能量流通和信息互通。通过保证营养物质流、能量流、信息流传递、转化的连续来保障河流连续性，进而维护河流作为生命个体最基本的完整权。

二、维护河流的生命健康权

“五水共治”全面维护了河流的生命健康权。河流作为拥有内在价值的主体，它与地球上其他生物个体和物种群落一样，拥有起源、形成、发展、进化、衰竭、灭亡的节律变化和生命周期。我们可以将河流的生命健康理解为河流生命的构成要素和整体结构的完好，生命系统处于基准状态，生命功能可以正常发挥。河流的生命健康就是河流“自身的善”，我们给予充分的尊重和保护，将“像河流那样思考”作为行为的出发点，把河流视为人类道德共同体的内部要素，从而切实维护河流的利益。① “五水共治”治水过程中以维持河流基本的生态环境需水量为最低目标，修复河流的健康水质，为保持水环境的生物多样性创造良好的生态环境。同时，各项水污染治理工程的实施促进河道系统的稳定，

---

① WORSTER D. The Wealth of Nature：Environmental History and the Ecological Imagination [M]. New York：Oxford University Press，1993：124-127.

使各大水系的河川径流保持连续通畅，恢复河道过流能力以及排洪、输沙、自净等自然功能。

“五水共治”充分修复河流造物的自然能力，全面维护河流的造物权，进而促进河流生命健康的恢复。河流健康的重要表现之一是河流拥有造物的能力，在这个自然能力的作用下河流塑造了各类地形地貌，造物权是河流的重要生命权利之一。“五水共治”疏通河道，确保河流持续顺畅地流动，同时恢复河流的充足水量，保证河流在流动的过程中拥有巨大的冲击力，进而将河流上游的泥沙带到下游进行沉积，这样就恢复了河流塑造冲积平原的自然能力，这是充分恢复河流造物能力、保障河流基本造物权的重要表现。此外，“五水共治”全面修复河流孕育生命的自然能力来保障河流的生命健康权。河流是孕育其他生命体的摇篮，因此它拥有生命最本源的意义，是承载众多生命体内在价值的源头。“五水共治”以全面修复和维护生命物种的“生命之源”为价值追求，将对河流水质的修复作为“五水共治”的重要目标，为全面恢复河流孕育生命的自然能力做好保障。“五水共治”不仅保护河流水质恢复干净清澈，更注重修复和维持河流中水生动植物、淤泥中的微生物生存所必需的微量元素、溶解氧和其他化学成分，进而为鱼类产卵、游动、捕食等维持生命的活动提供足够空间，充分保障河流与水生动植物的生命健康权。

“五水共治”致力于全面修复河流正常的汛期和枯水期来恢复河流的自然造物能力，保障河流的生命健康权。河流汛期得到正常恢复后，大量的水流会将众多营养物质输送到海滩区域，就可以充分满足滩区多种多样的动植物的营养所需，进而维护了河流孕育和滋养动植物生命的权利。当河流枯水期正常来临时，裸露的沙洲和海滩以及湿地周边的浅水区域就成了鸟类筑巢、龟类产蛋、昆虫刨食、蚯蚓挖穴的圣地，由此河流促进生命物种繁衍生息的自然权利得到充分维护。综上所述，“五水共治”致力于恢复河流的造物能力，全面维护河流的造物权，保护河流自然孕育物种生命、塑造多样地形地貌的功能和价值，为河流生命健康权的实现提供了保障。

“五水共治”致力于维护河流的清洁权来保障河流的生命健康。清洁权是河流生命健康权的核心要素。河流生命健康的维护不仅需要满足河流的生态用水权，更需要恢复河流健康良好的水质，保障河流清洁性的生命权利。水体的清洁是河流健康最直观的体现，也是河流生命健康的最基本保障。“五水共治”全面修复河流自然的色度、浑浊度、气味、悬浮物、透明度，进而保障河流视觉和感官的清澈干净。“五水共治”以治理劣V类水为抓手，让水体受到严重污染的黑、臭、脏河流恢复清澈干净的自然面貌。同时“五水共治”致力于修复和维持河流原有的天然有机物、无机物、微量元素含量等自然的化学特性，以及河流中的细菌、藻类、原虫、底栖动物、浮游生物等的生物特性及其构成状况，进而促进河流内在健康的全面恢复。

“五水共治”通过保护和修复湿地来促进河流水质的改善。河流污染通过食物链会影响到人类的生命健康，保护河流的清洁和良好水质不仅是对河流健康生命的维护，也是对人类基本生存权、健康权的伦理关怀。湿地对于净化河流水质起到重要的作用，因此，“五水共治”全面致力于保护和修复湿地，进而促进河流水质的改善。污水或污染物质在从陆地流入河流之前先经过水陆过渡带——湿地，它可以对污染物中有害物质进行分解、沉淀和吸收，“五水共治”全面修复湿地的自然生态环境，保障湿地上的大量植被可以充分发挥过滤污水的自然功能，从而对河流水质起到排毒和净化的功效。保护湿地生态环境就是从根本上全面维护河流的清洁、干净、健康的生命权利。综上所述，河流的生态权利包括基本生存权和生命健康权，如图 4.3 所示。维护河流的生态权利是“五水共治”的首要价值原则和价值目标。

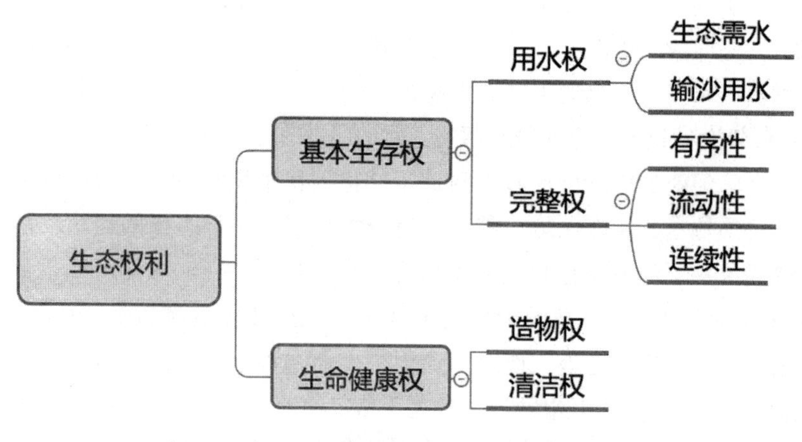

图 4.3　河流的生态权利示意图

第五章

责任落实

责任与权利是一对互镜的视角，“五水共治”的治理实践在权利定位的基础上，就会进一步深入治水责任的划界、归责的责任落实过程中。“五水共治”将治水的权利定位与责任落实统筹兼顾、相互统一。立足于“我—你—它”之间的治水关系，“我”首先要承担面向自我的反身责任。“我”必须遵循“道德地行事”的伦理价值观，不断对“我”在“五水共治”中应该承担的责任进行自我确证和自我完善。与此同时，按照列维纳斯（Emmanuel Levinas）的观点，“我”不是孤立地存在，而是与自然、他人和社会共存的。当我面对“你”和“它”时，“我”就处在了“你”“它”的责任关系中，我需要回应“你”和“它”的需要和诉求，因此，我对“你”“它”也负有责任和义务。

在“五水共治”中，“我”通过践行生态补偿的环境伦理对“你”履行好切实责任，同时立足于人水持续发展的理念，“我”必须坚持生态有偿的原则对“你”履行长效责任。“它”在治水实践中的主要表征为治水技术，而技术承载着人的价值取向。治水技术实践的行为后果与“我”的认知、目的、情感、心理、意图等主观因素直接相关。尊重技术的独特价值，充分发挥技术在治水中的积极效应，治理技术风险，保障技术的安全性、稳定性和可控性，是“我”对“它”应尽的基本责任，也是实现人、水、技术、组织和谐共存、协同发展的基本道德要求。

第一节　“我”对自身的责任：道德地行事

“我”要承担面向自我的反身责任。“自我”在本质上表达的是一种关系，即“自我”与“自己”的关系，内含着“我”对自身的责任和义务。自身是一种实体的存在，正如列维纳斯所言：“我们并不存在，我们自身存在。”① “我”对自身的责任就是“我”对与自身“相遇”的关切。相遇（meeting）最初是马丁·布伯（Martin Buber）用来表达在“关系”中坦诚相待的哲学术语，列维纳斯用它来表述“我”对他者进行“回应”的意思。治水实践的道德主体是“我”，“我”可以理解为“自我”，但“自我”并不等同于“自己”，“‘自我’中包含着一个‘自己’，‘自己’不仅仅是‘自我’的镜像，‘自我’和‘自己’之间维系着一种同道或伙伴的关系”②。“我”是水环境治理活动中的行为主体，通常在工程实践中以个体行为者或工程共同体的身份存在，具体涉及政府、企业、公众、社会组织等多元治水主体。“我”对自身的责任表现为多元治水主体在“五水共治”中以道德的方式行事，将道德作为“我”的行为方式。那么，在治水中“我”的行为不仅要遵行个体的道德规范和涵养德性，同时要遵从社会的伦理规约。

一、责任的自我确证

自我伦理角色的确证是“我”对自身责任的首要体现。“五水共治”中的多元主体首先对自身在治水中充当的角色，以及承担的角色责任和遵循的角色伦理进行充分的自我确证和客观的自我认知。这是一种正视自我、尊重自我的体现，也是对自身责任自觉的过程。“我”自身作为一种实在的个体而存在，“我”对自身履责的理论前提是“我”对自身个体价值的自我确证，而肯定“我”的存在价值是“我”能够承担自身责任的逻辑基础。正视自我、确证自我、尊重自我赋予了“自我”和“自己”的关系以肯定的意义，促进了“我”与自身存在之间统一性和一致性的实现，是“我”对自身承担的最基本的责任。“每个人都应该寻找自己的心，选择他自己的方式来实现他存在的一致性，即从他自身开始，不以自己为目的……从自己开始，而不以自己为结果；从自己出发，而不以自己为目的；理解自己，而不让自己沉溺。”③

“五水共治”中政府通过自我价值和伦理角色的确证，正视和察觉到自身的责任。第一，政府在“五水共治”中需要履行好政治角色的责任。政府在“五水共治”中扮演着“统筹者”的角色，承担着统筹治水全局、协调各方利益、

① 列维纳斯．从存在到存在者［M］．吴蕙仪，译．王恒，校．南京：江苏教育出版社，2006：219.

② 列维纳斯．从存在到存在者［M］．吴蕙仪，译．王恒，校．南京：江苏教育出版，2006：19.

③ BUBER M. The Way of Man［M］. New York：Routledge Press，2002：24-25.

制定治水方案、组织统一行动的角色责任。

第二，政府的经济角色责任。政府在“五水共治”中承担着充分调动社会力量，分担政府治水物资、资源、人力压力和风险的责任。一方面政府需要激发企业行业在水环境治理中的灵活、及时、高效率的优势，扩大企业的自主权，使水环境伦理治理风险分配更加合理化。另一方面政府需要盘活社会资源，使治水主体更加多元化，提升企业参与治水的积极性，促进政府与企业取长补短、资源共享、优势互补，提高政府的治水效率。

第三，政府的道德角色责任。政府在“五水共治”中坚持以促进社会公平正义为伦理原则，协调不同组织和个人的关系，使多元主体的利益实现平衡，权利得到充分保障，风险和责任共同分担，共享水环境治理的生态成果。与此同时，政府在治水中起到道德导向的作用。政府通过“五水共治”深入引导社会爱护环境、崇德向善，提升全民的环保意识和思想道德素质，并大力弘扬治水过程中的先进事迹、美德义行和奉献精神，树立道德标杆，充分发挥治水道德榜样对全社会的示范引领作用。

企业在“五水共治”中进行了正确客观、科学理性的自我认知、自我确证、自我评价的自重自觉过程。企业明确自身在“五水共治”中的角色和定位，正视自身在治水中可以发挥的价值和作用，确证自身在治水中应该承担的社会责任和伦理责任，进而使企业的生态效益、民生效益、社会效益与经济效益实现统一。

其一，企业要承担自治的责任。企业在“五水共治”中以爱护环境、节约资源、保护生态、促进人与自然和谐相处为重要的价值目标，开展高效率、高标准的自我规范和自我约束，进行企业文化、管理体制、运行模式的自我建构和自我完善。企业加快转型升级，从高耗能、高污染、低效率的粗放型经营模式逐步向科技含量高、资源消耗低、环境污染少、经济效益好的集约型发展模式转变。同时，企业要全面践行节能减排的相关举措，加大环保投入，发展绿色、低碳、可循环产业，提高中水回用、废物再利用的效率，遵循生态资源的再生规律，合理开发和利用自然资源，尽量减少对资源的消耗。企业认识到自身与环境、社会、公众之间的命运共同体关系，因此，企业要对周边社区、居民、村民负责，主动承担环境保护的责任，积极担当水环境治理任务，其生产活动不能对社会公众的生命健康、正常生活造成负面影响。尊重和维护群众的生命健康和生存发展的基本权利是企业最基本的道德伦理底线。

其二，企业在治水中有参与共治的责任。“五水共治”需要多元利益主体有强烈的责任意识和勇于担当的伦理精神，这是促进水环境治理长久、持续、高效运行的根本动力和基本保证。在协同治理水环境的过程中，多元主体不仅要共同参与，更要主动承担跨越边界的公共责任。① 企业不仅要履行好自身应尽的义务，更要勇于承担超出个体义务范围内的公共责任、集体责任和社会责任。企业的社会责任是指超过法律和经济要求的、企业为谋求对社会有利的长远目标所承担的责任。② 因此，企业在“五水共治”中与政府、公众和社会组织等协同配合，积极承担保护生态环境、节约自然资源、分担治水社会风险的公共责任。

公众在“五水共治”中的自我确证主要体现在对自身在治水中角色伦理的定位。这是一个公众正视自身在“五水共治”中的合法权利和应该承担的义务和责任，并能够对社会公民这个角色在水环境治理中所应遵守的伦理规范、道德律令和价值操守自觉认知，同时将这种角色认同感上升为内在的道德自觉、道德情感和道德信念的过程。

公众作为水环境治理的重要参与者，主体意识是公众伦理角色的核心要素。公众有参与治理、监督治理、对治理知情、享受治理成果的权利，同时也有承担社会治水任务、维护水环境清洁、节约水资源、自觉遵守水环境治理法规政策、协助与配合治水机构的义务。公民作为治水的重要主体之一，需要遵循作为个人道德信念的环境伦理原则。人不仅是自己的生命、后代及其同类的道德代理人，人还应该是所有生命和非人类存在物的道德代理人。人的价值和优越性不仅表现为拥有表达自己、发挥自己潜力的能力，还包括观察其他存在物、理解这个世界的能力和自我超越的能力，以及肯定他人、肯定他者——动物、植物、物种、生态系统、大地的权益。

公众在“五水共治”中需要担当好治水“协同者”的伦理责任。公民参与治水是一个与政府、企业、社会组织平等合作、民主协商、多元合作的过程，公民只有融入社会协同治水的实践中，参与协商、治理、监管才能既实现自身的权益，又能维护好他人和集体的利益。因为他人的合法权益是个人利益最大化的边界，也就是个人权益最大限度地实现必须以不侵犯他人利益为底线。参与社会协同治水是每一个公民自身的责任，也是维护他人利益和对他人负责的表现。正如哈贝马斯（Habermas）所言：“建立在同盟基础上的‘团结’是一

---

① FREEMAN R E. Strategic Management：A Stakeholder Approach［M］. Boston：Pitman Publishing Inc，1984：127-129.

② 罗宾斯，库尔特. 管理学［M］. 李原，孙健敏，黄小勇，译. 北京：中国人民大学出版社，2012：94.

种社会联系，它把所有人都组织了起来：每个人都要对其他人负责。"①

首先，社会组织在"五水共治"中进行了全面的伦理角色和伦理责任的确证。社会组织在治水中充分发挥自我管理、自我约束、自我服务、自我发展的自治能力，以参与协同治理、服务社会、增进人民福祉为己任，践行奉献、责任、利他、担当的伦理精神，积极投身于组织、参与治水公益性、福利性、利他性的活动中，成为"五水共治"必不可少的中流砥柱。社会组织在治水中的角色伦理责任首先体现在社会服务功能。他们组织各类治水公益活动，深入学校、社区、乡村开展爱水惜水的教育专题讲座和科普宣传活动，协助政府加强和完善市镇污水管网、污水处理系统等基础设施建设，积极开展形式多样的改善水生态环境的公益性、福利性活动。

其次，社会组织担负着通过治水促进社会发展的伦理角色责任。各类社团、基金会、民营企业尤其关注治水中的弱势群体。他们竭尽全力对地理位置偏僻、经济发展落后、物资匮乏的区域给予特殊帮扶、定点扶持，为当地百姓治水提供公益援助和志愿服务。众多企业家、各类商会协会自主自发地为农村治水筹集善款、捐资助力，共同致力于改善农民的生存环境和生活质量，维护社会发展的协调性和公正性。

最后，社会组织承担着整合社会资源的伦理角色责任。在水环境治理中不同的社会组织能够联合各类社会分散力量，形成广泛的社会治水网络，使各类社会人群都有机会、有渠道、有平台去参与水环境治理，从而增强了社会治水的凝聚力和向心力，同时也促进了水环境治理过程中不同社会资源之间的相互流动、互补余缺、互通有无，全面提升了社会资源的配置效率，使"五水共治"事半功倍。

二、责任的自我完善

"五水共治"中"我"对自身的责任面向自我完善。自我完善不是单纯给予自我以更高质量的物质生活以及更大的利益满足，这是将自己看作实现自我社会效用的工具，将"我"异化为物的形式的体现。而自我完善是对自我存在方式的提升，将道德作为自我存在的重要方式，通过鼓励、涵育与发展寻求"我"的多方面完善。虽然在"五水共治"中也不乏众多对"我"的行为的外在规范性约束，但这在本质上是一种"他律"，而将外在的他律转化为内在的自

---

① 哈贝马斯．包容他者［M］．曹卫东，译．上海：上海人民出版社，2002：10.

觉和自律是自我完善所追求的价值目标。只有通过自我不断完善自身，多方面发展自我，"我"才会主动自觉地以"我承诺""我保证""我践行"的方式完成自我履责，这样"我"的存在才可称之为"道德的存在"。

在"五水共治"中，公众通过不断增强公民精神、发扬公民美德来完善自我。社会公众践行"为自身立法"的实践理性来使自身的主观能动性和主体意识全面发挥出来，将生态伦理理念转化为自律、自主、自觉的治水行为。"五水共治"作为一种全民治水的治水工程，公民精神的发扬、公民美德的践行对公众个人而言是完善自我、履行责任的精神支撑，同样对于推动"五水共治"的长效治理、促进水环境可持续发展也至关重要。"正是公民美德（civic virtue）或'公共精神''公民风范'，使一个秩序优良的自由民主制度与一个无序的自由民主制度区别开来。"① 社会公众在治水中不断自我完善，树立起爱水护水、保护生态、参与治理、履行社会责任的良好公民风范，发扬了利人利己、奉献社会、承担社会风险的公共精神，这是一个公众对自我行为进行反思，对自身生态责任和社会责任意识自觉自悟的过程。以前在工具理性主义思想的主导之下，人们将河流、水资源、水环境看作满足人们需要和欲望的工具，导致河流污染、水资源短缺、水生态危机不断加剧，威胁到了人类的生存发展。于是，人们开始不断反思人与水环境之间的关系，逐渐意识到修复水生态、保护水环境的重要性和必要性，并为促进人水和谐、人与水环境的可持续发展付诸努力。"五水共治"就是这样一个人类自我反省、自我教育、自我醒悟、自我改进、自我完善的过程，这个过程中人们接受着道德的教化和伦理的洗礼，也在重塑和发扬民主自由、团结合作、互信互助的公民性格和公民精神。与此同时，公众在治水中将自我觉悟提升为外在的自觉行动，积极参与"五水共治"实践，融入治水的行动共同体中，给予河流生命健康以终极关怀，履行治理水环境、修复水生态的基本义务。

公民精神在"五水共治"中的另一种重要体现是公民对平等性和公正性伦理规范的践行。不同区域、不同身份、不同职业的人群平等地参与治水，人们在治水中享有同等的人格尊严、言论自由、参与机会和发展契机，尤其在水环境治理的生态效益的获得中，公民享有平等的政策扶持、社会福利和发展机会。同时，在水环境治理过程中，公民在道德律令和伦理规范的指引下可以充分拥有思想和行动的自由，尽情展现自我的独特性、积极性、创造性与价值性。公

① 希尔斯．市民社会的美德［M］//王炎．公共论丛：5. 北京：生活·读书·新知三联书店，1998：273.

民参与治水的热情和积极性被完全调动起来，变被动治水为主动治水，变政府治水为全民治水。在这种平等公正自主的治水氛围中，人们的自觉性和自律性得到潜移默化的提升，这对于“五水共治”的长效治水是更为重要的精神和力量，“与宣布一个人什么时候该承担责任的问题相比，他自己觉得什么时候该承担责任的问题要重要得多”[①]。这样，公众在治水的自我完善过程中提升了自我控制、自我监督、自我约束、自我负责的自律能力，促进了利己与利他、自爱与仁爱、个人利益与社会利益在“五水共治”中融合和统一。

企业通过积极承担治水的社会责任和集体责任来进行自我完善。“五水共治”是一项社会性、公共性、集体性的水环境治理活动，治水的伦理责任就是一项所有参与其中并受影响的群体和组织的集体责任。[②] 作为水环境治理工程共同体中的一员，企业积极承担治水的公共责任，并且主动与政府、公众、社会组织等其他主体共同分担治水的风险和负外部性。

首先，企业在治水中严格履行自律的责任。企业遵守法律法规，按照职业标准、生产标准、行业标准进行生产操作，尤其注重绿色生产和环保生产，保障企业的行为对人类的安全、健康和福祉负责，并有益于环境和生态的可持续发展，这是企业履行的最低限度的社会责任，也被看作工程伦理的“首要条款”。[③]

其次，企业积极承担治水的社会责任和公共责任。企业积极与政府加强治水合作，参与“五水共治”工程和项目的承建、运营、维护，以此弥补政府治水资金、技术和资源的短板，分担政府治水的压力和风险，促进治水资源的整合，提高治水的效率。另外，企业充分发挥自身优势，帮扶治水难度大、经济条件差、技术资源有限的农村和偏远地区共同开展“五水共治”，这份责任是超出企业自身本职责任范围的公共责任，是社会对企业的一种道德期待和伦理期望，哈里斯等人把它称作“善举”（good works）。[④] 企业自我完善的过程就是承担治水的社会责任，成就治水“善举”的过程。在这个过程中企业实现了内部各要素、各系统与外部社会资源之间的多面整合、多维互动、多向协同，实现企业与“五水共治”多元主体之间的优势互补、资源共享、良性协作与合作共

---

① 石里克．伦理学问题［M］．孙美堂，译．北京：华夏出版社，2001：120.

② 朱葆伟．工程活动的伦理责任［J］．伦理学研究，2006（6）：36-41.

③ 丛杭青．工程伦理学的现状和展望［J］．华中科技大学学报（社会科学版），2006（4）：76-81.

④ 哈里斯，普里查德，雷克斯．工程伦理：概念与案例（第三版）［M］．丛杭青，沈琪，等译．北京：北京理工大学出版社，2006：226.

赢，促进了企业发展的伦理转向，从效率至上转向负责任发展、从竞争博弈走向协同共治、从被动规制走向道德自觉。

社会组织积极承担治水的社会责任，不断提高自身的自治能力，为治水提供高效的公共服务。“我”在场景叙事中是“具有自我意识的连续存在”①。这就为“我”的行动计划、行为方式、生活目标与伦理道德相一致提供了实现的可能性。这种“连续存在”内含着说明从时间层面，“我”的认知、情感、道德意志都具有连续性，并且在空间上“我”的个性、心理、伦理诉求也具有联结性。因此，“我”内在的意识抉择与外在的行动作为二者之间的统一性和一致性可以得到伦理的辩护。社会组织作为“五水共治”的多元主体之一，通过治水活动方式和行为方式与维护生态、绿色发展、造福社会、增进人类福祉的伦理价值观保持一致，进而更好地履行治水责任。

“五水共治”过程中涌现出众多义务治水的社会组织，它们成为社会治水的重要力量。多地成立了生态环保协会、治水青年突击队、巾帼护水志愿队、银发先锋志愿团、小小护水队。城镇社区和乡镇农村积极组建村嫂志愿服务队、外来务工护水队、市民监督团等众多义务护水队。他们自愿捐资治水，定期开展美丽家园清洁行动、温馨庭院巧手行动等，并针对河道环境污染进行监督管理。同时他们积极发动企业、民间人士、普通群众，促进治水形成政府、企业、民间组织联动；河长、警长、巡河志愿者、河道保洁信息员共同参与、成果共享的良好局面。尤其是社会基层组织充分发挥贴近群众、了解群众、广泛凝聚群众的优势，结合当地的民俗文化、地方特色、风土人情因地制宜地开展水污染治理、水环境保护和水生态恢复的各项治水互动，充分地调动了基层群众的治水热情，让群众参与其中，更乐在其中、享受其中、受益其中。

在“五水共治”中，基层组织成功探索出了“细胞治水”的创新模式。每个基层组织人员都是一个“治水细胞”，他们及时反映群众的呼声和诉求，为规范社会治水行为、壮大社会治水力量、协调治水的社会关系、增强社会自我调节能力、促进“五水共治”多元主体的高效协同发挥了重要的作用。各社区和乡村充分发挥治水堡垒作用，社区党员干部、村干部主动担当起了基层治水堡垒的“细胞核心”，他们积极投入治水中并带动家庭、邻居、同事组建各类自治治水团队，例如，村嫂护河队、党员治水先锋队、妇女治水监督团，他们将“要我治水”变为“我要治水”，将“五水共治”变为“吾水共治”。很多乡村纷纷成立了生态家园协会，充分发挥群众自治组织自我教育、自我服务、自我

① 徐向东．美德伦理与道德要求［M］．南京：江苏人民出版社，2007：39.

管理、自我监督的作用，主动承担起乡村治水和卫生保洁的相关工作，形成了治水“人人治、户户包、村村会”的良好局面，为破解农村长效治水难题开辟了新路径。同时基层组织治水十分注重充分调动和发挥工会、共青团、妇联、教育、工委、学校、社区等基层组织和基层单位的力量，组建各类基层志愿者治水服务和监督队伍，打好“五水共治”群防群治、群策群力、群创群建的根基。

由华侨、浙商构成的义务治水组织和由青年团员组成的青年治水组织在“五水共治”中发挥各自优势，积极履行治水义务。广大在外的华侨、浙商组成义务治水组织，积极投身家乡的“五水共治”中，他们主动认领河道、担任河长、捐资助款为自己家乡的治水工作添砖加瓦。“五水共治”青年团员积极响应治水号召，组成青年治水组织，在治水中充分发挥青年团员的活力和创造力，积极活跃在治水前线，主动认领“青春河段”，开展了一系列丰富多彩、形式多样的青春志愿治水行动。例如，“争当‘河小二’”“一条暴走的小鱼”徒步公益行动、“一棵健走的小树”青年生态行、“让垃圾分开旅行”“家园风景秀”。青年团员设置了“青春治水”志愿服务月，让爱水护水的意识转变为自己的习惯养成，促进了长效治水的实现。

第二节　“我”对“你”的责任：可持续发展

在“五水共治”当中，“我—你”关系表征为“人—水”关系，人对水的根本责任是促进水环境的可持续发展。整个世界是“我—你”关系存在的载体，“‘我’和‘你’之间没有思想系统，没有先见之明，也没有过分复杂的干扰”①，并且“‘我—你’只有与整个世界一起存在才得以言说”②。“我”与“你”处于切近关系之中，“我”对“你”负有切近责任。人对水的切近责任是进行生态补偿，修复水系统、恢复水生态、改善水环境、维护水环境的生命健康。另外，人对水的责任更是一种长效责任，它以促进水环境的长效可持续发展为价值目标，在“五水共治”中表征为生态有偿。“五水共治”通过生态付费、有偿排污，倒逼企业转型升级、绿色发展，切断污染源，保障水环境的长治久清。

---

① BUBER M. I and Thou [M]. New York: Free Press, 1971: 17.
② BUBER M. I and Thou [M]. New York: Free Press, 1971: 19.

一、切近责任：生态补偿

"五水共治"中"我"对"你"的责任表征是人对水的责任，并且是一种切近责任。"我"对"你"的责任表征的是"我"对与"我"相遇的世界，包括自然、他人和社会的道德关怀和伦理责任。在"五水共治"中，"你"主要指水环境、水生态、水系统。"我"作为治水主体和"你"之间的关系十分切近且具有直接性和开放性。在水环境治理的场景叙事中，作为治水主体的"我"与水环境是置于同一个自然系统之中，人与水的关系是切近的直接关系。这直接表现在"我"的意识判断、行为选择、活动内容都有"你"的存在，当"你"注视"我"时，"我"便被置于"我—你"的切近关系中。在切近"你"的过程中，"我"可看到"我"对"你"的责任本质，这是一种对"我"的责任召唤，这种召唤是直接的、外在的和迫切的。"五水共治"中人与水是生命共同体，治水的本质就是处理人与水共存、共生、共融的关系。人与水是一种休戚与共、相互依存的切近关系，正是这种切近决定了人对维护水环境健康、水生态平衡有直接的责任。并且这种责任是不能建立在工具理性主义之上的。因为在本质上"我"与"你"关系的切近性决定了"我"对"你"的责任不能掺杂任何意图和目的之类的中介。

"五水共治"通过生态补偿履行人对水的切近责任。"我"与"你"的切近（proximity）关系表现为"我"反思对"你"应尽的责任义务和道德关怀，关切工程实践本身对"你"可能造成的影响、风险和后果。"我"对"你"的切近关系本质上就是一种切近责任，"切近就是一种责任心"①。"我"和"你"关系的直接性决定了"我"对"你"责任的无条件性和义务性。"我"对"你"的责任"来自最诚挚的自我奉献的意愿……是一种道德义务，无需任何交换的条件，也无需任何过渡的过程，其间，不存在可以测量的空间距离"②。在"五水共治"中，"我"对"你"的切近责任要求人要对自身的生产生活及管水治水活动可能对水环境造成的负面影响、风险和损害予以关切，并积极进行有效的生态补偿和损害弥补。

人不仅是河流的道德代理人，更是河流的责任人，而作为责任人所应履行

---

① LEVINAS E. En découvrant l'existence avec Husserl et Heidegger [M]. Paris: Librairie Philosophique J. Vrin, 2002: 233.

② 高宣扬．论列维纳斯重建伦理学的理论和现实意义 [C] //上海社会科学界联合会．上海市社会科学界第五届学术年会文集（2007 年度）（哲学·历史·人文学科卷）．上海：同济大学人文学院哲学系，2007: 5.

的重要道德义务就是补偿义务。当人的行为和活动严重损害了河流的利益，破坏了河流良好的生态系统，危害了河流的生命健康，河流有获得人类补救和修复的权利，人类必须承担自己的过失给河流带来的补偿责任，这也是对河流与人之间道德公正性的维护。“五水共治”中建设了防洪排涝相关的水利工程，这些水利工程可以发挥合理调配水资源和为人类兴利除害的作用，但是很多水利项目会存在危及其他物种群落生命和健康的威胁。如果人类的水利工程危害到一个有机体或一类物种的生存环境，导致种群数量和物种种类减少，使生态系统的结构和功能发生紊乱，那么人类就必须采取必要的措施对被损害的道德对象进行补偿，修复物种的生存环境，维护群落的多样性，恢复生态系统的平衡性和稳定性，这也是河流作为道德主体应该获得的补偿利益，更是人类对水环境应该履行的切近责任。

此外，优先保障河流的生态用水是对河流承担补偿责任的基本要求。当人类的生产生活用水与河流的生态用水发生冲突，河流的基本生态用水被挤占时，就会对河流的完整性、正常的生态功能、水生物种的多样性造成损害。因此，人类在满足自身基本需求的情况下，需要通过优先保障河流的生态用水来对河流的生命损失进行补偿，以促进人类利益和河流生态利益的公正且均衡地分配，这也是对河流的生存发展履行切近责任的必然要求。

“五水共治”建立了水生态修复补偿机制，以履行对水环境的生态补偿责任。在“五水共治”中，工业污染是河流污染的主要因素，企业是承担生态修复补偿的主要责任人之一。“五水共治”建立了环境污染和生态破坏评估机制，委托专业的司法鉴定机构和环境污染损害鉴定评估机构对水污染开展科学评估，进而明确河流污染的级别和损害程度，作为划定赔偿责任的重要依据。当企业的生产行为和生产过程对水环境造成污染，企业必须履行对水生态修复赔偿的责任，并切实采取资金补偿、包干认领河道、捐资助款、认捐林木等多种方式进行生态补偿。对水环境造成重大污染和破坏的责任企业，要承担水环境损害赔偿的法律责任。按照“谁污染，谁负责到底”的原则，企业要实施长期的水生态修复的方案和举措，直至其污染的水域通过评估验收，确保水环境恢复原有的健康生命。

“五水共治”建立了绿色保险制度和生态补偿资金制度，共同保障生态补偿责任的落实。“五水共治”设立了企业绿色保险制度，在造纸、皮革、印染、化工等重污染行业推行环境责任保险制度的试点。在治水中被关停和淘汰的重污染企业，若要对原来的建设用地进行再利用，就必须按照土壤评估体系对用地进行土壤评估，并采取有效措施修复土壤的生态健康。另外，“五水共治”建立了生态补偿专项资金。这些资金主要由企业排污费、生态修复赔偿金、惩治涉水违法违规行为收缴资金、社会募捐助力治水的善款等组成。生态补偿专项资金专门用于治理水污染、修复水生态、保护水环境，从而切实维护水环境生命权益。

二、长效责任：生态有偿

生态有偿是“我”对“你”承担的长效责任。“五水共治”中“我”对“你”的切近责任，是一种人对水环境的直接修复责任，其表征为人对水环境生态破坏的补偿责任，但从促进水环境的可持续发展的视角而言，“我”对“你”的责任更是一种长效责任，这种长效责任在“五水共治”中表征为生态有偿。“我”对“你”的责任蕴含着“我”自身中所隐含的他性。在水环境治理中，“我”的行为和活动的道德向度不仅是满足“我”对水环境和水资源的需求，因为“人本质上是一种关系中的存在”①，所以“我”应该时刻准备回应“你”的召唤，并采取实际行动为“你”的召唤和诉求履行伦理责任和道德义务。这也就决定了人在处理人与水的长远关系的过程中最重要的是保持对水环境责任的长效性，这是一种时刻存在的责任感。“我”对“你”而言是随时听从责任召唤的存在，人对水而言是时刻维护水环境利益、保护水环境健康发展的一种责任的存在。对已经造成损失和伤害的弥补是人对水的切近责任和补偿责任，而对水环境当下和未来的长久保护的责任是一种长效责任。“五水共治”通过对水生态有偿开发和有偿利用来增进人类的长效责任意识。

“五水共治”以“生态有偿”为原则，建立排污收费制度和排污权有偿交易制度，以此促进企业承担长效的生态责任。对向水环境排放污染物的企业、单位和个人，依法征收污水排放费、废气排放费、固体废物及危险废物排放费，从而倒逼企业节水减排，促进水环境的可持续健康发展。同时政府建立排污权储备交易中心，全面实施污染物排污权有偿交易、拍卖、租赁制度。排污单位需要以有偿交易的方式，申请购买初始排污权，依法获得排污许可证，才可在排污总量范围内进行合法合规的污染物排放。同时，在治水中，政府鼓励企业节约能源，要求企业节约使用排污权指标，允许企业将节约的指标在行业排污总量控制范围内进行同行业之间的有偿交易。在排污权交易的过程中，那些需要购买排污权的企业必须通过付费，甚至高价购买才可获得排污权，这样就起到了倒逼企业节能减排和转型升级的作用。污染物排污权的有偿使用和交易，

---

① 杨国荣．伦理与存在：道德哲学研究［M］．上海：华东师范大学出版社，2009：26.

加快了落后产能的淘汰，极大地促进了企业、行业的转型发展，从源头上切断了水环境的污染源，进而促进了水生态环境的长效保护。排污权交易最后的资金收益会专门用于改善水环境、修复水环境生态、增建环保基础设施等治水专项活动中，这为长效治理水环境提供了保障。

“五水共治”开发排污权绿色金融产品，推行排污权抵押贷款制度，促进排污权“流动资产”化。企业通过排污权抵押，将贷款资金用于治理废水、废气、废渣和更新环保设备上，从而为企业的环保生产、绿色发展提供了保障，也促进了企业从根本上履行对水环境长效维护、持续保护、长久治理的生态责任。“我”的存在方式必须在“我”与“你”之间展开，尊重“你”、成就“你”，积极回应“你”的诉求和召唤是道德伦理赋予“我”的责任。在“五水共治”中，“我”的存在方式就是在人与水的长久和谐中展开，尊重水的生命价值和生存权利，积极回应水环境维持可持续发展的生存诉求。长效治理水环境，长久保护水生态是“我”义不容辞的生态责任和道德责任。

第三节 “我”对“它”的责任：尊重价值，保障安全

“它”在“五水共治”中主要以技术、工艺、工程的方式存在，“我”对“它”的责任是尊重价值，保障安全。治水实践本身是一种在“它”的直接作用下的创造性和生成性的活动，这个实践过程赋予了技术原初的独特价值。尊重技术的独特价值是“五水共治”实现人水和谐的理论前提。技术作为一种中性的存在，它作用于治水实践的结果取决于使用和操作技术的人的目的、意图、行为方式等，因此，技术负载着价值。端正人在治水中运用技术的价值取向、意识和态度，规范人的技术行为方式，充分发挥技术积极效应，降低和化解技术的负面影响和各类风险，从根本上保障技术在治水实践中的安全性、可控性是“我”对“它”的基本伦理责任。

一、尊重技术价值，发挥积极效应

在“五水共治”中，“它”所表征的是以技术、工程为主的经验的世界，是“为人们所用的世界”，“它”具有独特的价值。它以“人类生活的维持、救助和装备”[1] 为目的，是“我”开展实践活动和职业行为的主要场所和工具手

① BUBER M. I and Thou [M]. New York: Free Press, 1971: 36.

段。“五水共治”中治水技术、工艺以及治水工程、项目是水环境治理实践的载体，也是治水的主要工具和“核心装备”，对于治水目标的实现至关重要。在“我—你”建构的世界中“它”是不可缺少的存在。“没有它，你将不能继续过你的生活，（‘我—它’的）可靠性维系着你。”① “我”与“它”之间的融洽关系是成就“我—你”世界和谐的基础。在“五水共治”中，人对治水技术的深刻认知、对技术价值的充分尊重、对技术的合理利用、对技术积极作用的充分发挥是人水和谐共生的基本保障。“我”对“它”的责任源自“我”对“它”的作用和影响。“它”源自“我”工程行为的阶段性效用及实践活动的累积结果，“它”作为具有价值的存在，必然会在工程实践中受到“我”的影响。“五水共治”是人类的治水实践，在很大程度上，治水实践的成果和阶段性成效与治水技术的应用直接相关。

“我”对治水技术的影响体现在对技术的正面作用的发挥和对其负面影响的掌控和避免上，这是“我”在治水实践中对“它”的责任。工程实践本质上是一种具有生成性、创造性、多样性的活动，实践过程本身赋予了“它”独特性和完整性的生存权利，这种存在的权利是一种绝对命令——“禁止一切破坏它的暴力”②。因此，在治水实践中，治水技术不是仅仅具有工具价值的存在，因为这是立足于“利己主义的自发性”的主观评价。承认治水技术独特的存在，并超出切近的感知、尊重和维护“它”的独特价值是“我”的责任与义务。

“五水共治”充分发挥互联网技术和信息化手段的便捷高效的优势，开启“智慧治水”的模式。“智慧治水”是治水方法的改进和创新，极大地提高了治水效率。“五水共治”以物联网、云计算、现代地理信息、全景等先进科学技术为支撑，建立了覆盖省、市、县（市、区）的信息化治水系统，实现了省、市、县“五水共治”作战指挥管理一盘棋的目标。“五水共治”信息平台以“五水共治”作战指挥管理一张图、一张网、一个平台、一个指挥中心为原则，运用通信网络、卫星影像图、数据库等技术，建立起了面源污染、保水工程、生活垃圾、生活污水、企业污水、排涝工程、防洪工程和节水工程等多个治水项目的数据库，这成为水环境治理高效运转的利器。同时该智慧治水系统利用大数据、云计算、现代地理信息可以实现主要河流水系、工业园区、排污口的信息联网，可以对各条河道，乃至各个水渠、池塘等小微水体进行准确定位，并通过视频、图片、文字等综合信息清晰全面地显示出各河道的水质状况、治理整

---

① BUBER M. I and Thou [M]. New York: Free Press, 1971: 31.

② 莫伟民，姜宇辉，王礼平．二十世纪法国哲学 [M]. 北京：人民出版社，2008：276.

改现状、排污口的排污情况等信息。该系统可以实现各级治水信息报送、治水层级管理、治水社会监督、治水工作考核等核心功能，形成了横向到边、纵向到底，多维度、全方位的信息综合展示，实现了对环保、水利、城建、农村、农业等各部门信息资源，以及各种基础数据、河道数据、建设项目数据的高效整合，促进各级治水系统之间互联互通、信息共享、高效协同。治水信息平台全面提高了治水巡查和治水监督的效率。

"五水共治"充分尊重治水技术的价值，合理运用治水技术，提升了水环境质量，培养了人良好的生活方式。治水技术作为一种人类从事治水活动的手段，从本质上说它是一种中介，但技术又不仅仅是简单的工具。工具意味着像一根导线一样，只是承载，对于我们的行动并没有什么改变。显然，在"五水共治"中，治水科技、工艺、设备等的运用，不仅仅让治水成效显著、事半功倍，同时也改变着人的思维方式、生活生产方式和行动方式。也就是我们在使用技术时，技术已经改变了我们的"行动程序"。"行动程序"是拉图尔（Bruno Latour）的一个重要术语，是指一系列的目标、步骤和意向。[①] 技术塑造人的行为的机制是"行动程序"（或称"脚本"），并且技术的"行动程序"调节着人的行动。拉图尔通过中介（mediation）一词深刻地反映了技术的这种改变情形，深层地表达了技术是一种非中立的方法（工具）。在拉图尔看来，作为中介的技术通过"转化"（translation）、"复合"（composition）、"可逆的黑箱化"（reversible black-boxing）和"委托"（delegation）的形式塑造着人的行为。[②] "即使十分平常，甚至我们都没有考虑的技术也能塑造我们的决策和我们行动的结果。"[③]

"五水共治"的技术治水实践在提高治水成效的同时，更提升了社会的凝聚力和向心力，培养了治水人人参与、人人有责的环保意识和社会责任意识。社会公众对治水的督查更加便捷和高效，可以随时随地对企业排污状况、河长巡河情况、问题整改现状、河道治水成效等实现在线实时督查。其中杭州市萧山区充分利用地理信息系统（Geogrphic Information System，GIS）、可编程逻辑控制器（Pngrammable Lvgic Controller，PLC）、组态监控、物联网等技术手段，结合云台摄像头和警灯警笛等新科技设备建立了"智慧河道云平台"。该平台可以

① LATOUR B. On Technical Mediation [J]. Common Knowledge, 1994, 3 (2): 31-34.

② LATOUR B. On Technical Mediation [J]. Common Knowledge, 1994, 3 (2): 32-39.

③ LATOUR B. Where Are the Missing Masses? The Sociology of a Few Mundane Artifacts [M] //BIJKER W, LAW J. Shaping Technology-Building Society: Studies in Sociotechnical Change. Cambridge: MIT Press, 1992: 225-259.

通过远程调度系统，完成排水调度、污染源分析、视频管理等动态监控。对河道水质、水位、能耗等数据进行分析和管理，为治水管理层的决策和治水方案的制定提供数据支撑，使“五水共治”的治污、督导、考核、管理和服务等所有治水流程更加智能化，节省了管理成本，提高了整个河网的管理质量和治理效率，推动了长效治水机制的形成。

“五水共治”通过科技治水提高了信息透明度，保障了公众充分参与治水，促进了社会公平公正的实现。依托“互联互通、共建共享”的“互联网+”思维，各地陆续开发治河手机应用程序，公众可以通过此平台与政府治水开展快捷高效的“智能互动”。公众版的治水 APP，具备公众投诉建议、问题反映、新闻公告推送、政务信息、河长信息、问题整改情况查询等功能。公众可以通过手机移动客户端实时了解周边河道的治理情况，实现了河道信息、河长信息与水质监测信息全公开，构建起了集信息公开、公众互动、社会评价、河长办公、业务培训、工作交流为一体的社会协同治水新模式。很多地方充分利用移动客户端的信息技术，建立起了“五水共治”微信公众号和涵盖河长、志愿者、普通公众在内的各类治水微信群、QQ 群。这些治水线上交流群为各方交流治水经验、展示治水成效、曝光治水问题搭建起了信息化快捷平台，同时“零门槛”让所有公众都可以参与到治水中，让全社会多了一扇窗口去了解治水、参与治水，极大地提高了治水的社会参与度。

智能治水平台的搭建，对于促进治水的公平公正发挥着重要意义。“五水共治”中建立起来的各类智能治水信息沟通平台，让公众可以充分行使知情权、参与权和监督权，提高了治水参与性，充分保障了公众的权利，促进了社会公正。公众遇到河流污染问题，可以第一时间将现场图片和定位上传，分管相关河道的河长会进行及时治理，整改后的照片最后也会共享到平台，接受公众的监督。智能治水平台的建立让“五水共治”形成了一套反应迅速、处理及时、责任到位、整改高效的快速反应机制，畅通了管理者、河长、群众、职能部门之间沟通的渠道，有效地弥补了传统反映信访层层传递导致的信息滞后的弊端。通过智能治水平台，“一个定位、一张照片、一个@”就可高效完成日常的河道管护工作，实现了问题反映“微上传”、任务交办“秒处理”、整改落实“不过夜”。同时，智能治水平台将政府、媒体和群众结合起来，形成了治水线上线下双向互动、共同参与、共同监督、共同治理的联合治水格局。

“五水共治”实现了科技治水，通过应用新技术、采用新工艺、使用新设备提高了治水的效能，提升了科技对水环境治理的推动作用。针对治水的重大技术难题，政府设立“五水共治”重大科技专项，每年拨付科研经费 2000 万元用于治水重点课题研究和技术难题攻关的资助。由此，大力推动了先进技术成果在治水实践中的应用，加快了科研成果向治水成效转化的速度。

地方治水积极革新治水技术，并将治水技术成果在治水实践中广泛应用，促进了科技治水的实现。“五水共治”过程中各类治水新科技如雨后春笋般在各地涌现。嵊州市研制出了“高负荷地下渗滤污水处理复合技术”，该技术在提高污水处理效率、减少污水对水环境的污染方面取得巨大成效。海宁市开发并实践了“平原河网饮用水源提质技术”，全面提升了当地饮用水源的水质，使居民的饮用水安全得到有效保障。湖州市南浔区开发了“淡水水产养殖水污染控制技术”，有效地解决了当地水产养殖污染重、处理难、成本高等现实难题。舟山市普陀区研制出“中街山列岛海洋生态修复和生物资源利用技术”，并把该技术应用于海洋治理中，成效显著，修复了水生物种生存栖息的环境，提高了生物资源的利用率，促进了海洋生境的修复。杭州市西湖区围绕西溪湿地的保护问题，开发出了“西溪湿地生态保护与服务功能提升技术”，该技术对于西溪湿地生物多样性的保护，以及水生环境的修复起到了关键作用。同时很多重大科技项目和最新的科技成果在“五水共治”的第一线得到了广泛应用，并取得显著成效，诸如“千万吨工业废水污染物减排技术转化工程”已付诸治水实践，并取得较大的进展。

二、降低负面效应，保障安全可控

在“我—它”建构的世界中“我”的行为和活动必须纳入伦理的考量之中。“我”的行为和活动不能建立在对“它”的占有和操纵上，这存在人类中心主义的倾向。在“五水共治”中，充分尊重治水技术的价值，发挥治水技术的积极作用，促进治水取得事半功倍的生态效益和社会效益，这是“我”对“它”应尽的责任和义务。人类拥有完全占有技术和操纵技术的绝对权力，甚至将人类的利益凌驾于技术之上，在技术的使用中随心所欲、为所欲为，这是工具理性主义思想的体现。仅仅在“我—它”所建构的经验世界，也就是仅依靠工程实践、单纯的技术、个人经验和知识技能是不能使“我”完全过上“好的生活”。“主要的‘我—它’世界从来不能伴随整个（世界）的存在而得以言说。”[①]“我—它”世界是极其有限的，“独自生活在‘它’世界中的‘我’并不是一个（真正意义上的）人”[②]。如果“我”过度依赖或沉溺于“它”所建

① BUBER M. I and Thou [M]. New York: Free Press, 1971: 11.

② BUBER M. I and Thou [M]. New York: Free Press, 1971: 23.

构的技术、工程、经验的世界，那么“它”的世界就会渐进累加，从而导致“我”会有被异化为物的风险。在水环境治理的过程中，人如果过度依赖科技、技术、工艺和经验，就会陷入被技术左右的困境，技术会变得不可控，甚至会给人的健康、安全、自由带来威胁和风险，这在本质上是一种“我”对“它”不负责任的表现，也与“我”所追求的人水和谐的“好的生活”背道而驰。

负责任地从事工程实践和技术开发与应用是“我”对“它”的应尽之责。“我—它”世界主要以复杂工程运作和技术开发利用为主要建构方式，“它”的作用结果既包括创造物质、贡献福利、推动进步，又会存在风险、带来灾难。因此，“我”必须“运用同情心发展道德上可以负责任的技术”①，并妥善规避风险，保障技术不会损害他者的健康、安全和利益。否则，“我”对自然、社会以及他人的责任意识就会淡化甚至消失，那么“我”就会逐步远离人应该存在的人的生活。“我”应该以追求“我—它”和谐共存、共同发展为价值目标，对技术的开发和利用要有节有度。在从事工程、技术的活动过程中必须保证“它”的安全性和可控性，对未知风险和实践后果要进行评估和预判，“对风险保持敏感性”② 并做出防范技术风险和治理灾难性事故的方案，否则“我”对于“美好生活”的价值追求将会陷入不可预知的偶然中。“五水共治”中，人们对治水技术的应用以技术的安全性和可控性为前提，加强对技术风险的监管和治理，并制定了一系列防范和化解技术风险的举措和方案，将治水技术的负效应降到最低，使治水技术的负面影响得到充分的抑制和消解。

“五水共治”秉持负责任地运用治水技术和开展治水实践的价值理念，加强对治水技术应用的监管，降低技术运用的负面效应，保障治水技术的安全可控。技术本身是中性的，技术工具论认为，技术作为人实现自身目的的工具（手段），它只是被动地被人（使用者）使用。③ 由此，梅塞纳（E. Mesthene）指出：“技术产生什么影响、服务于什么目的，这些都不是技术本身所固有的，而取决于人用技术来做什么。”④ 在水环境治理中人对治水技术、治水工艺、治水设备使用中的不合理、不科学、不正确都会导致技术风险和技术危害的产生。

---

① SABINE R. Emotional Engineers：Toward Morally Responsible Design ［J］. Science and Engineering Ethics，2012，18（1）：103-115.

② HARRIS C E. The Good Engineer：Giving Virtue its Due in Engineering Ethics ［J］. Science and Engineering Ethics，2008，14（2）：153-164.

③ WAELBERS K. Doing Good with Technologies：Taking Responsibility for the Social Role of Emerging Technologies ［M］. Dordrecht：Springer，2011：136.

④ 高亮华. 人文主义视野中的技术 ［M］. 北京：中国社会科学出版社，1996：12.

因此，要降低治水技术的负面影响和不利风险，就要对使用治水技术的主体进行合理规范。加强对技术主体的行为、目的、过程和结果的全面监督，是减少治水技术负效应的关键。从伦理的视角而言，技术是存在负载价值的，“技术在伦理上绝不是中性的，它涉及伦理学，并且游移在善恶之间”①。技术价值论强调技术在开发、设计的源头，就不可避免地被嵌入个人的、群体的或社会的价值取向，从而使技术负载价值。因此，在治水过程中对人开发和利用技术的价值取向、目的意图、过程规范和结果影响进行科学引导、全程监管、绩效评估、考核问责对于保障治水技术安全十分必要。

“五水共治”形成了有效的技术监管机制，保障了企业在应用治水技术中的安全。在“五水共治”中，企业是应用治水新技术、新工艺的重要主体之一。“五水共治”建立起了政府、媒体、社会、群众等多元主体共同参与，政府专项监督、人大法律监督、政协民主监督、公众与媒体的社会监督相结合的全面化、多元化的监管体系。政府对企业采用的环保生产设施、污水固体废物排放设备、降耗减排工艺以及企业环保信息公开技术手段等进行监督检查，保障科技、技术手段的应用能更好地服务于企业生产和水环境治理。“五水共治”中政府对企业各类生态技术、环保工艺应用的结果加强监管，并建立起网络化的监管模式。政府明确了每一处河道、每一个企业的监管责任人，并对监管的责任进行等级划分，建立和完善了治水技术监管档案，通过环保专业执法队伍、环保网格化监管队伍、环保义务监督员队伍、环保青年志愿者队伍开展了治水技术的差别化监管。政府组织专业团队对企业污水、废弃物排放对周围河流、生态环境以及和居民生活造成的短期和长远影响进行科学评估，并加强对重污染企业行业排污达标情况的深入排查和动态追踪，全面掌握治水技术在治水实践中的应用成效，及时发现并解决治水技术应用带来的问题和风险，同时督促企业积极承担落实环保整改措施、负责任生产和发展的责任。

“五水共治”建立了治水技术统计监测制度，加强对工业治水、企业治水的技术的监管。治水技术统计监测制度要求各企业和相关管理部门要定期报送工业治水的相关技术指标和在线监测数据；同时要求治水各部门不断加强各地方重点监控企业污染源级总量控制设施系统的建设；加强对工业企业污水处理的生态治水设备使用情况的监管；定期开展治水技术应用专项摸底调查；及时掌握企业治水技术、设备应用的最新数据，以及企业应对技术应用安全风险的防

---

① 邦格．技术的哲学输入与哲学输出［J］．张立中，译．自然科学哲学问题丛刊，1984（1）：56.

范措施。各大众媒体充分发挥社会舆论监督治水的作用，对由于治水技术使用不当而造成的河流污染、生态破坏等问题进行曝光，并持续跟踪报道，大大增强了治水技术运用的社会监管力度。

"五水共治"加强了对企业治水技术应用成效的绩效考核，以此保障治水技术的可控。政府建立了治水技术应用的绩效考评奖惩机制，对绩效考评优异的企业在企业贷款、土地指标分配、资金支持等方面给予政策倾斜，同时对违反技术使用规范，不按规定执行技术标准，不如实将先进的技术工艺用于节能、减排、降耗、提效治水工作中的，甚至污染超标排放的企业依法依规予以惩处。这样就起到了倒逼企业转型升级，促进企业向集约化、科技化、绿色化、生态化的方向发展的作用。企业作为水环境治理的重要主体之一，必须勇于承担水生态保护、合理运用技术的社会责任，在追求经济效益的同时也要注重生态效益和社会效益。为了促进治水技术绩效考核的科学性和公正性，"五水共治"结合不同流域、不同地域的具体实际情况和水环境治理前河流污染情况及企业发展状况建立绩效考核指标。

"五水共治"采取建设性技术评估的方式对治水技术开展科学评估。与建设性技术评估相对的一种方式是传统的技术评估，它侧重于对技术在经济、社会和环境等方面可能造成的影响进行评估，"使政策和决策不仅考虑近期利益，而且关心远期的后果，不但重视经济效益，而且关注难以逆转的社会、环境效应，从而使决策者将有关技术后果的信息纳入决策过程中"①。"五水共治"不仅仅对治水技术的应用可能对环境、社会、公众等产生的负面影响和风险进行专项评估，更纳入了社会不同行业、不同领域、不同职业的群体和个人对技术的评价和意见反馈，实现了治水技术政府评估与社会评估、专项评估与综合评估、内部评估与外部评估的统一，提高了治水技术评估的科学性和合理性。这是一种超越一般传统技术评估的建设性技术评估方式，即在对技术在经济、社会和环境等方面的影响进行传统评估的基础上，广泛听取利益相关者的建设性的评价和意见，由此，可以让不同的利益相关者都能有机会参与到技术评估过程中，使技术评估更全面、更合理、更权威。②

"五水共治"建立了治水技术实践事前评估机制，使技术风险从根源上得到防范和规避。"五水共治"对治水技术实践开展科学全面的事前评估，加强了产

① 邢怀滨，陈凡．技术评估：从预警到建构的模式演变［J］．自然辩证法通讯，2002（1）：39.

② VERBEEK P. Moralizing Technology：Understanding and Designing the Morality of Things［M］. Chicago：The University of Chicago Press，2011：103.

业技术的准入标准和审核评估力度，建立了详尽的评估指标体系，组织专家对企业和项目的准入资格进行严格评估和现场量化评估，提高了准入门槛，从源头把关，全面做好技术安全的根源治理。很多地方都制定了严厉的治水技术实践违规惩处条例，实施生态技术应用责任单位和责任人的终身责任制，以保障治水应用。同时“五水共治”加强相关立法，使治水技术绩效评估程序更加法治化、制度化和规范化，充分保障技术评估的公平公正。“五水共治”还建立了治水技术绩效评估的信息收集和处理、运行监控、结果申诉等配套制度体系，提高治水技术绩效评估的透明性、客观性和公正性。

政府建立了完善的绩效问责机制，明确技术责任主体，强化治水技术责任追究意识。瓦尔博斯认为技术责任是一种道德责任。道德责任不仅关注技术实践活动所引起的结果和造成的影响，它更关注“某人为什么采取这种方式作用于技术，这个有意的行动和结果在道德上是否令人满意，人是否能够和应该采取不同的行动，以改变结果”①。所以，人应该为技术的社会角色承担道德责任。人作为技术的实践者是带有一定目的、意图、信仰等内在动机的，这是造成技术实践后果的主要原因之一。技术具有一定的社会角色，人在技术实践的过程中，具备实践推理的能力，可以对技术行为原因和过程进行反思和评估，预见技术实践的结果，进而调整技术方案、应对技术风险、降低技术危害、保障技术安全可控，使技术在实践中能扮演好有益于人类健康、安全、福祉，有益于生态平衡和环境可持续发展的社会角色。“五水共治”的技术绩效问责就是在督促和鞭策人更好地承担起对技术实践的道德责任。

“五水共治”建立了落实治水绩效问责机制的制度保障。“五水共治”将治水技术责任落实到具体的单位和个人，最终形成了“明确技术责任、明确进度要求、明确考核办法、明确保障措施和加强督促检查”这“四明确一加强”的制度体系。政府加大对治水技术考核达标和优秀的地区、企业、单位给予表彰和奖励，同时，对治水技术考核不合格、技术问题整改不到位、技术风险治理不充分的相关企业的责任人进行约谈，并予以通报批评、警示等处罚措施。同时，各治水部门建立了治水技术应急处理机制，在加强对治水设施、治水工程的风险评估的基础上，制定了全方位的应急预案。尽可能让水环境治理的技术风险降到最低，确保在各种技术故障发生时能有效应对、及时止损，既不损害人的切身利益，也不损害到环境的生命权益。

---

① WAELBERS K. Doing Good with Technologies：Taking Responsibility for the Social Role of Emerging Technologies [M]. Dordrecht：Springer，2011：41.

“五水共治”建立了治水技术应用结果的奖优惩劣制度，促进了治水技术的责任化和德性化发展。“五水共治”实施了治水评优评先一票否决的制度。出现辖区内的治水技术使用不合理，导致水环境治理成效甚微，甚至造成再次污染，以及技术整改不到位的相关责任主体和其所在单位与地区，在干部提拔任用、组织评优评先和享受各种政府优惠政策上实行一票否决，由此让治水技术绩效考核指挥棒的作用得以充分发挥。相关治水部门设立了“红黑榜”“荣辱榜”“笑脸墙”等治水技术考核公示平台，并实行滚动销号机制，以此增强治水主体的责任感和荣辱感，进而更好地引导全社会树立尊重技术价值和合理利用技术的正确理念，保障技术的积极作用和正面价值在治水中得以发挥。技术的社会角色能够使人发展德性，麦金太尔（Maclntyre）指出，好的生活的一个要素是人应能够成为一个有道德的人；瓦尔博斯（Katinka Waelbers）认为技术的社会角色应当支持人行善，使人担当有价值、有意义的社会角色，进而促进人德性的发展，使人成为有道德的人。“五水共治”通过对人的治水技术实践加以规范和引导，增进全社会负责任地从事治水活动的意识，树立人的生态环保理念和增强人的道德责任感，使人的德性在追求人水和谐的美好生活中得以发展和丰富。

第六章

实践智慧

本章从“实践智慧”的视角总结和论述了“五水共治”伦理治理的实践理念。首先，“五水共治”伦理治理的实践充分体现了工具理性和价值理性的统一。作为工具理性主要表现形式的治水技术、治水工程、治水信息化手段为“五水共治”提供了重要支撑和现实保障；价值理性平衡了工具理性片面追求效益的价值取向，为“五水共治”提供了精神导向和内在动力。

其次，“五水共治”实现了生态伦理与责任伦理的统一。治污水工程推动了维护生态健康与履行生态修复责任的统一；防洪水、排涝水工程促进了保障生态安全与生态治理责任的统一；保供水工程实现了保护生态资源与保障分配公正的统一；抓节水工程铸就了传承生态文化与践行自觉自律责任的统一。

最后，“五水共治”作为一项社会性、公共性的社会实践活动充分体现了行业规范和个体美德的统一。在治水中企业恪守最基本的职业操守和行业规范，不污染河流水体、不破坏水环境、不损害水生态是企业始终秉持的伦理底线。治水的过程更是彰显和弘扬个体美德的过程，承担治水义务范围以外的社会责任，让尽责、敬业、奉献的道德品质在治水中发挥最大的价值，这是水环境治理的至善追求。

第一节　工具理性和价值理性的统一

“五水共治”作为一种有目的的治理水环境的社会实践活动，是工具理性和价值理性的统一。“理性”这一术语在哲学领域中通常使用“reason”。“reason”这一词汇追本溯源是由古希腊的“logos”演化而来，本义为根源、规律、理法。后来人们通常用“理性”来描述一种认识事物的存在、变化、发展和相互关系的“高级”认识活动，表现为在真理探求中逻辑推理的能力和过程。在哲学语境中，“理性，不仅是一种认识论范畴，而且是一种人性论和存在论范畴。”①马克斯·韦伯（Max Weber）在其“合理性”范畴中将人的理性划分为工具理性和价值理性。以治水科学、技术、工程为主要表征的工具理性是“五水共治”开展治水行动、落实治水任务、完成治水目标的重要手段和工具，因此工具理性是“五水共治”的核心支撑和现实保障。价值理性为“五水共治”提供价值导向和精神动力，它是治水技术应用、治水工程建设、治水活动实践的重要价值尺度。价值理性以批判性和超越性为本质特征，“五水共治”以此为价值指向，超越单一治理水环境和片面关注经济增长的本然状态，而追求整体生态的综合治理，经济转型升级的高质量发展，人与水协同进化、长久和谐的应然状态。

一、现实保障和精神动力的统一

工具理性是“五水共治”的现实保障。在“五水共治”过程中，以技术和工程为主要表征方式的工具理性，成了治水的重要工具和手段，在治水中发挥着重要的基础保障作用。工具理性也叫技术理性，它是西方理性主义同现代科学技术相结合形成的技术理性主义文化理念，是在工业文明社会中以科学技术为核心的一种占统治地位的思维方式。② 马克斯·韦伯将数学形式等自然科学范畴所具有的量化与预测等理性计算的手段，用于检测生产力高度发展的西方资本主义社会人们自身的行为及后果是否合理的过程，称作“工具理性”。③ 其主要目的是通过实践发挥工具的最大实用性和最强功效，寻求人的某种功利性或物质性需求的最大限度满足。技术和工程作为工具理性的实然存在，它们是“五水共治”合目的的手段，是治水实践的主要方式，并且在“五水共治”中工程技术已成为人水关系存在与发展的重要物质基础，服务于人类对良好水生态、“美好生活”和全面而自由发展的追求。

价值理性为“五水共治”提供精神动力。“五水共治”将价值理性作为治水工程建设和技术运用的重要价值尺度，为“五水共治”提供价值引导和伦理指向，削弱和规避工程和技术应用可能带来的弊端和风险，促进治水效益和生态价值之间的平衡。虽然工具价值在“五水共治”中发挥了关键性的保障作用，

① 石中英．教育哲学导论［M］．北京：北京师范大学出版社，2002：184.

② 陈志刚．马克思的工具理性批判思想：兼与韦伯思想的比较［J］．科学技术与辩证法，2001（6）：38-41，67.

③ 韦伯．经济与社会：上卷［M］．温克尔曼，整理．林荣远，译．北京：商务印书馆，1997：54-56.

但是我们绝不能只看到技术和工程所具有的工具价值，这样人在治水过程中会陷入对技术的盲目崇拜，工程技术会被异化，进而产生破坏性和危害性的结果，人与自然、社会之间的和谐平衡就会被破坏。而价值理性是理性和价值的双向融合，“理性与价值亦有各自侧重的一面。如果说，理性的探索更直接地指向求真的过程，那么价值的关怀则较多地关联着向善的过程”①。马克斯·韦伯在深入研究了人类活动之后提出，价值理性是指作为实践主体的人以理性认识为前提，选择和理解价值及其追求，本质上就是对人本身价值的确认、追求和建构，是“人类所独有的、用以调节和控制人的欲望和行为的一种精神力量”②。所以，作为人类认知和实践活动的“五水共治”始终不能脱离价值理性所建构的精神基础和伦理规范，价值理性为“五水共治”的实践设定价值目标，为治水提供伦理导向和精神动力。总之，“五水共治”通过具体的治水实践实现了工具理性与价值理性的融合与统一。

科技治水与技术伦理的统一。科学技术是“五水共治”的核心支撑，技术伦理是“五水共治”的价值导向。“五水共治”的治水实践就是将科技治水和技术伦理相互协调、相互促进、相互统一的过程。

科学技术为“五水共治”的治水实践提供核心支撑。“五水共治”作为一项工程实践活动天然地具有工具理性的特质。技术是人改造自然的产物，本质上是实现工具理性的手段和设置。“五水共治”将科学技术作为治水的核心支撑，实现了科学治水和高效治水。治水技术专家团和各地科技部门构成了科技治水的智囊团，浙江省、市、县三级科技部门积极为治水开展专项科学研究、技术攻关和科技服务。他们组织成立专门的治水专家团队，与高校和科研院所积极合作，从“五水共治”最前线的现实困境和治水难题出发，立足于治水的技术需要，开展废水处理、废渣利用等各类技术对接会，成为“五水共治”坚实的技术堡垒。与此同时，政府加大治水财政科研投入，建立了“五水共治”重大科技专项，针对治水的重大技术难题，进行重点集中攻关。

“五水共治”不仅仅关注治水技术的研发，更注重将最新的科技成果运用到治水实践中，促进先进的治水技术在治水实践中的转化推广和示范应用。工具理性渗透着务实精神，指导人类在认识世界和改造世界的过程中，通过科学化、规范化、标准化的技术手段来合理对自然界进行更有利于人类需求的方向改造。在治水过程中一系列治水重大科技项目和最新的科技成果已经在治水一线广泛

---

① 杨国荣．理性与价值［M］．上海：上海三联书店，1998：2.
② 吴增基．理性精神的呼唤［M］．上海：上海人民出版社，2001：2.

应用，例如，河湖水透析活化技术、漂浮湿地技术、微生物固定化技术、淤泥快速脱水及淤泥快速固结技术等，并且这些水环境治理技术在实际的治水应用中发挥了重要作用。显然，人类从事工程实践和技术活动的过程是一个从主观目的性出发不断扬弃其抽象性而最终转化为客观现实性的过程，在这个过程中，实现了人的主观目的性向客观现实性的转化与过渡。

技术高效性的发挥在“五水共治”中的另一种体现是治水信息化应用。技术作为人的器官和体能的延伸是人作用于自然的重要工具和手段，以互联网、大数据、云计算为核心的信息化手段明显提高了多地方、多部门、多主体的治水协调力，促进了治水监测、治水管理的精细化和高效化，保障了信息传递的公开化、及时化，提升了水利、市政、环保、城管、气象、科技等各类涉水信息资源的整合力，保障了治水决策的民主化和科学化。工具理性是以可预测和可计算的技术型方式实现目标的最佳途径和最佳手段，它是“人类所独有的用以调节和控制人的欲望和行为的一种精神力量”，也是以主体的意志和需要为出发点来进行价值活动的一种自控能力和规范原则。①

“五水共治”始终将开发运用技术和从事工程实践建立在伦理的维度之上，将科技治水应该始终秉持的安全伦理、生态伦理，以及维护公众利益的伦理原则作为重要的价值指向。治水工程和技术本身是一种中性的存在，其“善恶性质取决于掌握与运用它的那个社会力量的性质，取决于它为人类自身带来的实际效果”②。人类在治水实践中会将自己的主观意识、情感意愿和发展期望融入技术和工程之中，所以价值理性始终是“五水共治”技术运用的价值基础。

首先，“五水共治”技术的应用以“安全第一”为首要原则。各类污水处理新工艺、河流净化新技术以及生物科技、信息工程的应用，都要将环境安全和人的安全放在首位。“五水共治”始终将技术应用的安全性、可控性、利他性作为重要规范，确保治水科技的应用不会损害到生态利益，不会危害到其他物种的生命安全，更不破坏整个生态的稳定与平衡。

其次，“五水共治”将公共安全和生态的可持续发展作为技术应用的道德规范。治水实践坚持现代技术安全管理的伦理规范，从“物本主义”（以技术为中心）管理逐步转向“人本主义”（以人为中心），“五水共治”坚持在治水技术应用过程中始终将公众的安全、健康和福祉放在首位。公共安全是环境工程的

---

① 吴增基．理性精神的核心价值观及其在当代中国的意义［J］．南开学报，2004（4）：44-50.

② 高兆明．存在与自由：伦理学引论［M］．南京：南京师范大学出版社，2004：532.

伦理底线。环境工程的建设、技术的应用、项目的运营中产生的涉及大多数工程受益人和利益相关人的生命、财产、健康、环境的安全问题，是公民最重要的基本权利。[①]“五水共治”在运用技术过程中始终维护公众的利益、保护公众的安全，将可能给人类和环境带来的技术风险降到最低，保证治水风险范围的最小化，周围环境安全的最大化。另外，“五水共治”将保障整个生态系统的稳定性、整合性和平衡性，促进水资源的持续利用和生态系统的可持续保持作为治水技术应用的价值目标。

治水工程建设与工程伦理规范的统一。治水工程为“五水共治”提供重要保障，工程规范是“五水共治”恪守的价值原则。工程是技术的凝结与运用，也是工具理性的重要表现形式之一。作为物质形态存在的技术与工程共同成为联结人与自然、主观与客观、手段与目的的重要纽带，人类借助它们认识和改造世界、创造财富、增进福祉、实现进步与发展。治水工程、治水项目建设是“五水共治”的重要抓手。“五水共治”启动了治污工程、防洪工程、排涝工程、供水工程、节水工程等一系列工程项目。其中，治污水工程主要包括“清三河[②]、两覆盖[③]、两转型[④]”的项目建设；通过实施强库工程、固堤工程和扩排工程来防治洪水；排涝水工程主要依靠重点抓好强库堤、疏通道、攻强排工程建设；开源、引调、提升这三大工程建设目的是用来保障供水；抓节水工程的治水目标主要依赖改装器具、减少漏损、再生利用和雨水收集利用的相关工程来完成。另外“五水共治”实施了“十百千万治水大行动”[⑤]大工程、“千里海塘”式的大项目，大力建设农田水利工程既能把好大型水利工程的“大动脉”，又能解决好分布在田间地头的“毛细血管”的治污问题。工程建设是将“五水共治”治水项目化、项目目标化、目标责任化、责任具体化的过程，是落实和践行工具理性的载体。其实，工程和技术对人类的价值不仅限于工具价值，

---

① 胡洪营，张旭，黄霞，等．环境工程原理［M］．北京：高等教育出版社，2005：173.

② “清三河”：整治黑河、臭河、垃圾河。

③ “两覆盖”：力争到2016年实现城镇截污纳管基本覆盖、农村污水处理和生活垃圾处理基本覆盖。

④ “两转型”：工业转型、农业转型。

⑤ “十”就是“十枢”，建设十大蓄水调水排水等骨干型枢纽工程；“百”就是“百固”，每年除险加固100座水库，加固500千米海塘河堤；“千”就是“千治”，每年高质量高标准治理1000千米黑河、臭河、垃圾河，整治疏浚2000千米河道；“万”就是“万通”，每年清疏1万千米给排水管道，增加每小时100万立方米的入海强排（机排）能力，增加每小时10万立方米的城市内涝应急强排（机排）能力，新增100万户以上农户的农村生活污水治理工程通达到户。

人类借助技术的革新和工程的进步可以实现对自由存在的追求，因此，工程和技术也是人类自由实现状况的一个基本标识。在以工程为主要表现形式的工具理性在治水中充分发挥高效、实用优势的同时，工程实践本身也应遵循的价值规范为“五水共治”提供了切实的价值支撑，价值理性始终是治水工程实践和项目建设的指引、示范和导向。

“五水共治”秉持局部工程和整体生态协调一致的原则，将工程项目建设与整个生态的可持续发展相统一。“五水共治”过程中实施的治水工程项目虽然是局部的、小规模的水工建筑物，但是由于河流系统具有整体性，治水工程势必会在时间和空间上产生一定的深远影响。因此，局部和整体之间协调统一的伦理原则就成为“五水共治”工程实践的价值指引和支撑。防洪排涝调蓄各项水利工程的兴建都坚持将人类生存发展的需要与河流的生命权益相协调，将河流自身的生态价值、经济价值、文化价值、审美价值统筹兼顾，杜绝治水工程为获得局部利益而损害和牺牲自然生态的整体利益的情况发生。治水工程实践坚持立足长远发展和可持续发展的伦理原则，处理好短期利益和长期利益之间的关系。“五水共治”在水利工程和治水项目的规划和实施过程中，遵循河流生命的循环特征和河流演变过程中长期性、缓慢性的自然规律，认真评估和合理规避治水工程对河流上下游可能产生的短期和长期影响以及累积性的严重后果。

“五水共治”秉持开发与保护并重的伦理导向，实现了水环境的开发利用与水资源的节约保护之间的统筹兼顾。“五水共治”作为一项水环境修复和治理的环境工程，一方面治水始终将维护河流健康生命作为第一原则；另一方面治水工程项目的实施要合理开发利用水资源以满足人类的基本生存需求，同时通过水利工程应对自然灾害，趋利避害以维护人的生命安全，这也是保护与发展协同推进的重要体现，在一定程度上也是对河流中心主义者神化河流的主体地位的纠偏，因为“如果为强调河流的目的性而否定其手段性，河流便凌驾于一切生命之上，人类开发和利用河流便失去了合法性和可能性，那么，不仅人类无以存续，地球上的其他一切生命将会消亡”①。“五水共治”的治水工程实践对水资源的开发始终秉持适度原则，以不损害河流作为有机的生命体系的生存权益为底线伦理，将保护与发展并重。

---

① 李映红，黄明理. 论河流的主体性及其内在价值：兼论互主体性的河流伦理理念［J］. 道德与文明，2012（1）：116-119.

二、本然状态和应然状态的统一

工具理性促进“五水共治”恢复水环境的本然状态，价值理性激励“五水共治”实现生态综合治理、企业转型升级、经济高质量发展、人水可持续发展的应然状态。“五水共治”的直接目标是恢复水环境的清澈水质、充足水量、完整水系和健康生态的本然状态，工具理性是促进水环境“本然状态”回归的现实载体和重要保障。工具理性指引治水主体借助先进高效的治水技术和治水工程项目将治水目标转化为行为实践，在这一过程中充分激发了治水主体的能动性和创造性，促成主体理性力量的物化，为实现治水价值理性所追求的意义和理想提供了现实支撑，是价值理性精进、提升和进化的推动力。

价值理性指引“五水共治”实现治水的应然状态。“五水共治”以价值理性的批判性和超越性为指向，突破“为治水而治水”和片面以治水促经济的本然状态，致力于整个生态的综合治理，追求产业结构的优化和经济高质量发展，追求生态效益与经济、社会、政治、文化效益协同推进、人水长久和谐的应然状态。这根源于价值理性所具有的批判性和超越性的本质特征。价值理性以对人的现实处境和发展前途为关注点，引导人始终保持探索的精神，正视现实世界的缺陷和不足，并将思想和行动统一，对现存世界进行批判、解构、改造、治疗和完善。在这个过程中，价值理性始终向人们昭示人不能非批判地接受现状，而应当“使现存世界革命化，实际地反对并改变现存的事物”①。通过这样对现实的深刻反思、批判、变革，从而实现超越，建构一个理想的、应然的、合乎人的本性和目的的美好世界。

“五水共治”以工具理性和价值理性为导向，实现了水环境修复的“本然状态”和生态综合治理的“应然状态”的统一。毋庸置疑，治理水环境是“五水共治”的直接目的，“五水共治，治污先行”的治水理念已经充分显示出治理河流污染、修护河流生态、恢复河流健康是“五水共治”的“本职”，是治水要求和治水目标所追求的“本然状态”。但是治水不是“五水共治”的唯一目标，“共”才是“五水共治”的核心，它彰显了生态综合治理的价值导向，内含着综合治理、协同推进、共同发展的价值理性，这是“五水共治”治水实践所基于的价值立场、价值态度和价值目标。“五水共治”将治理黑臭河、垃圾河、“墨汁河”“牛奶河”等专项水环境整治与大气污染治理、土壤污染防治结合起

① 中共中央马克思恩格斯列宁斯大林著作编译局．马克思恩格斯选集：第1卷［M］．北京：人民出版社，1995：75.

来，形成“治水”“治气”“治土”多管齐下、整合推进的生态综合治理局面，这样不仅水质会得到提升，空气质量也会得到改善，土壤也会得到更好的保护，由此全面提升人民美好生活的幸福指数。总之，“五水共治”不仅仅关注当下的水环境治理成效，它更关注的是如何更好地保护自然生态的整体环境，维护整个自然生态的平衡稳定，和如何更好地增进人类健康福祉，使人类真正走向全面发展，迎来“好的生活”，实现人、工程、技术、自然、社会之间的并存共融与和谐统一。

“五水共治”改变了人的消费理念、生活方式和发展方式，促进了资源节约型和环境友好型社会的形成，实现了生态文化美、生态资源美、生态环境美、生态产业美、生态消费美的统一。价值理性的这种超越性的本质特征不仅体现在治水的具体实践中，而且始终指引着浙江治水理念的发展和进步。浙江的生态建设理念经历了从“绿色浙江”到“生态浙江”再到“美丽浙江”的发展历程。“美丽浙江”就是强调从整体性、系统性、协调性出发进行水环境的综合治理，“美丽浙江”的价值目标是既要创造美好生态，又要创造美好生活，这已经超越了单一追求改善生态的“本然状态”，而是追求生态和生活双向美好、共同进化、协同发展的“应然状态”。

“五水共治”正是以蕴含批判性和超越性的“美丽浙江”的发展理念为价值导向，从系统性、综合性、协调性的角度全面把握水环境治理。它立足于“山水林田湖是一个生命共同体”的系统性思维，将治水与为人民群众创造更加美好生活相联系，实现了治污水、防洪水、排涝水、保供水、抓节水五项水生态治理的综合统筹和系统推进，推动污水治理与生态环境的整体改善、经济的高质量发展、人民生态权益的有效维护之间的融合与协同。“五水共治”努力做到治理水环境与满足人类对美好生活的需求之间的协调和契合，治水的同时更致力于提升公众生活的“获得感”和“满意度”，改善了百姓的生活环境，增进了人类福祉和安康，促进了人的良好存在。浙江省“五水共治”领导小组办公室每年会对在全省89个县（市、区）同步开展“五水共治”工作的群众满意度进行调查，借助民意调查来评估各地的治水情况。主要通过“满意度、认知度、参与度、支持度、信心度”这五个核心指标展开民意调查，最后得到总的“满意度”值。具体如表6.1所示。

表 6.1 2014—2018 年浙江省"五水共治"公众满意度情况表①

指标 年份	满意度	认知度	参与度	支持度	信心度	总得分
2014 年	74.12	70.92	31.94	96.31	86.22	68.48
2015 年	77.60	73.27	25.68	96.28	87.59	69.21
2016 年	81.97	77.23	44.88	96.80	88.91	75.78
2017 年	87.20	83.06	39.59	97.57	92.50	78.42
2018 年	87.01	81.40	61.89	96.82	92.56	83.26

从上表中的数据我们可以看出，2014 年至 2018 年全省"五水共治"的公众满意度的总得分呈逐年上升趋势。公众对"五水共治"的参与度 2018 年较 2014 年增长了 90%以上，对治水的支持度一直保持着很高的势头，并且老百姓在参与治水的过程，对水环境治理的认知和对河流的亲近感逐渐加深，对治水信心度、支持度、认可度不断提升。这充分体现了"五水共治"在追求美好生态和美好生活的"应然状态"中取得了显著的成效，价值理性始终支撑、激励、指引"五水共治"通过治水实践去对现实世界进行变革和超越，进而去建构人水协同进化的应然世界，并始终致力于使应然世界转变为更美好的现实世界。

"五水共治"以工具理性为支撑，以价值伦理为导向，实现了治水促进经济增长的"本然状态"和治水倒逼企业转型升级、促进经济高质量发展的"应然状态"的统一。

"五水共治"实现了带来显著的经济效益的"本然状态"。水作为生命之源、生产之要、生态之基，是生态环境最活跃、影响最广泛的控制性要素之一。据相关数据统计显示，治水对浙江省有效投资的拉动仅次于房地产，治水切实实现了供给侧的有效投资。通过开展"五水共治"，浙江全省 273 家铅蓄电池企业关闭 224 家，行业总产值较整治前反而增长 113.2%，利润增长 174.5%；全省 1554 家电镀企业关闭 734 家，行业总产值增长 45%；全省 180 家制革企业关闭 106 家，行业总产值增长 66%；全省造纸、印染、化工行业累计关闭企业 1139 家，单位产值废水排放量分别下降 28.5%、35.1%、23.6%，行业总产值

① 此表根据浙江省治水办（河长办）发布的《"五水共治"公众满意度调查报告》整理而来。

分别增长 18%、17%、51%。[①] 良好的水环境是人类最直接的“生态红利”，是对“绿水青山就是金山银山”发展理念的现实佐证。很多地方在改善水环境的基础上发展起了绿色农业、生态工业、生态旅游业和养生养老、创意产业等绿色产业，这些生态产业逐渐成为当地经济社会发展的支柱产业，“五水共治”绿色发展的生态之路开启了生产发展、生活富裕和生态优美的良性循环。

“五水共治”实现了以治水促进企业转型升级和经济高质量发展的“应然状态”。“五水共治”不仅追求以治水为突破口来促进经济增长的“本然状态”，还追求以治水倒逼经济转型升级，将环境整治问题与产业结构调整相关联，形成了以环境倒逼、要素倒逼、创新驱动为核心的转型升级的新格局，这正是价值理性的超越性赋予“五水共治”的精神力量和价值指向。“‘五水共治’真正的攻坚不只在治水，而在坚定不移地淘汰重污染、高消耗、高排放的落后生产技术、工艺和产品，给吃得少、产蛋多、飞得远的好‘鸟’腾地儿，腾出环境空间、腾出国土空间、腾出转型空间。”[②]

首先，“五水共治”致力于推进重污染行业产业格局的转型升级。印染、造纸、制革、电镀、化工行业是水环境污染主要污染源，2013 年浙江省纺织、造纸、化工、医药、金属制品 5 个行业工业总产值占全部工业的 25.70%，而废水排放量却占全部工业的 78.87%，其中纺织、造纸两个行业产值占比只有 11.21%，废水排放占比高达 60.72%。[③] 可见，这些行业污染高、产能低，产业结构极不合理。“五水共治”按照“关停淘汰一批、整合入园一批、规范提升一批、合力转移一批”的转型策略对落后产能进行淘汰，同时转型过程中企业不断提升技术水平、工艺设备，以及污染防治和清洁生产能力。

其次，“五水共治”不断推进工业节水、治理污水的技术创新和技术改造，加快企业转型升级的步伐。浙江省以温州皮革、绍兴印染、台州医化、富阳造纸、浦江水晶、长兴蓄电池等为重点推动行业，全面推进集成应用封闭式制造，工艺流程优化、精细化管理，资源回收利用，废水废气处理等信息技术在企业生产中的应用，同时开展企业用水定额对标，严格企业清洁生产审核。

最后，“五水共治”通过水环境治理来合理调整传统产业比重，优化产业结构。“五水共治”过程中，政府大力扶持绿色产业，全面发展战略性新兴产业、

---

① 浙江省“五水共治”实践经验研究课题组．“五水共治”新发展理念的浙江实践［M］．杭州：浙江人民出版社，2017：214.

② 潘家华．中国梦与浙江实践：生态卷［M］．北京：社会科学文献出版社，2015：107.

③ 浙江省经济信息化委员会课题组．浙江工业领域治水的对策思路研究［EB/OL］．浙江省人民政府门户网站，2015-02-11.

高新技术产业、高端装备制造业、信息经济等高附加值、低排放的新兴主导产业，着力培育发展治水产业。同时，政府加快培育水污染治理、高技术节水等新兴产业，以及环境投融资、清洁生产审核、认证评估、环境保险等治水服务业，构建治水产业平台，促进治水产业的集聚发展，以此来实现产业结构的优化升级和经济社会的高质量发展。价值理性始终是“五水共治”的精神动力，它本身的批判性、超越性、历史性、合目的性始终是激励当代人奋进，推动生态改善、社会进步、时代发展的内在精神。不仅表征为一种内在的意向性，更根植于人的现实生活之中，在人类生产生活的具体情境和语境中赋予主体以现实的、历史的内涵。它在现实与理想、历史的确定性与终极的指向性之间保持着必要的张力，不断将内在的尺度对象化为人的实践性力量和创造性行为。通过“五水共治”的治水实践可知，价值理性作为人类社会实践的一种主导性思想，对于推动生态、经济、社会阶段性发展、历史性演变和进化起到了关键性的作用。

总之，“五水共治”作为一种合目的性、合规律性、合规范性的人类实践活动是工具理性和价值理性的有机统一。马克斯·韦伯通过比喻的方式准确地揭示了工具理想和价值理性之间的关系：假如工具理性是一副地图的话，价值理性就是工具理性的向导，为工具理性指引着前进的方向和目标，二者相辅相成。基于实用主义、功利主义、经验主义的工具理性，借助于科学、技术、工程等工具和手段，注重效率和结果，侧重于人的认识与客观世界的一致性，对完成治水任务、实现治水目标发挥了显著的实效性和有用性，因此工具理性是“五水共治”的核心支撑和现实保障。此外，基于道德的、伦理的、美学的、宗教的以及其他阐释的价值观念的价值理性，着眼于人们认识世界和改造世界的目的性，注重治水实践的纯正动机和实质正义，充分彰显了信仰、正义、道德、审美等人类品质对治水实践的价值引导、伦理规约和道德规范作用，因此，价值理性是“五水共治”的内在动力和精神力量。

第二节 生态伦理和责任伦理的统一

“五水共治”立足浙江实际，实现了生态伦理与责任伦理的统一。水环境治理作为一项环境工程，生态伦理是治水实践的价值导向。生态伦理既是对工程活动的生态要求，也是对工程共同体行为的伦理规范。[①] 责任伦理规范了从事治水活动的行为者应当如何行为，以及对自然、社会、他人应该承担的责任，为治水活动及行为的合理性提供道德支撑。“五水共治”立足于生态伦理和责任伦理的价值理念，从系统性、协调性和整体性的价值观出发，将“五水”即污水、洪水、涝水、供水和节水五方面的治水问题统筹治理，“治污水”实现了维护生态健康与履行生态修复责任的统一；“防洪水”“排涝水”促进了保障生态安全与生态治理责任的统一；“保供水”实现了保护生态资源与保障分配公正的统一；“抓节水”促成铸就传承生态文化与履行自觉自律责任的统一，由此，开创了生态伦理与责任伦理统筹兼顾、生态保护与社会发展协同推进的体现中国特色、凝聚中国智慧的治水创新之路。

一、治污水：维护生态健康与履行生态修复责任的统一

“治污水”旨在维护水环境的生命健康。水作为一种具有内在价值的存在，保持生命健康是其最基本的生存权利，那么维护水的这种基本生存权利是治水坚持的基本生态伦理。维护水环境生态系统的稳定，保持河流水质清澈、营养均衡是人类的应尽职责。浙江省作为江南水乡，绿水青山养育了这片土地和世世代代生活在这里的百姓。随着工业化、城镇化的步伐加快，水环境污染、水生态恶化在不断加剧。浙江全境八大水系都面临水质恶化的困境，黑河、臭河、垃圾河遍布城市和乡村，工业用水堪忧、农业用水告急、生活用水紧张成为浙江面临的现实困境。严重的水污染威胁着浙江人民的身心健康，水污染带来疾病高发多发的现象日益凸显，恶劣的水环境也成为制约浙江经济、社会高质量发展的主要瓶颈。因此，治理污水已成为水环境治理的首要任务和重点工作，是促进水环境综合治理的核心命脉。

“五水共治”将修复水环境的健康生态，维护水环境的健康生命作为最基本价值目标。如果将“五水共治”的治污水、防洪水、排涝水、保供水、抓节水看作一个握紧的拳头的话，“治污水”就是“五水共治”的“大拇指”，它处于“五水共治”的关键位置。“五水共治”全面致力于恢复河流水质的健康、系统的完整、功能的健全和运行的稳定，尊重水作为生命本体的内在价值，维护水最基本的生存权益和生命权利。这是人对水环境自然生命的伦理关照和道德关怀，也是生态伦理的价值指向和内在要求。

---

① 马丁，辛津格．工程伦理学［M］．李世新，译．北京：首都师范大学出版社，2010：343-350.

“治污水”是充分履行保护生态、修复生态和补偿生态的伦理责任。人类过去在工具主义的价值观和人类中心主义的资源观的左右下，损害了水环境的生态健康，破坏了水系统自身的稳定性和发展的规律性。这已经违背了不损害水环境的生态伦理原则。自然界中的一切事物都拥有内在价值，它们拥有自身的善，那么，人们在工程实践中不应损害自然的正常功能，自然的生命健康不应受到伤害就是自然拥有的正当权益。如果人的行为以损害自然环境的健康为代价，甚至这种损害是不可逆或不可修复的，那么人就是严重侵犯了自然物种的生命权益，人必须做出生态补偿，弥补人类给自然造成的损害和创伤。所有的补偿性义务都有一个共同的特征：如果责任人的做法打破了自己与环境之间的正常平衡，那么就须为自己的健康负责，并承担由此带来的补偿义务。因此，“治污水”就是人类在履行修复生态系统的平衡，恢复自然生命的生存家园，保护自然物种的生命健康的补偿义务和道德责任。“治污水”的过程深刻揭示了生态危机的“是”与人类行为的“应当”之间的因果关系。“五水共治”通过治理污水来修补水环境的人为创伤，还河流以清澈干净的水质，还生命物种以安全健康的生存环境，同时也为人与水环境和谐共处、协同进化创造既有益于生态又有益于人类的发展空间。

二、防洪水、排涝水：保障生态安全与生态治理责任的统一

“五水共治”通过防洪水、排涝水，实现了保障水环境生态安全与履行水环境生态治理责任的统一。保障生态安全是生态伦理的重要旨趣，防洪水、排涝水是“五水共治”治理水环境的重要举措。浙江全年降水充沛，尤其在汛期易受台风影响，降水量激增容易引发洪水灾害。一方面生态会遭到严重破坏，另一方面洪水容易引发区域内的次生灾害，会给工农业生产和人的生命财产安全带来灾难。降水通常会引发城市内涝和农业内涝，近年来涝水问题是生态安全的重大隐患，也已成为生态治理的重要内容。维护生态安全是工程责任伦理的重要价值目标，对人的健康、安全、福祉负责是工程主体从事工程活动的最基本的责任要求。防洪排涝既是“五水共治”保护生态环境、维护生态安全的生态伦理规范的内在要求，又是履行生态治理责任的重要体现。

“五水共治”以生态安全的伦理理念为价值导向，积极履行生态治理的责任。“五水共治”加强对水生态和水环境可能产生的历时性、共时性、跨域性的灾害和影响进行积极防范和有效治理。全面实施多项防洪排涝工程，扩建山区水库，使河流上游地区的水资源储存和防洪功能不断提升，同时整治山塘水库，加固下游河道堤岸，全面保障区域的生态安全。为了解决农业内涝和城市内涝

造成的次生灾害，“五水共治”大力完善排涝设施，修复排涝系统，全面提升城市防涝、排涝能力。这个过程充分体现了政府、企业、公众等多元治水主体对于全面保障生态安全、防范生态突发事件的责任担当。

三、保供水：保护生态资源与保障分配公正的统一

“五水共治”通过“保供水”实现了生态资源保护与促进水资源公正分配的协调统一。水是人类赖以生存的生态资源，“保供水”致力于保障清澈、干净、安全的饮用水源，是保护水资源的重要举措。对水资源的节约和保护，确保水资源的可持续发展是生态伦理的重要内容。保护水资源是将水作为伦理关照的直接对象，从道德上关心水作为生命存在物的生存状况、健康状态以及水生态系统的稳定性、健全性和完整性。人与水是生命共同体，保护水资源就是在保护我们人类自身。人与水的伦理关系是一种相互依存、共存共荣、协同进化的关系，保护水资源是人在与水交往的过程中所做出的正确的道德价值选择，体现了整体论的生态伦理思想。在利奥波德的“大地伦理”中最早阐释了生态伦理的整体论径路，他把生态学中的“群落”（community）扩展成“大地共同体”。利奥波德给出了人与自然相处根本性的道德原则：“一件事情，当它有助于保护生命共同体的和谐、稳定和美丽时，就是正确的；反之，就是错误的。”①

保护水资源就是促进人与水生命共同体的完整与和谐，这是一种以人、自然、环境的整个生态系统的整体利益为目的的生态理性。人与水作为生态系统的组成要素，必然符合生态系统协同性的自然规律，生物圈的内在协同性是人类应效仿的生存智慧。所以，保供水就是遵循协同性的生态属性，促进人与水的共同进化和协同发展。保供水是一种以生态系统的整体利益为目的的实践，它以促进人水和谐为根本目的，以生态系统整体的完整、稳定为道德尺度，全面保护水资源和水生态的健康，保障人的用水安全，实现了生态效益、社会效益、经济效益的多维统一。

保供水的根本价值目标就是维护人平等的生态权益，保障水资源分配的公平公正。公正的本质就是每个人都能获得其应得的权益。那么在对水资源的开发、利用上，每个人也都拥有平等获取和享用水资源的权利，即人的生态权益是平等的。生态权益是人在与自然界发生关系的过程中所产生和拥有的对于自然环境的基本权利以及行使此种权利所带来的利益。生态权益直接关系人的身

① 利奥波德．沙乡年鉴［M］．侯文蕙，译．长春：吉林人民出版社，1997：213.

心健康和在追求“好的生活”过程中的获得感和幸福感。

保供水促进了水资源分配的公平公正。供水问题关乎民生大计，“五水共治”将保供水作为统领全面治水的关键，根本上就是为了保障所有主体都能拥有平等享有清洁的水环境、完整的水生态和充足的水资源，以及不遭受资源限制和不利环境与生态伤害的权利，促进环境公正、分配公正和社会公正的实现。浙江虽然河网密布，水资源比较丰富，但是随着水污染加剧，人口激增，城镇化加速，城市生活用水量不断加大，这些综合因素导致供水紧张成为城市和乡村面临的共同难题。因此，保供水最直接的目的就是解决喝水难的问题，为干净、安全、可靠的饮用水源提供保障，其深层次的价值目标是合理调节水资源，保障在水环境、水资源的使用和保护上所有主体都应受到公平的对待，实现促进水资源分配的公平公正。

四、抓节水：传承生态文化与履行自觉自律责任的统一

“抓节水”促进了节约用水、保护资源的生态文化与人的自觉意识和自律行为的统一。文化是民族的血脉，我国的生态文化博大精深、源远流长。“顺天量地、节用御欲、应时取宜，循环发展”“取之有度，用之有节，则常足”，这些世代传承的传统生态文化彰显了节约资源、保护资源、科学利用资源的生态智慧。宇宙万物的本体的存在方式是时间和空间，因此万物生长和变化都遵循一定的自然节律和自然规则，所以，顺时取物是人与自然交往过程中的生存之道。要维持人与自然长久的和谐共存，人与自然的物质、能量和信息交换，就要弘扬和传承取予有度、用之有节的中华生态文化，对生态资源的开发和利用既要同人的正常的需求度相一致，又不能超过自然的承受限度。对水资源的开发与保护坚持开源与节流并重，节流优先、科学开源的生态理念，有节制、有限度，取物而不尽物地利用资源，人与自然方可长久和谐。水是生命之源，节约水、珍惜水、爱护水是水文化的思想精髓，也是水文明的重要理念，它表征着人在与水交往过程中的生态意识、价值取向和道德追求。

“抓节水”对于传承水文明和水文化具有重要意义。“五水共治”将“抓节水”作为重要内容，既是浙江水资源紧张、供水压力巨大的现实需要，更重要的长远意义是为了传承节约用水的水文化，转变粗放型的用水模式，弘扬爱水惜水的水文明，改变浪费水资源的生活习惯，让节水惜水成为人们的习惯养成。生态危机从根本上是人类的生存危机和文化危机，它的根源是当代现有的社会机制、人的行为方式、思想观念和价值追求。基于此，深层生态主义将人、社会和自然融于一体，并且指出它们相互联系、相互作用共处同一个完整的生态

系统之中。那么，从生态整体主义的视角，解决生态危机的根本就在于变革现行的社会体制，改造人的价值观念，培养一种新的生活方式和行为方式。"抓节水"的过程是一个让节约用水的理念渗透到人们日常行为和生产生活之中，变成人的一种生活方式和生活习惯的过程，这更是一个培养自觉自律的责任意识的过程。

自觉与自律是责任伦理的内在本质，"五水共治"通过"抓节水"唤醒人们的爱水护水的生态良知和生态道德自觉。抓节水增强了人们惜水节水的生态正义感和生态伦理责任感，并将这种生态责任意识潜移默化为人的自觉自律的习惯和行为。责任是上帝赋予人的"天职"，责任伦理是人们自律、自主、自觉的一种意识和行为，它改造了天生形态和自由意志的自我，使自我在投身于一种自觉的奉献中实现自我净化和自我合法化，体会至善的生命意义和人生价值，从而成为一个真正拥有自由人格的人。① 责任本身就是人的行为目的，它不以任何条件和假设为前提或基础，也不是实现其他目的的手段。责任不属于"他律"和"应为"的范畴，它并不是人们在律令的约束和其他因素的牵制和影响下的被动行为，而是一种无条件的、无理由的纯粹的"当为"。

"五水共治"让节水从外在的引导和规约最终转化为行为主体自觉遵守的内在责任。通过"抓节水"提升工业、企业科学用水、节约用水，并注重中水回用、提升水资源利用率的责任意识，促进农业生产自觉转型升级，开展节水灌溉、发展节水农业。内在责任也是一种主观责任，是根植于人们内心对真、善、美的信仰和追求，是人内在的自觉自律和内心的自省，外在规约转化为内在责任的过程就是一种道德修养的自我完善的过程。"五水共治"让保护水资源、爱惜水环境的生态理念与节约用水、科学用水、高效用水的社会责任实现统一，逐步转化为人的无条件的、无理由的、"当为"的一种道德自觉和行为自律，在这个过程中促进了生态文明的弘扬和生态文化的传承。

第三节 行业规范和个体美德的统一

"五水共治"是行业规范与个体美德的统一，行业规范作为一种通识的职业道德和伦理规范是治水主体始终恪守的伦理底线。治水中企业高度自律，严格

---

① 莱曼，罗特．韦伯的新教伦理：由来、根据和背景［M］．阎克文，译．沈阳：辽宁教育出版社，2001：213.

履行清洁生产、环保生产、绿色生产的底线责任，始终秉持可持续发展的行业规范和道德原则，创新性地开启了“以水养水”的生态治水模式，促进对爱水、护水、治水的长效责任的遵守和履行。个体美德是“五水共治”始终追求的至善伦理，企业在治水中秉持个体美德，以诚信、尽责、奉献的企业精神为价值目标，无偿为治水捐资助款，自愿“包干认养”河道，主动帮扶农村治水，自主自觉地承担起超越行业规范和基本责任范围的治水社会责任和公共责任。实现了社会善与个体善、责任与美德的融合与统一。

一、底线伦理和至善伦理的统一

行业规范和个体美德的统一在“五水共治”中表现为企业在治水中所秉持和践行的底线伦理和至善伦理的统一。治水的行业规范是一种规范伦理，是企业在水环境治理过程中必须坚持的底线伦理。个体美德属于美德伦理的范畴，是企业参与“五水共治”所追求和践行的至善伦理。水环境治理中的行业规范对治水企业、行业“应当做什么”以及“应该如何做”进行规范，行业规范建构起了通识的职业道德和伦理规范，个人美德促进个体对职业规范的深度认知和反思，并赋予道德规范新的认识。行业规范以目的论和义务论为基础，以责任伦理为核心，为工程行为者提供了普遍意义上的规范准则和实践理性，也在整个工程实践领域建构起了理性的“绝对命令”。治水的行业规范通过原则、誓言、守则、制度、准则等形式对企业参与治水的行为进行规范和指导。它通过探讨善与恶、正当与不正当、应该与不应该之间的界限和标准，研究道德的基础、本质和发展规律，从而形成严密的道德原则和道德规范体系以及美德要求，以指导和调节企业、行业中人的道德行为和道德关系。①

行业规范作为底线伦理在治水中发挥了重要的价值。治水中的行业规范立足于促进行业发展与水环境保护之间的关系和谐，从而为企业、行业中人的行为立法，这是一个“道德外化”的过程。行业在漫长的发展过程中形成了与自然和谐相处的道德价值观念，并逐步社会化、普遍化、客观化为一定的道德原则和道德规范。这些价值体系规范着企业、行业的行为，潜移默化地培养和塑造着行业良好的道德习惯和德性品质，进而让行业在发展过程中能够自主灵活地采取维护生态权益的道德行为。治水的行业规范作为一种规范伦理，它关注企业、行业的行为规则界限，致力于澄清衡量行业行为的道德价值的根据和标准。因此，治水的行业规范从本质上说是一种底线伦理。它是对企业、行业在

① 罗国杰，马博宣，余进．伦理学教程［M］．北京：中国人民大学出版社，1997：135.

水环境治理过程中提出了普遍要求，着力强调道德对企业、行业的社会调控、他律特征和约束功能。

个体美德是治水的至善伦理。“五水共治”中行业规范对企业的经营行为、生产方式、发展模式向着保护水资源、维护水环境、平衡水生态的方向进行约束、引导和规范，成为企业绿色发展、生态发展、可持续发展、高质量发展所必须恪守的底线伦理。但规范本身不是治水的根本目的，也不是水环境治理的最高价值目标。仅仅凭借行业规范是“无助于人们走出麦金太尔所说的真正的道德困境”的①，也不能真正赋予工程伦理以绝对的权威性。在具体工程实践场景中，企业会出现“规避”行业规范限制的现象。一旦工程技术风险物化为灾难和事故时，“将公众的安全、健康和福利放在首位”的首要伦理规范也会被形式化为道义上的经济补偿和行政追责。② 同时，由于工程产品和技术成果在时空上不一定会时刻与“我”同在，在一定程度上会削弱个体的责任感，这就造成了行业规范与个体生活情境、道德心理和社会角色之间的脱节和“疏远”。

“五水共治”在约束和规范治水的行为的同时更注重培养人的美德。虽然在行业规范中也对个体行为者的品德有所规范和要求，但这种美德是一种工具性存在的美德，这种普遍意义上的忠诚、正直、无私等美德“只是每个孤独个体所附有的品性和能力，只有与最终的效用挂钩才能发挥作用，因而只剩下单一的、作为工具的个人能力”③。“规范”的真谛，是说它使人的德性涵育、确立、显现并得到生长的规范。④ 规范行为的目的是造就德性。正因为如此，规范对人们行为的约束才表现为主体的能动性和选择性。个体对规范的遵从，才从一种被动的约束，转化为积极的内化。⑤ 规范的最终的目的，是要依照一定的价值目标，造就意义的主体。⑥ 在“五水共治”中，治水的根本目的不仅仅是对企业、行业、社会公众的行为进行约束和规范，更重要的是对人德性、美德的造就。而德性的内涵和特性，英国伦理学家亨利·西季威克认为应当在德性与义务、行为的关系中考察。⑦ 他认为，德性应当包括两种行为，既包括义务的行为，又

---

① 卢风．挑战与前景：当代伦理学之走向［J］．学术月刊，2009，41（8）：35-43.

② 何菁．工程活动中的技术风险与企业责任［C］//中国伦理学会．第19次中韩伦理学国际学术研讨会暨第五次全国经济伦理学学术研讨会论文集．南京：南京林业大学机械工程电子学院，2011：6.

③ 刘科．从“愚人”问题看规范与美德［J］．道德与文明，2012（2）：39-43.

④ 樊浩．中国伦理精神的现代建构［M］．南京：江苏人民出版社，1997：368.

⑤ 樊浩．中国伦理精神的现代建构［M］．南京：江苏人民出版社，1997：368.

⑥ 樊浩．中国伦理精神的现代建构［M］．南京：江苏人民出版社，1997：368.

⑦ 西季威克．伦理学方法［M］．廖申白，译．北京：中国社会科学出版社，1993：241.

包括可能被普遍认为是超出了义务范围的任何好的行为。① 那么这种超出义务和责任范围内的善的行为就是个体美德的重要体现。“五水共治”中一方面企业坚持清洁生产和绿色发展的行业规范，践行治水的底线伦理；另一方面，企业以发扬正直、无私、奉献的个体美德和企业精神为至善追求，积极承担治水的社会责任。

“五水共治”中各大行业遵守和践行治水的行业规范的首要职责是企业严格从自身做起，坚持清洁生产、绿色生产、环保生产、节能降耗、污水达标排放。这些治水的行业规范直接指向治水中“行业应该如何行动”，它强调规则优先，节约水资源、不污染水环境、不破坏水生态是企业价值排序的优先考虑要素。“五水共治”中包括重污企业积极引进先进的环保生产设备和污水、固体废料、废气等生产垃圾处理技术，并对生产经营场所的节水节能设施、排污系统、通风系统、固体废料处理系统进行升级改造，同时积极开展污水零直排、雨污分流、截污纳管等各项治水工作。各大行业加大环保生产的资金和技术投入，用于企业技术升级、环保技术研发和污水处理设备的更新，主动将落后的产能和技术设备进行淘汰，保证产品生产的每一个环节、每一道程序都符合环保要求，尤其加强对产品末端的污水排放和废弃物处理的管理，使企业实事求是地遵守治水的行业规范。作为“五水共治”重污染行业之一的皮革行业，创新引进“制革清洁技术”，这种技术的应用可以使企业的污水实现零排放，既节约了企业的污水处理成本，提高了企业的经济效益，又有利于保护水环境，提升了企业的生态效益。

首先，造纸业严格遵守治水的行业规范，积极推进转型升级。造纸行业也在重污染行业中“榜上有名”，减少造纸行业的污水排放，提升造纸的中水回用率一直是制纸行业的重要职业规范。其中浙江富阳的造纸有近2000年的历史，“京都状元富阳纸，十件元书考进士”，这得益于美丽的富春江为其提供充足的优质水源，富春江是富阳的母亲河，整个流域是64千米，富阳境内有52千米。同时，富阳拥有丰富的造纸所需的另一大资源——竹子，得天独厚的自然条件成为支撑富阳造纸业的深厚根基，最顶峰的时期富阳造纸的产能达到700万吨到800万吨，2000年前后富阳造纸厂有近500家，造纸业产生的税收占富阳总税收的1/3。② 富阳造纸起初由于产能低下，造成大量的水资源浪费和河流污染。于是，富阳造纸业投入大量的资金和技术对造纸工艺进行改进和升级。其

① 西季威克．伦理学方法［M］．廖申白，译．北京：中国社会科学出版社，1993：240.
② 整理自富阳“五水共治”领导小组办公室调研访谈的内容，具体调研访谈记录见附录。

中富阳东大纸业有限公司①将海水淡化用的超滤膜技术运用于造纸的污水处理中，经超滤膜处理后的水的化学需氧量（Chemical Oxygen Demand，COD）最低能达到15mg/L，然后东大公司会将这些水进行循环处理，再次回收利用，由此实现了污水“零排放”。

富阳永泰纸业在“五水共治”中实现了转型升级。富阳永泰纸业引进了富阳造纸企业里第一套污水生化处理系统，并投资1500万元进行造纸产业整治提升，从工艺流程、设备配置、能源耗用、污染治理等各环节进行技术提升，使企业生产用水循环率显著提高。永泰纸业年削减COD排放49.77吨②，高效完成了企业有效节约净水的清洁生产目标。另外，永泰纸业积极探索转型发展之路，围绕造纸业发展了发电、供热、贸易、化工、污水处理等副业，并形成了一个完整的产业链，成为省级循环经济试点企业之一。

其次，企业严格遵守工业污水排放标准进行污水达标排放，以加快企业向绿色、环保、低碳的生态之路转型，很多规模较小、产能较低的企业主动搬迁至规模大、集中化、档次高、环境美、卫生整洁的工业园区，接受统一管理，推进整体减排。保护水环境既是企业应该承担的生态责任，也是他们的职业责任，更是一种社会责任。水环境作为一种公共资源，破坏水生态就是损害全人类的利益。而“将公众的安全、健康和福利放在首位”是行业规范的普遍准则，也是首要准则。同时企业还要做到“体面地、负责任地、合乎道德地以及合法地行事”，履行企业职责的过程中努力遵守可持续发展的原则，诚实、公平和忠实地为公众、社会服务。“企业努力提升自身的环境治理能力，运用企业自身的优势和技能来维护生态权益，增进人类福祉。”③

最后，企业发扬个体美德和企业精神，勇担治水的公共责任和社会责任。在治水中企业充分发挥自身优势，积极为治水无偿捐资助款。众多民营企业家、个体工商户、省外浙商积极投身于“五水共治”中，他们主动投资、捐款、出资建设治水工程，对治水项目进行认建，很多身处外地的浙商和华侨都慷慨解囊，为家乡治水工作捐款。企业的这些行为是将治水的制度约束和行业规范自觉转化为内在的道德品性和精神品质的体现。在参与治水的过程中，企业将对不破坏水环境的行业规范的遵守视为治水的底线伦理，这种遵从规范的行为在

---

① 对富阳东大纸业有限公司的调研访谈记录，见附录。

② 孙钥．富阳造纸业的转型升级之路［N］．杭州日报，2013-09-07（A3）．

③ 马丁，辛津格．工程伦理学［M］．李世新，译．北京：首都师范大学出版社，2010：339.

经过重复和反复后达到一种稳定的状态，进而潜移默化地转化为一种爱水护水的行为习惯和无私奉献、勇担责任的内在品质，这是一个他律的外在规范转化为自律的内在德性的过程。这种个体美德的塑造过程，本身源于规范伦理与德性伦理之间的天然联系，它们“是一种内化与外化、内圣与外礼的互制互约、相辅相成的关系”①。

行业规范是自律德性的外化，个体德性是他律规范的内化。没有明确的道德规范的指引和强制，就无从生成卓越的个体美德。行业规范，尤其是制度化的规范，为个体美德的养成提供了必要的外部条件。“任何充分的德性伦理都需要‘一种法则伦理’作为其副本。”② 德性并不是个体的先天素质，也不是个体生而具有的道德倾向和道德能力，而是一种麦金太尔所谓的“获得性品质”。反之，不从规范伦理上升到个体美德的水平，就不能实现道德真正的价值和功能。无论道德规则多么周全，如果人们不具备良好的道德品格或美德，也不可能对人的行为发生作用，更不用说成为人的道德行为规范了。③

德性会把作为外在义务的种种行为规范转化为主体内在的道德自觉和自律，并上升为一种善的品质。在这种善的德性品质下，企业在“五水共治”勇挑治水重任，甘于奉献，自觉地为更多地方的治水工作提供协助和支持。“省外浙商‘五水共治’爱心基金”“省外浙商‘五水共治’协调联络中心”“‘五水共治’生态公益金”等治水公益机构纷纷成立，各行各业的企业家充分发挥爱家善助的美德，为治水出资出力，无偿提供资金和技术支持。并且他们充分发挥自身的社会影响力，向全社会为治水募集资金善款。企业始终坚持“恪守行业规范、管好自己是本分，秉持个体美德、奉献社会是责任”的价值理念投身治水事业，各地各行各业的龙头企业走在企业治水的前列，他们以身作则，节约用水，主动治污，同时充分发挥其在本行业的号召力，动员同行的企业家共同加入治水的队伍中，为“五水共治”贡献更多的力量。他们积极对违规排污的企业进行监督规劝，对生产规模较小、技术较为落后的小企业给予帮扶引导、设备资助，促进了行业整体的护水节水和生态发展。

---

① 万俊人．“德性伦理”与“规范伦理”之间和之外［J］．神州学人，1995（12）：32-33.

② 麦金太尔．德性之后［M］．龚群，戴扬毅，等译．北京：中国社会科学出版社，1995：150.

③ 麦金太尔．谁之正义？何种合理性［M］．万俊人，吴海针，王今一，译．北京：当代中国出版社，1996：109.

二、个体善和社会善的统一

“五水共治”实现了个体善和社会善的统一。“五水共治”中企业遵守治水行业规范的过程就是践行“个体善”的过程。同时，企业以美德伦理为价值导向，将自身价值追求融入人类共同福祉的实现中，充分发挥企业的技术、资源和资金等优势，协助和帮扶其他社会群体共同参与治水，在治水实践中实现了个体善与社会善的统一。道德的最高目标就是追求个体完善与社会完善的统一，企业在治水中一方面以“个体善”为道德基础，遵守治水的行业规范，履行好企业应尽的治水责任；另一方面又以“社会善”为价值追求，将自身的治水责任与人类共同的福祉相关联，充分发扬企业美德，为全社会治水贡献更多的力量。

“五水共治”中企业以充分发扬“个体善”的力量和精神为治水的价值导向。企业在治水中以保护水环境、维护水生态的行业规范为原则，优化产业结构，积极谋求转型升级，承担起水环境治理的长效责任。不损害水环境的健康，不损害水生态的生命权益，始终是企业发展最基本的行业规范。企业在加强自身的环保建设、开展绿色生产的基础上，如何从更加长远的角度，从根源上杜绝污染源的产生，促进人水和谐的可持续性，这是企业面临的更大挑战，因此，企业从发展模式和生产方式上寻求根本变革。“实事求是、创新发展，通过企业自身能力的提升促进人与自然的和谐发展，为人类创造更大的福祉。”① 这本身就是行业规范的重要旨趣。企业通过谋求转型升级就可以从根源上彻底摆脱高污染、高耗能、高排放的粗放生产和落后发展模式，从根本上切断污染源，促进水环境改善的长效性和可持续性。

各行业恪守维护水环境生态权益的行业规范，在治水过程中经历了“腾笼换鸟”的转型发展历程。淘汰高耗能、高污染、低效益的低端产业来“腾空笼子”，进而“换新鸟”，大力扶持高新技术产业、战略性新兴产业和节能环保的绿色产业。众多行业在“五水共治”中大力推进“机器换人”，加快自身的设备更新和技术改造，促进企业发展从劳动密集型向技术密集型转变。“五水共治”中为了消除企业发展过度消耗资源的弊端，各行各业开展“空间换地”的转型策略，节约集约利用土地资源，促进单位土地、环境容量、能源等资源要素的产出率的不断提升，促进企业转向资源集约型、环境友好型的发展模式。

---

① 马丁，辛津格．工程伦理学［M］．李世新，译．北京：首都师范大学出版社，2010：347.

转型升级是企业在“五水共治”中恪尽职守，践行治水行业规范，履行爱水、护水、治水长效责任的创新实践。企业转型升级的过程是坚持科学发展、负责任创新、与自然和谐相处的规范伦理的重要体现。清洁生产是企业在治水过程中的重要行业规范，也是企业向节水型清洁生产转型的方向。各行业严格按照工业节水的地方标准进行用水定额对标，年取水量10万立方米以上的重点企业自觉开展水平衡测试①，年取水量30万立方米以上的重点耗水行业严格执行清洁生产审核制度，使企业向节水、绿色、低耗的方向转型发展，争当节水型示范企业。企业还制定了提标治水的行业规范，严格遵守“可持续发展”的原则②，避免企业生产过程及产品“对公共善（如清洁的水和空气）产生非预期的‘外部性’伤害”③。

企业在“五水共治”中严格执行提标治水。各行各业不断完善污水处理设施，提高酸洗废水排放、工业企业废水氮磷污染物间接排放限值，造纸工业（废纸类）水污染物排放标准等多项强制性污染物排放的标准。造纸、印染、羽绒、电镀、制革、制药等11个行业执行国家排放标准水污染物特别排放限值，这也是目前最严格的国际排污标准。清洁生产、提标治水是企业严格自身管理，时刻恪守“考虑对环境的影响”④ 的基本原则，在企业生产的各环节注重保护水环境，并在治水中始终坚持“及时披露可能危害公众或环境的因素”的职业操守和行业道德的重要体现。⑤ 在马克斯·韦伯看来，对行业道德的遵守是对责任伦理的践行，“诚恳真实地意识到自己肩负的责任，在实践中负责任地行事，并对自己的行为后果自觉承担应尽的职责，这样的表现是至善的”⑥。因此，“五水共治”中企业治水遵守行业规范和行业道德也是追求至善至美，对生态、对社会、对公众负责任的表现。

企业开启了“以水养水”的生态治水创新模式，将可持续发展作为企业生

---

① 水平衡测试：水平衡测试能够全面了解用水单位管网状况、各部位（单元）用水现状，画出水平衡图，依据测定的水量数据，找出水量平衡关系和合理用水程度，采取相应的措施，挖掘用水潜力，达到加强用水管理、提高合理用水水平的目的。

② 马丁，辛津格．工程伦理学［M］．李世新，译．北京：首都师范大学出版社，2010：345.

③ 马丁，辛津格．工程伦理学［M］．李世新，译．北京：首都师范大学出版社，2010：265.

④ 马丁，辛津格．工程伦理学［M］．李世新，译．北京：首都师范大学出版社，2010：350.

⑤ 马丁，辛津格．工程伦理学［M］．李世新，译．北京：首都师范大学出版社，2010：343.

⑥ 韦伯．学术与政治［M］．冯克利，译．北京：生活·读书·新知三联书店，1998：271.

存发展的行业规范。“以水养水”的生态治水创新模式将爱水治水的“个体善”融入可持续发展的“社会善”之中，促进人水和谐、协同发展。企业在治水过程中遵循可持续发展的原则，促进发展与可持续和谐统一。企业治水并不是片面追求水环境的改善，而是侧重将当下水污染治理、经济高质量发展与未来水资源永续利用、人水长久和谐、经济可持续发展的协调、统一。发展和可持续二者是相辅相成的，没有发展，也就谈不上可持续；没有可持续，就毫无发展可言。① 企业治水一方面立足于保持水资源的持续利用和水生态的可持续发展，不损害后代人对水资源的基本需求，坚持经济活动的生态合理性，以保护水资源和对水环境发展有利为伦理前提，又要满足企业自身、经济、社会的全面发展。

“以水养水”兼顾了高质量发展和环境保护的双重行业规范，突破了传统“为治水而治水”的守旧模式。首先，以公司化、市场化的模式对现有的水环境、水生态资源进行合理的开发利用，对治水项目进行包工、承建和运营，确保企业在合理利用水资源的过程中可以获得经济效益。其次，企业用获得的经济收益反哺治水。衢州市弄坞村水资源开发企业与政府签订协议确定了每年将企业收益的20%划拨给村里，这些资金专门用于弄坞村的水环境治理，由此实现了“以水养水”的良性治水循环。企业“以水养水”的治水模式是对可持续发展的行业规范的实践，促进了经济效益、生态效益和社会效益的统一。同时，“以水养水”亦符合生态理性的行业规范，是企业借助自身优势和专业智慧以及强烈的道德责任感，制定的将生态安全置于首位并兼顾综合效益的治水策略，在“以水养水”的过程中企业成就了“理性的生态人”的价值目标。

企业以“社会善”为价值导向，充分发挥自身优势，为全民治水贡献力量。“五水共治”期间多地掀起了企业和农村“结对治水”的公益活动。浙江省工商联印发《“千企联千村合力治污水”专项行动实施方案》，企业通过“一企一村”“一企多村”或“多企一村”的形式，与低收入农户集中村，经济发展落后、地处偏僻的农村签订结对协议，对乡村治水进行点对点结对帮扶。企业发挥资金、人力、物力的优势，捐资捐款用于当地农村的污水管网改造、清淤疏浚、小微水体治理等各项治水项目。企业还将先进水质检测仪器无偿捐给结对帮扶的农村，用于农村河流污染的检测和治理。为了净化河流水质、保护生物多样性，众多企业纷纷加入放生鱼虾，投放鱼苗的行列中，无偿捐赠白鲢、花鲢、鲫鱼等治水鱼苗用于净化河流水质。企业的治水行为充分彰显了诚信、尽

---

① 李正风，丛杭青，王前，等．工程伦理［M］．北京：清华大学出版社，2016：165.

责、感恩、奉献的美德，这些美德为企业在治水中建构了理想的存在状态，即在治水中实现“个体善”与“社会善”的融合，这也是美德伦理的激励性所在，“美德是作为目的由它自身产生的，且自身要孜孜不倦努力实现的东西”①。美德伦理给予个体思考自身价值的空间，引导个体存在者在具体的治水实践情境中不断进行自我反思和自我提升，思考人与水环境和谐相处的“好的生活”对于个体的价值和意义，为了获得“好的生活”应该做什么和应该如何做。在“五水共治”中，在美德伦理的价值引导下，企业不仅恪守治水的行业规范，更意识到自身在治水中对自然、社会、他人应该承担的更大的道德责任，进而建构起行业在治水中存在的行为标准和道德标杆，由此在治水中竭尽企业所能，为社会治水做出更大的贡献。

企业始终坚持将遵守行业规范的“个体善”与维护人类共同生存家园的“社会善”相融合。在“五水共治”中，企业将既定的治水规范内化为企业的德性和企业精神，自愿承担治水管河的长效责任。“社会善”是一种公共的善、集体的善，“五水共治”作为一项社会工程、公共工程、公益工程和民生工程，它关乎全社会的健康福祉，因此治水责任是一种公共责任、集体责任和社会责任。众多企业自愿无偿地对企业周边的河道进行“包干”和“认领”，企业家主动担任“企业河长”。他们坚持“我的污染我来治、附近河道我来管”的治河理念，带头自律，主动落实治水任务和护水责任，全面负责所管河道的清淤整治、排污口的巡查和河岸植被的养护。企业河长凭借多年的工作经验，充分发挥专业优势和“内行人”的作用，他们对于河流致污的原因和源头可以做出精准判断，对于污水的处理可以“对症下药”，主动协助治水部门及时排除和解决污染隐患，在行业中起到了示范引领的作用。

“社会善”成为企业治水的重要价值目标，并融入企业的治水行为和实践中。在瓯海，一名企业家主动认养了本企业周边的一条150余米长的河道，并在岸边建成了一个绿树成荫的滨河小公园，不仅美化了市容市貌，而且环境优美的小公园成为周围市民休闲锻炼的好场所，服务社会、为民造福。多地民营企业自愿组成环保志愿者服务队和“护水义工队”，他们专门负责这些水域的水质采样、河道清淤、河岸清洁等河流整治工作，配合环保部门做好水质检测、排污监管和生态恢复等工作。包干认养河道的很多企业自主研发治水设备，并派通晓水利的专门治水人员担任河长，专门负责河流水草换补、设备维护、水质监管等河流的管养维护工作，减轻了政府的财政负担，更惠泽于全人类的生

---

① 刘科．从“愚人”问题看规范与美德［J］．道德与文明，2012（2）：39-43.

态福祉。治水中有些企业充分利用自身良好的技术条件、丰富的管理经验，实施了“治水人才培养公益计划”，为政府和社会培养了多批致力于环保技术研发、治水工艺设计、项目管理、工程维护等方面的本土人才，为促进“五水共治”高效率、高质量地推进保驾护航。

“个体善”和“社会善”相统一在治水中发挥着重要的价值。治水的个体美德是道德的自律特征和激励功能的重要体现，企业在治水中不断通过自我的道德自觉和价值认同，将既定的道德原则、道德规范个体化、内在化、主体化为企业的精神力量，融进企业潜在的道德意识和价值体系之中，逐步凝结为企业的德性，进而激励企业为治水做出更大的贡献。这充分体现了在“五水共治”中企业的个体美德对行业规范的价值超越，个体美德作为企业的能动品质在治水实践中逐步超越既有的规范、制度的局限，使得企业能够自主地选择或做出正确的行为。即使在没有外在的行业规范、制度约束的情况下，基本的德性也可能引导企业自主地寻求和实现应有的道德价值，这就是个体美德所具备的超越性的特征，也正是这种超越性激励企业不断践行“个体善”和“社会善”的一致和统一，在治水中既能严格自律，做好企业自治，承担好治水行业规范赋予企业的义务和责任，又能在治水中担当好“共治”的角色，为社会治水贡献企业更大的价值和力量。

结　语

浙江的“五水共治”是对水环境治理的中国话语的建构，这是本书研究的核心价值。“五水共治”是治水的中国实践，打造了中国治水的“浙江样本”。“五水共治”秉持“中国问题、中国实践、中国方案、中国智慧”的价值理念，立足于我国治水的现实难题和工程困境，制定并实施了符合我国实情和现状的治水方案和治水策略，开启了“浙江治水”的创新实践，为全国水环境治理提供了生动、鲜活、典型的“浙江样本”。浙江作为经济社会发展走在全国前列的省份，“五水共治”发挥了浙江治水先行谋划、先行探索、先行实践的示范作用，是对“干在实处、走在前列、勇立潮头”的浙江精神的弘扬。

一、治水体制——党委领导、政府主导、社会参与

“五水共治”形成了“党委领导、政府主导、社会参与”的中国治水新体制，实现了党的领导力、政府的主导力和社会参与力的统一。党是“五水共治”的领导核心，党始终是我国社会治理现代化的领导者和决策者，坚持党的领导是水环境治理的方向和旗帜。党在“五水共治”中充分发挥了政治领导力、思想引领力、社会号召力和群众组织力的作用。治水在党的领导下，充分团结和调动了政府、企业、社会组织、公众等最广泛的社会力量，整合和协调了社会各方资源，将分散的治水力量凝结成合力，实现了思想上的统一、组织上的团结、行动上的一致，进而发挥“集中力量办大事”的中国制度优势。“五水共治”践行了党始终坚持全心全意为人民服务的宗旨，习近平指出，良好的生态环境是最公平的公共产品，是最普惠的民生福祉。[①]“五水共治”切实维护了人民的身心健康、生存环境和未来发展的切身利益和福祉。

政府是“五水共治”的主导者和协调者。政府部门负责“五水共治”的宏观协调、统筹规划和任务部署，制定治水策略方案和制度规则，并负责治水工

① 孙要良．深刻认识良好生态环境的重要性［N］．经济日报，2018-07-12（13）．

作的监督考核。政府始终秉持公民本位、社会本位的“服务型政府”的行政理念，成为社会多元治水主体的利益协调者和合作推动者，引导和促进社会组织、民间团体、社会民众等多元主体各司其职、高效协同、共同治水，同时妥善处理治水中的社会矛盾，积极化解社会风险，维护和保障社会安定和公共安全。

“五水共治”工程的社会参与是中国工程的创新实践，它突破了西方行动者网络的理论框架，预示了中国工程社会参与理论的雏形。① “五水共治”唤起了全社会的主体意识、责任意识、参与意识，调动了一切社会力量和积极因素，建立和完善了群众投工投劳机制、干群结合机制、村企挂钩机制等，充分发挥了工会、共青团、妇联等社团组织，学校、社区等基层单位和社会各界的志愿者参与治水，形成了治水人人都要参与、人人都能参与、人人都愿参与的局面。行动者网络理论通过给予人类行动者和非人类行动者以同等地位来建构行动者网络，这是一种人与物之间关系的协调。“五水共治”工程的社会参与突破了行动者网络理论的人与物关系的局限性。

“五水共治”将水环境治理由处理人与物的关系最终深入协调人与人的关系中。“五水共治”作为一项环境治理工程强调“问题在水里，根子在岸上”。黑河、臭河、垃圾河这些最直观的水污染问题，是由人与河流、资源、垃圾、废物之间关系的不当处理所引发，这也是“五水共治”工程治理的直接对象，但导致水环境污染的深层原因是人们不合理的生产方式和生活习惯。“五水共治”在清理垃圾、治理废水、防洪排涝的同时，倒逼企业转型升级，提高企业的社会责任意识，引导企业绿色生产、科学发展，维护社会的公平、公正，这也正是维系人与人之间经济关系和社会关系的基本原则之一。“五水共治”营造了人人都能参与的治水文化，最大限度地调动了群众的积极性，在全民参与治水中增进了人与人之间的互动和友谊，增强了人们爱水护水、节约用水的意识，逐步转变了人们的不良习惯，提高了公民的自身修养和个人素质，以此促进良好社会风尚的形成和人与人关系的改善。因此，“五水共治”将治水从处理人与物的关系逐步深入协调人与人的关系中来。这种突破得益于“五水共治”工程的社会参与不止步于行动者网络理论所建构起的人物平等的参与网络，还探索出了多元的行动者共同磋商、协调利益、相互配合的路径。广泛多样的参与者在治水中实现了信息互通、双向互动、民主协商、平等参与、积极有为。

① 顾萍，丛杭青，孙国金．“五水共治”工程的社会参与理论与实践探索［J］．自然辩证法研究，2019，35（1）：33-38.

二、治水形态——“政府—产业—企业—公众—社会组织”多元参与

“五水共治”突破了“政府—产业（或职业）—企业”三方主导的传统工程治理主体结构，建构起了“政府—产业—企业—公众—社会组织”多元治理的中国治水新形态，这是对中国工程治理模式和形态的创新实践。

新中国成立后所实施的大多工程是由“政府—产业—企业”所主导的，所以才有所谓的政府工程或政绩工程。改革开放后，工程介入社会生活的方方面面，传统的工程治理模式已不能适应经济和社会发展的新常态，它忽略了工程实践的重要组成要素，也是市场的中坚力量——社会公众，所以导致以往以市场为导向的“政府—产业—企业”发展模式的不可持续性。“五水共治”作为当代水环境治理工程的典范，它建构起“政府—产业—企业—公众—社会组织”多元参与的社会治理新形态，推动了我国工程社会治理模式的新转向。

三、治水模式——“法治、德治、政策治理”三结合

“五水共治”突破了以人治、权治为主的治理模式，形成了“法治、德治、政策治理”三结合的中国治水新模式。在治水中法律、政策与道德三重要素充分发挥了强制性和自律性相结合的能动作用，促进了“五水共治”在共同参与、共同治理中实现成果共享。

法治是工程社会治理的重要方式，法律是“五水共治”的“刚性约束”，发挥着强制性的保障作用。它通过对参与者在“五水共治”中的权利与义务进行规定，同时对不遵守法律规定的行为予以处罚，从而促进“五水共治”的合法化和有序化。浙江省颁布了全国首个河长制的地方性法规——《浙江省河长制规定》，同时，多部国家和地方性的水资源保护法的颁布和实施为“五水共治”的依法治水、依法管水、依法用水提供了法律保障。

道德不仅应该被看作对法律的扬弃，同时也应该被看作法律的最高形态。道德的力量可以对显性的法律构成有力的支持，道德有助于使人形成遵规守法的信念，可以有效巩固法律的保障地位和基础作用。道德强调自主、自律，在“五水共治”中，它内在地指向人们在治水中奉献社会、积极有为的性情品格，同时也外在地表现为人们对治水制度规范的自觉遵守，对治水文化的传承和发扬。

政策治理是介于法治和德治中间的一个治理维度，它可以对法律的强制性和道德的规范性做合理调试和必要补充。“五水共治”中的政策是多元治水主体

所共同遵守的行为准则和行事规程，也是为工程社会参与主体所适用的一系列规范体系，它对于治水秩序的维护起到了重要的基础作用。“五水共治”中形成了一套以“河长制”为核心，包括滩长制、湾长制、湖长制、塘长制、渠长制，以及村规民约在内的较为完善的政策体系，它们已成为“五水共治”政策治理的重要工具。

四、治水战略——水从生存条件转变为发展机遇

“五水共治”将水从生存条件转变为发展机遇，打造了中国水环境治理的创新战略。浙江的年均 GDP 增长率从改革开放以来的 13%曾一度回落到 10%，浙江凭借民营企业先发优势建立起来的以传统产业为主的经济结构已难以适应当下经济发展的新常态，尤其环境容量日趋饱和，资源要素制约日益凸显，浙江的发展空间严重受限。水环境污染“表现在水里、问题在岸上、根子在产业”，水环境问题从根本上说就是产业结构调整的问题。因此，加快优化产业结构，切实转变经济发展方式，推进经济转型升级是浙江高质量发展的必然要求。“五水共治”就是浙江调整产业结构的突破口，是浙江经济社会转型升级的“牛鼻子”，是推进浙江绿色发展、循环发展、低碳发展的重要抓手，也是建设“美丽中国”在浙江的具体实践。“五水共治”将水从生存条件转变为发展机遇的治水创新战略，对于全国其他地区的水环境治理具有重要的指导意义和参考价值，同时对于我国开展大气治理、土壤治理等其他生态治理也具有启发作用和借鉴意义。

五、治水理念——治水为抓手，修复生态为目标，企业转型升级为方向

“五水共治”本质上是一项环境工程，但它突破了“为治水而治水”的单一目标的局限，而成为“以治理水环境质量为切入口，以修复生态环境为重要目标，以倒逼产业转型升级为根本方向”① 的社会工程、公益工程和民生工程，实现了政治效益、生态效益、经济效益、文化效益、社会效益的统一，树立了中国工程社会治理的典范。

第一，“五水共治”实现了显著的政治效益。通过“五水共治”加强了基层政权建设，提升了党执政的合法性，改善了政府形象，提升了政府的公信力。马克斯·韦伯最早诠释了执政合法性的问题：“合法性就是人们对享有权威者地

① 张伟斌．“五水共治”的实践与启示［N］．浙江日报，2016-07-12（15）．

位的承认和对其命令的服从。”① 公众在党政领导下参与治水，增强了人民对党和政府的信任度、认可度、支持度和满意度，密切了党群关系和干群关系，因此治水带来了显著的政治效益。

第二，治水实现了生态效益和经济效益的双赢。它将环境保护和经济发展协同推进，开启了“绿水青山与金山银山”统筹兼顾的新格局。改革开放以来浙江经济社会迅速发展，1999 年到 2003 年间，浙江的 GDP 年均增幅达到 11.7%，高出全国同期平均增幅 3.4 个百分点。正是在这个时候，浙江发展中的问题逐渐凸显，以量的扩张为主的粗放型经济增长方式造成的水污染问题尤其突出，生态环境问题已成为制约浙江经济高质量发展的瓶颈。“五水共治”充分发挥通过治水倒逼企业转型升级的积极作用，企业在治水中通过产业结构调整和优化，在资源消耗量下降的同时，产值、利润、产能和效益逐步上升，这样就从源头遏制了水污染，更推动了经济整体的高质量发展。“五水共治”让水变清了、岸变绿了、景变美了，由此浙江开启了绿色生态发展之路。生态农业、生态工业、生态旅游业等绿色产业蓬勃发展，各地合理高效地将生态优势转化为生态红利，优美的生态环境成了老百姓最大的“钱袋子”，“越来越多的群众吃上‘生态饭’‘文化饭’，走上致富路、幸福路”②。“五水共治”实现了治水对浙江经济的拉动仅次于房地产的经济效益，并且生态红利的收益最终又用在环境治理和生态修复之中，由此开启了“以水养水”的良性循环。

第三，“五水共治”带来了显著的文化效益和社会效益。习近平指出要“积极培育生态文化、生态道德，使生态文明成为社会主流价值观，成为社会主义核心价值观的重要内容”③。通过治水唤醒了浙江水乡“文脉”的文化底蕴和文化气息，弘扬了中国传统的“天人合一”思想，延续了大禹治水的精神，升华了中国古代治水的智慧。治水将水文化、水生态、水文明带进了课堂、工厂、社区、街道、乡村，将爱护水、珍惜水、节约水、保护水的生态理念融入人们生产生活的点滴之中，改变了人们的生活方式和行为习惯，净化了社会风气，增强了社会凝聚力，树立了现代文明新风尚。由此，“五水共治”治出了制度自信、文化自信、发展自强的精气神，增强了浙江的文化软实力，促进了社会的和谐稳定发展。

---

① 韦伯．经济与社会：上卷［M］．温克尔曼，整理．林荣远，译．北京：商务印书馆，1997：222.

② 夏宝龙．以治水为突破口推进转型升级［N］．光明日报，2013-09-03（15）．

③ 中共中央文献研究室．十八大以来重要文献选编：中［M］．北京：中央文献出版社，2016：500.

六、治水目标——践行水环境治理的“人类命运共同体”理念

当今世界，随着经济全球化、区域经济一体化、政治互动的深入发展，国与国之间联系日趋密切，人类社会日益成为一个相互依存的共同体已经成为全球共识。习近平总书记在对国际形势发展趋势与未来走向的客观分析基础上，以人类共同利益为基本立场，在纪念联合国成立 70 周年讲坛上，发表了题为《携手构建合作共赢新伙伴 同心打造人类命运共同体》的重要讲话，旗帜鲜明地提出了“构建以合作共赢为核心的新型国际关系，打造人类命运共同体”①的战略目标。人类只有一个地球，各国共处一个世界，“人类命运共同体”旨在追求本国利益时兼顾他国合理关切，在谋求本国发展中促进各国共同发展。② 其中共同利益观、可持续发展观和全球治理观是人类命运共同体的重要价值观，“构筑尊崇自然、绿色发展的生态体系”是构建人类命运共同体的重要战略之一。

在“人类命运共同体”的现实背景之下，以污水治理为核心的水环境治理已成为世界各国共同致力于解决的世界性难题。目前，全世界每年排放污水约为4260 亿吨，造成55000 亿立方米的水体受到污染，占全球径流量的14%以上。另据联合国调查统计，全球河流的稳定流量的 40%左右已被污染。③ 治理水污染、修复水生态、保护水资源关乎人与水的可持续发展，关乎全人类的健康福祉，关乎全世界的和平、稳定与未来发展。因此如何应对水环境危机已成为全球各国的共同责任和义务，任何国家都不应该也不可能独善其身。

“五水共治”全面致力于水环境治理、水生态修复、水资源保护，符合当下全球的生态需要、发展需要和人类需要。它不仅维护了中国人民的健康福祉，更造福于世界各国人民的共同福祉，它勾勒出全人类未来美好生态和美好生活的愿景，是对人类命运的终极关怀和价值追求。“五水共治”对于形成全球环境治理的合力起到了重要的推动作用，是对人类可持续发展的合理、公正、均衡的治理方案的有益探索，是对全球发展从经济理性向生态理性的价值观转向的中国实践。另外，在人类命运共同体的理念下，外部生态支撑的毁坏和内心道

---

① 中共中央文献研究室．十八以来重要文献选编：中［M］．北京：中央文献出版社，2016：695.

② 钱彤，熊争艳，刘劼，等．中共首提“人类命运共同体”倡导和平发展共同发展［EB/OL］．新华网，2011-11-10.

③ 中国城镇供水排水协会．联合国发布《2019 年世界水资源发展报告》［EB/OL］．中国城镇供水排水协会官网，2019-08-06.

德制约的滑坡是当代人类生态发展面临的最大挑战，“五水共治”基于水资源和水环境的工程治理之上的伦理治理是对这个挑战的时代回应。

“五水共治”作为我国水环境治理的典范工程，它为应对全球水生态危机提供了中国方案，为参与全球生态治理贡献了中国智慧，也为构筑全球生态文明体系贡献了中国力量。习近平指出，“我们积极推动建设开放型世界经济、构建人类命运共同体，促进全球治理体系变革，旗帜鲜明反对霸权主义和强权政治，为世界和平与发展不断贡献中国智慧、中国方案、中国力量”①。并且“中国是现行国际体系的参与者、建设者、贡献者”。② 也就是中国不仅要参与全球治理，更是全球治理的中国方案和中国智慧的贡献者。我国是水资源总量排名世界第四的大国，我国水环境治理对于全球水环境治理会起到举足轻重的作用。同时，我国作为世界第二大经济体，“五水共治”是我国勇担全球水环境治理大国责任、彰显大国胸怀和大国担当的重要体现。“五水共治”作为我国水环境治理的成功典范，2016 年，在泰国曼谷举行的泛亚和太平洋地区农村供水可持续发展研讨会上，世界银行特邀浙江省专题介绍农村治水经验，浙江省的“五水共治”成为全球破解治水难题的项目样板。因此，“五水共治”为世界各国的治水工作提供了宝贵的实践经验，特别是为发展中国家提供了一套现实可行、切实有效、体现中国智慧的“中国方案”。

七、“五水共治”未来之设想

2020 年是“五水共治”三步走战略③最后一步行动的收官之年。2020 年之后，“五水共治”将怎样继续推进？基于对“五水共治”的调研和考察以及对“五水共治”创新实践和治理理念的回顾和总结，笔者提出以下几点建议。

第一，“五水共治”应融入“亲水”的理念。“亲水”是日本水环境长效治理的成功经验。“亲水”强调人靠近水、感受水，拉近人与水之间的距离。治水的过程不能单纯本着“人尽可能少地干预河流”的原则，让人远离河流，拉开与河流的距离，进而维持河流的清澈，这有悖于人水共生的关系本质。人—社会—自然是一个复合生态系统，自然生态与社会生态密切相关，“亲水”的理念

① 习近平．在庆祝改革开放 40 周年大会上的讲话［EB/OL］．新华网，2018-12-18.

② 习近平．习近平在华盛顿州当地政府和美国友好团体联合欢迎宴会上的演讲稿［EB/OL］．人民网，2015-09-23.

③ “五水共治”三步走战略：三年（2014—2016）要解决突出问题，明显见效；五年（2014—2018）要基本解决问题，全面改观；七年（2014—2020）要基本不出问题，实现质变。

正是顺应了这种规律。因此，“五水共治”过程中可以依据河流的自然走向，增建更多的开放式滨水广场和亲水设施。这些亲水空间具有公共性、社会性和开放性，同时也具有多样性、亲民性和趣味性。它们一方面可以为公众的休憩、交流和教育提供美好的自然场所，为全民参与水环境治理提供平台；另一方面人们可以通过亲水空间，随时关注河流的水质变化和水生态的修复现状，并身临其境地感受到河流生命的澎湃以及栖息于水中的各类生物群落的生命活力。由此，人们的心灵、情感和意识都会得到洗礼和重塑。同时，亲水空间会大大增进人对水的情感，提升人对水的爱惜之情和保护意识，这些都有益于“五水共治”长效治理的实现。

第二，将“人水和谐”作为“五水共治”的价值目标。“五水共治”“以治水为突破口，倒逼企业转型升级，促进经济高质量发展”。从它的治水思想可以看出“五水共治”的最终落脚点更侧重于经济发展。水环境治理的最终目标和价值指向是促进人与水的可持续发展，实现人与水的长久和谐。习近平的“人与自然是生命共同体”的发展理念揭示出人与水之间的“共生”关系，他强调：“人因自然而生，人与自然是一种共生关系，对自然的伤害最终会伤及人类自身。”① 因此，人水和谐应该是作为水环境治理工程的“五水共治”所追求的根本价值目标。

第三，运用系统治理的理念开展“五水共治”。治水是“五水共治”第一要旨，而水在自然界不是孤立地存在的，水、土、山、田、林处于同一个自然系统之中，彼此紧密相关、相互影响。习近平指出：“山水林田湖是一个生命共同体，人的命脉在田，田的命脉在水，水的命脉在山，山的命脉在土，土的命脉在树。用途管制和生态修复必须遵循自然规律，如果种树的只管种树、治水的只管治水、护田的单纯护田，很容易顾此失彼，最终造成生态的系统性破坏。由一个部门负责领土范围内所有国土空间用途管制职责，对山水林田湖进行统一保护、统一修复是十分必要的。”② 因此，“五水共治”要运用系统治理的理念，将治水与治气、治土、治田、治林相结合，这应成为未来“五水共治”继续推进的方向。

第四，将农业面源污染治理作为“五水共治”的一项重要工作。“五水共治”提出“表现在水里、问题在岸上、根子在产业”。因此，“五水共治”侧重

---

① 中共中央文献编辑委员会．习近平著作选读：第1卷［M］．北京：人民出版社，2023：201.

② 新华社．习近平关于全面深化改革若干重大问题的决定的说明［EB/OL］．中国政府网，2013-11-15.

工业污水治理，尤其是对重污染行业治理，而农业面源污染是水污染的重要源头。农业面源污染是全球水污染的最大影响因素。化肥、农药和粪便是浙江省最主要的三大农业面源污染源，浙江省 11 个地级市中有 8 个农业面源污染源风险已处于中度及以上。2000—2013 年浙江省农业面源 COD、TN（总氮，Total Nitngen，简写为 TN）和 TP（总磷，Total Phosphourus，简称 TP）排放总量逐年增长，对水环境造成的污染程度也越来越大。其中，杭州市和嘉兴市的农业面源 COD 排放量年均都在 8 万吨以上。① 因此，农业面源污染治理应该成为未来“五水共治”继续推进工作重点，这也是“五水共治”实现长效治水的关键。

① 赵柳惠．浙江省农业面源污染时空特征及经济驱动因素分析［D］．杭州：浙江工商大学，2015：38-40.

参考文献

一、中文文献

（一）著作类

[1] 曹础基．庄子浅注［M］．北京：中华书局，2007.

[2] 常璩．华阳国志校注［M］．刘琳，校注．成都：巴蜀书社，1984.

[3] 陈福民，陈礼英，陈仲达．“五水共治”浙江治水集结号［M］．北京：中国水利水电出版社，2000.

[4] 陈鼓应．庄子今注今译［M］．北京：中华书局，1983.

[5] 陈海雄，张钰娴，王英华．“五水共治”科普丛书［M］．杭州：浙江工商大学出版社，2014.

[6] 陈怡．《庄子内篇》精读［M］．北京：高等教育出版社，2013.

[7] 丁煌．西方行政学理论概要［M］．北京：中国人民大学出版社，2011.

[8] 杜佑．通典［M］．王文锦，王永兴，刘俊文，等校．北京：中华书局，2016.

[9] 樊浩．中国伦理精神的现代建构［M］．南京：江苏人民出版社，1997.

[10] 方勇，陆永品．庄子诠评［M］．成都：巴蜀书社，2007.

[11] 冯友兰．中国哲学简史［M］．北京：新视界出版社，2004.

[12] 甘绍平．伦理智慧［M］．北京：中国发展出版社，2000.

[13] 高亮华．人文主义视野中的技术［M］．北京：中国社会科学出版社，1996.

[14] 高兆明．存在与自由：伦理学引论［M］．南京：南京师范大学出版社，2004.

[15] 郭庆藩．庄子集释［M］．北京：中华书局，1961.

[16] 郭象，成玄英．南华真经注疏［M］．曹础基，黄兰发，点校．北京：中华书局，2016.

[17] 国家质量技术监督局，中华人民共和国建设部．中华人民共和国国家标准：水文基本术语和符号标准（GB/T50095-98）[M]．北京：中国计划出版社，1999.

[18] 胡保卫，程隽．“五水共治”多中心治理模式研究 [M]．北京：中国环境出版集团，2020.

[19] 胡洪营，张旭，黄霞，等．环境工程原理 [M]．北京：高等教育出版社，2005.

[20]《环境科学大辞典》编委会．环境科学大辞典 [M]．北京：中国环境科学出版社，2008.

[21] 黄寿祺，张善文．周易译注 [M]．刘琳，校注．北京：中华书局，2018.

[22] 雷毅．河流的价值与伦理 [M]．郑州：黄河水利出版社，2007.

[23] 李正风，丛杭青，王前，等．工程伦理 [M]．北京：清华大学出版社，2016.

[24] 娄国忠．五水共治 365 问 [M]．武汉：湖北科学技术出版社，2014.

[25] 陆玖．吕氏春秋 [M]．北京：中华书局，2011.

[26] 罗国杰，马博宣，余进．伦理学教程 [M]．北京：中国人民大学出版社，1997.

[27] 莫伟民，姜宇辉，王礼平．二十世纪法国哲学 [M]．北京：人民出版社，2008.

[28] 南怀瑾．孟子与尽心篇 [M]．北京：东方出版社，2014.

[29] 牛文元．中国科学发展报告 2012 [M]．北京：科学出版社，2012.

[30] 潘家华，沈满洪．中国梦与浙江实践：生态卷 [M]．北京：社会科学文献出版社，2015.

[31] 任平．当代视野中的马克思 [M]．南京：江苏人民出版社，2003.

[32] 沈满洪，李植斌，张迅，等．2014/2015 浙江生态经济发展报告：“五水共治”的回顾与展望 [M]．北京：中国财政经济出版社，2015.

[33] 石中英．教育哲学导论 [M]．北京：北京师范大学出版社，2002.

[34] 四川省地方志编纂委员会．都江堰志 [M]．成都：四川辞书出版社，1993.

[35] 谭徐明．都江堰史 [M]．北京：中国水利电力出版社，2009.

[36] 王弼．老子道德经注 [M]．楼宇烈，校释．北京：中华书局，2011.

[37] 王弼．老子道德经注校释 [M]．楼宇烈，校释．北京：中华书局，

2011.

［38］王夫之．庄子解［M］．长沙：岳麓书社，1993.

［39］王先谦．庄子集解［M］．北京：中华书局，1987.

［40］王玉明．公共管理：理论与实践［M］．广州：广东人民出版社，2008.

［41］吴增基．理性精神的呼唤［M］．上海：上海人民出版社，2001.

［42］习近平．之江新语［M］．杭州：浙江人民出版社，2007.

［43］谢立凡．《庄子》通读［M］．上海：上海交通大学出版社，2018.

［44］徐向东．美德伦理与道德要求［M］．南京：江苏人民出版社，2007.

［45］徐向东．实践理性［M］．杭州：浙江大学出版社，2011.

［46］徐志侠，王浩，董增川，等．河道与湖泊生态需水理论与实践［M］．北京：中国水利水电出版社，2005.

［47］杨伯峻．孟子译注［M］．北京：中华书局，2010.

［48］杨国荣．理性与价值［M］．上海：上海三联书店，1998.

［49］杨国荣．伦理与存在：道德哲学研究［M］．上海：华东师范大学出版社，2009.

［50］杨柳桥．庄子译诂［M］．上海：上海古籍出版社，1991.

［51］叶平．河流生命论［M］．郑州：黄河水利出版社，2007.

［52］余谋昌．自然价值论［M］．西安：陕西人民教育出版社，2003.

［53］俞可平．论国家治理现代化［M］．北京：社会科学文献出版社，2015.

［54］俞可平．治理与善治［M］．北京：社会科学文献出版社，2000.

［55］袁珂．山海经校注［M］．北京：北京联合出版公司，2014.

［56］张岱年．中国哲学大纲［M］．北京：中华书局，2017.

［57］张康之．论伦理精神［M］．南京：江苏人民出版社，2016.

［58］张松辉．庄子译注与解析［M］．北京：中华书局，2011.

［59］张永祥，肖霞．墨子译注［M］．上海：上海古籍出版社，2016.

［60］浙江省“五水共治”实践经验研究课题组．“五水共治”新发展理念的浙江实践［M］．杭州：浙江人民出版社，2017.

［61］中共浙江省委宣传部，浙江省“五水共治”领导小组办公室．五水共治画卷［M］．杭州：浙江摄影出版社，2017.

［62］《中共中央关于全面深化改革若干重大问题的决定》辅导读本［M］．北京：人民出版社，2013.

[63] 中共中央马克思恩格斯列宁斯大林著作编译局．马克思恩格斯选集：第1卷 [M]．北京：人民出版社，1995.

[64] 中共中央文献编辑委员会．习近平著作选读：第1卷 [M]．北京：人民出版社，2023.

[65] 中共中央文献研究室．十八大以来重要文献选编：中 [M]．北京：中央文献出版社，2016.

（二）译著类

[1] 弗里曼．战略管理：利益相关者方法 [M]．王彦华，梁豪，译．上海：上海译文出版社，2006.

[2] 麦金太尔．德性之后 [M]．龚群，戴杨毅，等译．北京：中国社会科学出版社，1995.

[3] 麦金太尔．追寻美德：伦理理论研究 [M]．宋继杰，译．南京：译林出版社，2003.

[4] 麦金泰尔．谁之正义？何种合理性 [M]．万俊人，吴海针，王今一，译．北京：当代中国出版社，1996.

[5] 列维纳斯．从存在到存在者 [M]．吴蕙仪，译．王恒，校．南京：江苏教育出版社，2006.

[6] 希尔斯．市民社会的美德 [M] //王炎．公共论丛：5. 北京：生活·读书·新知三联书店，1998.

[7] 利奥波德．沙乡年鉴 [M]．侯文惠，译．长春：吉林人民出版社，1997.

[8] 哈里斯，普里查德，雷克斯．工程伦理：概念与案例：第3版 [M]．丛杭青，沈琪，等译．北京：北京理工大学出版社，2006.

[9] 诺斯．制度、制度变迁与经济绩效 [M]．刘守英，译．上海：上海三联书店，1994.

[10] 古莱．发展伦理学 [M]．高铦，温平，李继红，译．北京：社会科学文献出版社，2003.

[11] 莱曼，罗特．韦伯的新教伦理：由来、根据和背景 [M]．阎克文，译．沈阳：辽宁教育出版社，2001.

[12] 施皮格伯格．现象学运动 [M]．王炳文，张金言，译．北京：商务印书馆，1995.

[13] 黑格尔．法哲学原理 [M]．范扬，张企泰，译．北京：商务印书馆，1996.

[14] 亨利·西季威克. 伦理学方法 [M]. 廖申白，译. 北京：中国社会科学出版社，1993.

[15] 罗尔斯顿. 环境伦理学 [M]. 杨通进，译. 北京：中国社会科学出版社，2000.

[16] 米切姆. 技术哲学概论 [M]. 殷登祥，曹南燕，等译. 天津：天津科学技术出版社，1999.

[17] 卢梭. 社会契约论 [M]. 李平沤，译. 北京：商务印书馆，2017.

[18] 纳什. 大自然的权利：美国环境伦理学史 [M]. 杨通进，译. 青岛：青岛出版社，1999.

[19] 海德格尔. 存在与时间 [M]. 陈嘉映，王庆节，译. 北京：生活·读书·新知三联书店，2006.

[20] 海德格尔. 海德格尔选集：下卷 [M]. 上海：上海三联书店，1996.

[21] 韦伯. 经济与社会：上卷 [M]. 温克尔曼，整理. 林荣远，译. 北京：商务印书馆，1997.

[22] 韦伯. 新教伦理与资本主义精神 [M]. 彭强，黄晓京，译. 西安：陕西师范大学出版社，2002.

[23] 韦伯. 学术与政治 [M]. 冯克利，译. 北京：生活·读书·新知三联书店，1998.

[24] 马丁，辛津格. 工程伦理学 [M]. 李世新，译. 北京：首都师范大学出版社，2010.

[25] 孟德斯鸠. 论法的精神：上 [M]. 张雁深，译. 北京：商务印书馆，1961.

[26] 石里克. 伦理学问题 [M]. 孙美堂，译. 北京：华夏出版社，2001.

[27] 拉兹洛. 系统哲学引论 [M]. 钱兆华，等译. 北京：商务印书馆，1998.

[28] 斯宾诺莎. 伦理学 [M]. 贺麟，译. 北京：商务印书馆，1983.

[29] 亚里士多德. 尼各马科伦理学 [M]. 苗力田，译. 北京：中国人民大学出版社，2003.

[30] 康德. 道德形而上学原理 [M]. 苗田力，译. 上海：上海人民出版社，2005.

[31] 康德. 实践理性批判 [M]. 韩水法，译. 北京：商务印书馆，1999.

[32] 哈贝马斯. 包容他者 [M]. 曹卫东，译. 上海：上海人民出版社，2002.

［33］哈贝马斯．交往行为理论［M］．曹卫东，译．上海：上海人民出版社，2004.

［34］霍兰．隐秩序：适应性造就复杂性［M］．周晓牧，韩晖，译．上海：上海科技教育出版社，2000.

［35］罗尔斯．正义论［M］．何怀宏，何包钢，廖申白，译．北京：中国社会科学出版社，1988.

［36］罗西瑙．没有政府的治理：世界政治中的秩序与变革［M］．张胜军，刘小林，译．南昌：江西人民出版社，2001.

（三）期刊类

［1］卡尔宾斯卡娅．人与自然的共同进化问题［J］．亦舟，译．国外社会科学，1989（4）.

［2］邦格．技术的哲学输入与哲学输出［J］．张立中，译．自然科学哲学问题丛刊，1984（1）.

［3］曹刚．责任伦理：一种新的道德思维［J］．中国人民大学学报，2013，27（2）.

［4］陈海丹．伦理争论与科技治理：以英国胚胎和干细胞研究为例［J］．自然辩证法通讯，2019，41（12）.

［5］陈玥，李一平，高小孟，等．山丘区水环境容量计算及限制排污总量分析：以临海市“五水共治”规划为例［J］．水资源保护，2016，32（2）.

［6］陈志刚．马克思的工具理性批判思想：兼与韦伯思想的比较［J］．科学技术与辩证法，2001（6）.

［7］池忠军，赵红灿．善治的德性诉求［J］．道德与文明，2007（2）.

［8］楚行军．西方水伦理研究的新进展《水伦理：用价值的方法解决水危机》述评［J］．国外社会科学，2015（2）.

［9］丛杭青．工程伦理学的现状和展望［J］．华中科技大学学报（社会科学版），2006（4）.

［10］丛杭青，顾萍，沈琪，等．工程项目应对与化解社会稳定风险的策略研究：以“临平净水厂”项目为例［J］．科学学研究，2019，37（3）.

［11］丛杭青，顾萍，沈琪．杭州“五水共治”负责任创新实践研究［J］．东北大学学报（社会科学版），2018，20（2）.

［12］顾敏杰．加强“五水共治”法制建设，共建绿色生态家园［J］．法制与社会，2014（30）.

［13］顾萍，丛杭青．工程社会稳定风险的协同治理研究：以九峰垃圾焚烧

发电项目为例 [J]. 自然辩证法通讯, 2020, 42 (1).

[14] 顾萍, 丛杭青, 孙国金. “五水共治”工程的社会参与理论与实践探索 [J]. 自然辩证法研究, 2019, 35 (1).

[15] 何菁, 董群. 场景叙事: 工程伦理研究的新视角 [J]. 哲学动态, 2012 (12).

[16] 何月峰, 李文洁, 陈佳, 等. 浙江省“五水共治”决策前后水环境安全评估预警 [J]. 浙江大学学报 (理学版), 2018, 45 (2).

[17] 解爱华, 刘勇, 王蓓. “五水共治”背景下的景观设计理念探讨 [J]. 浙江万里学院学报, 2018, 31 (2).

[18] 雷瑞鹏, 邱仁宗. 新兴技术中的伦理和监管问题 [J]. 山东科技大学学报 (社会科学版), 2019, 21 (4).

[19] 李伯聪. 关于工程伦理学的对象和范围的几个问题: 三谈关于工程伦理学的若干问题 [J]. 伦理学研究, 2006 (6).

[20] 李世新. 工程伦理学研究的两个进路 [J]. 伦理学研究, 2006 (6).

[21] 李映红, 黄明理. 论河流的主体性及其内在价值: 兼论互主体的河流伦理理念 [J]. 道德与文明, 2012 (1).

[22] 刘科. 从“愚人”问题看规范与美德 [J]. 道德与文明, 2012 (2).

[23] 刘永谋. 技术治理的逻辑 [J]. 中国人民大学学报, 2016, 30 (6).

[24] 刘永谋. 技术治理、反治理与再治理: 以智能治理为例 [J]. 云南社会科学, 2019 (2).

[25] 柳拯, 刘东升. 社会参与中国社会建设的基础力量 [J]. 广东工业大学学报 (社会科学版), 2013, 13 (2).

[26] 卢风. 挑战与前景: 当代伦理学之走向 [J]. 学术月刊, 2009, 41 (8).

[27] 栾群. 人工智能治理的合伦理化举措要点与反思 [J]. 科技与金融, 2019 (10).

[28] 秦红岭. 文化新视角: 环境伦理与建筑工程 [J]. 建筑, 2008 (9).

[29] 邱仁宗, 黄雯, 翟晓梅. 大数据技术的伦理问题 [J]. 科学与社会, 2014, 4 (1).

[30] 邱仁宗, 翟晓梅, 雷瑞鹏. 可遗传基因组编辑引起的伦理和治理挑战 [J]. 医学与哲学, 2019, 40 (2).

[31] 沈满洪. 浙江: 发挥生态优势 推进绿色发展 [J]. 公关世界, 2018 (11).

[32] 宋正海. 地理环境决定论是人类优秀文化遗产 [J]. 湛江海洋大学学报, 2006 (5).

[33] 田海平. 伦理治理何以可能: 治理什么与如何治理 [J]. 哲学动态, 2017 (12).

[34] 田海平. "水"伦理的道德形态学论纲 [J]. 江海学刊, 2012 (4).

[35] 万俊人. "德性伦理"与"规范伦理"之间和之外 [J]. 神州学人, 1995 (12).

[36] 王大洲, 关士续. 技术哲学、技术实践与技术理性 [J]. 哲学研究, 2004 (11).

[37] 王浩文, 鲁仕宝, 鲍海君. 基于 DPSIR 模型的浙江省"五水共治"绩效评价 [J]. 上海国土资源, 2016, 37 (4).

[38] 王建明, 王爱桂. 论水伦理建构的哲学基础 [J]. 河海大学学报 (哲学社会科学版), 2012, 14 (1).

[39] 王丽, 毕佳成, 向龙, 等. 基于"五水共治"规划的水资源承载力评估 [J]. 水资源保护, 2016, 32 (2).

[40] 王良辰, 李晓燕. "五水共治"语境下渎职犯罪侦查难点与对策 [J]. 法制与社会, 2015 (32).

[41] 王益澄, 马仁锋, 晏慧忠. 基于外部性理论的"五水共治"体制机制创新研究 [J]. 城市环境与城市生态, 2016, 29 (2).

[42] 王翳玮, 陈星, 朱琰, 等. 基于 PSR 的城市水生态安全评价体系研究: 以"五水共治"治水模式下的临海市为例 [J]. 水资源保护, 2016, 32 (2).

[43] 翁建武. "抓节水"处于压轴地位 [J]. 浙江经济. 2015 (2).

[44] 吴增基. 理性精神的核心价值观及其在当代中国的意义 [J]. 南开学报, 2004 (4).

[45] 习近平. 全面启动生态省建设 努力打造"绿色浙江": 在浙江生态省建设动员大会上的讲话 [J]. 环境污染与防治, 2003 (4).

[46] 肖显静. 论工程共同体的环境伦理责任 [J]. 伦理学研究, 2009 (6).

[47] 邢怀滨, 陈凡. 技术评估: 从预警到建构的模式演变 [J]. 自然辩证法通讯, 2002 (1).

[48] 叶平. 关于河流生命的伦理问题 [J]. 南京林业大学学报 (人文社会科学版), 2009, 9 (4).

[49] 叶平．环境伦理学研究的一个方法论问题：以“河流生命”为例[J]．哲学研究，2009（12）．

[50] 余谋昌．关于工程伦理的几个问题[J]．武汉科技大学学报（社会科学版），2002（1）．

[51] 赵钟楠，李原园，郑超蕙，等．基于复杂系统演化理论的河流生态修复概念与思路研究[J]．中国水利，2018（21）．

[52] 中共浙江省委．中共浙江省委关于认真学习贯彻党的十八大精神扎实推进物质富裕精神富有现代化浙江建设的决定[J]．政策瞭望．2012（12）．

[53] 周吉银．关于涉及人的健康相关研究的伦理治理[J] 中国医学伦理学，2023，35（4）．

[54] 朱葆伟．工程活动的伦理问题[J]．哲学动态，2006（9）．

[55] 朱葆伟．工程活动的伦理责任[J]．伦理学研究，2006（6）．

[56] 朱春艳，朱葆伟．试论工程共同体中的权威与民主[J]．工程研究—跨学科视野中的工程，2008，4（0）．

[57] 朱正威，王琼，郭雪松．工程项目社会稳定风险评估探析：基于公众“风险—收益”感知视角的因子分析[J]．西安交通大学学报（社会科学版），2016，36（3）．

（四）报纸类

[1] 孙钥．富阳造纸业的转型升级之路[N]．杭州日报，2013-09-07（A3）．

[2] 吴深荣．浙江省政协深度调研跨区域水环境治理困难[N]．人民政协报，2015-01-08（1）．

[3] 习近平．创建生态省 打造“绿色浙江”[N]．浙江日报，2003-05-23（1）．

[4] 夏宝龙．以“五水共治”的实际成效取信于民[N]．人民日报，2014-01-22（15）．

[5] 夏宝龙．以治水为突破口推进转型升[N]．光明日报，2013-09-03（15）．

[6] 闫彦．“五水共治”的文化意义[N]．浙江日报，2015-05-19（8）．

[7] 余谋昌．建立河流生命伦理观[N]．人民日报，2004-12-21（13）．

[8] 浙江省人民政府咨询委员会．“五水共治”：富民强省的一篇大文章[N]．浙江日报，2014-03-17（14）．

[9] 孙要良．深刻认识良好生态环境的重要性[N]．经济日报，2018-07-

12（13）.

（五）其他类

［1］戴静．基于“五水共治”科普宣传方式的探索与思考：以绍兴市科协工作为例［C］//浙江省环境科学学会．浙江省环境科学学会2017年学术年会暨浙江环博会本书集．绍兴：绍兴科技馆，2017.

［2］高宣扬．论列维纳斯重建伦理学的理论和现实意义［C］//上海社会科学界联合会．上海市社会科学界第五届学术年会文集（2007年度）（哲学·历史·人文学科卷）．上海：同济大学人文学院哲学系，2007.

［3］徐少锦．当代中国水伦理初探［C］//江西师范大学伦理学研究所，井冈山市人民政府．中国伦理学会会员代表大会暨第12届学术讨论会论文汇编．南京：南京审计学院，2004.

［4］何菁．工程活动中的技术风险与企业责任［C］．//中国伦理学会．第19次中韩伦理学国际学术研讨会暨第五次全国经济伦理学学术研讨会论文集．南京：南京林业大学机械工程电子学院，2011.

［5］许承忠．“五水共治”的长效机制研究：一种现代化理论的视角［D］．杭州：中共浙江省委党校，2018.

［6］佘鹂文．多元治理视角下的“五水共治”研究［D］．西安：西北大学，2018.

［7］张欢欢．浙江省P县开展五水共治的调研报告［D］．杭州：浙江大学，2017.

［8］赵柳惠．浙江省农业面源污染时空特征及经济驱动因素分析［D］．杭州：浙江工商大学，2015.

［9］杭州市社会科学院．杭州市临平净水厂项目环境影响评价公示及公众参与方案［R］．杭州：杭州市社会科学，2016.

［10］浙江省“五水共治”工作领导小组办公室．“五水共治”体制机制创新优秀调研报告［R］．杭州：浙江省“五水共治”工作领导小组办公室，2017.

［11］贾平．治理与伦理治理：概念、定义与区分以利害相关方参与为导向［EB/OL］．Bioethics CSB 微信公众号，2019-12-27.

［12］雷瑞鹏．伦理治理的评估问题［EB/OL］．Bioethics CSB 微信公众号，2019-12-27.

［13］林瑞珠．伦理治理：伦理与法律协同治理［EB/OL］．Bioethics CSB 微信公众号，2019-12-27.

［14］钱彤，熊争艳，刘劼，等．中共首提“人类命运共同体”倡导和平发

展共同发展［EB/OL］. 新华网，2011-11-12.

［15］习近平. 习近平在华盛顿州当地政府和美国友好团体联合欢迎宴会上的演讲［EB/OL］. 人民网，2015-09-23.

［16］新华社. 习近平关于全面深化改革若干重大问题的决定的说明［EB/OL］. 中国政府网，2013-11-15.

［17］浙江省经济信息化委员会课题组. 浙江工业领域治水的对策思路研究［EB/OL］. 浙江省人民政府门户网站，2015-02-11.

［18］中国城镇供水排水协会. 联合国发布《2019年世界水资源发展报告》［EB/OL］. 中国城镇供水排水协会官网，2019-08-06.

［19］中新社. 中国修改水污染防治法首次写入河长制加强水环境保护［EB/OL］. 中国新闻网，2017-06-27.

二、英文文献

（一）著作类

［1］BELL S. Economic Governance and Institutional Dynamics［M］. Melbourne：Oxford University Press，2002.

［2］BUBER M. I and Thou［M］. New York：Free Press，1971.

［3］BUBER M. The Way of Man［M］. London，New York：Routledge Press，2002.

［4］MITCHAM C，DUVAL R S. Engineering Ethics［M］. New Jersey：Prentice Hall，2000.

［5］WORSTER D. The Wealth of Nature：Environmental History and the Ecological Imagination［M］. New York：Oxford University Press，1993.

［6］DURANT R F，FIORINO D J，O′LEARY R. Environmental Governance Reconsidered：Challenges，Choices and Opportunities［M］. Cambridge：MIT Press，2004.

［7］LEVINAS E. En Découvrant I’ Existence Avec Husserl et Heidegger［M］Paris：Vrin，1949.

［8］LEVINAS E. Otherwise than Being or Beyond Essence［M］. Pittsburgh：Dudesque University Press，1981.

［9］DORIDOT F，DUQUENOY P，GOUJON P. Ethical Governance of Emerging Technologies Development［M］. Hershey，Pa：IGI Global，2013.

［10］FREEMAN R E. Strategic Management：A Stakeholder Approach［M］.

Boston：Pitman Publishing Inc，1984.

[11] ROSENALL J N，CZEMPIEL E. Governance without Government：Order and Change in World Politics [M]. Cambridge：Cambridge University Press，1992.

[12] PIGRAM J J. Australia's Water Resources：From Use to Management [M]. Collingwood，Victoria：CSIRO Publishing，2006.

[13] WAELBERS K. Doing Good with Technologies：Taking Responsibility for the Social Role of Emerging Technologies [M]. Dordrecht：Springer，2011.

[14] MERREY D，BASISKAR S. Gender Analysis and Reform of Irrigation Management [M]. Colomb：International Water Management Institute，1997.

[15] ZURN M. A Theory of Global Governance Authority，Legitimacy，and Contestation [M]. Oxford：Oxford University Press，2018.

[16] NASH R F. The Rights of Nature：A History of Environmental Ethics [M]. Madison：University of Wisconsin Press，1989.

[17] NODDINGS N. Caring：A Feminine Approach to Ethics and Moral Education [M]. Berkeley，California：University of California Press，1984.

[18] PANT N. Productivity and Equity in Irrigation Systems [M]. New Delhi：Ashish Publishing House，1984.

[19] BROWN P G，SCHMIDT J J. Water Ethics：Foundational Readings for Students and Professions [M]. Washington D. C.：Island Press，2010.

[20] VERBEEK P. Moralizing Technology：Understanding and Designing the Morality of Things [M]. Chicago：The University of Chicago Press，2011.

[21] REGINA S A，LAKE L M. Environmental mediation：The Search for Consensus [M]. Boulder，Co.：Westview Press，1980.

[22] The Commission on Global Governance. Our Global Neighborhood：The Report of the Commission on Global Governance [M]. Oxford，New York：Oxford University Press，1995.

[23] CECH T V. Principles of Water Resources：History，Development，Management and Policy [M]. Hoboken，NJ：Second edition，2005.

[24] UNDP. Public Sector Management [M]. New York：Governance，and Sustainable Human Development，1995.

[25] WIENER A. The Role of Water in Development：An Analysis of Principles of Comprehensive Planning [M]. New York：McGraw-Hill Book Company，1972.

[26] World Bank. Managing Development：The Governance Dimension [M].

Washington D. C.: World Bank Group, 1991.

（二）期刊类

[1] AGRAWAL A. Sustainable Governance of Common-pool Resources: Context, Methods and Politics [J]. Annual Review of Anthropology, 2003, 20 (32).

[2] TATOUR B. On Technical Mediation: Philosophy, Sociology, Genealogy [J]. Common Knowledge, 1994, 3 (2).

[3] CARR A, PRESTON C J, YUNG L, et al. Public Engagement on Solar Radiation Management and Why it Needs to Happen Now [J]. Climatic Change, 2013, 121 (3).

[4] CASEMENT A. Ethical Governance [J]. British Journal of Psychotherapy, 2008, 24 (4).

[5] HARRIS C E. The Good Engineer: Giving Virtue its Due in Engineering Ethics [J]. Science and Engineering Ethics, 2008, 14 (2).

[6] GROENFELDT D, SCHMIDT J J. Ethics and Water Governance [J]. Ecology and Society, 2013, 18 (1).

[7] GROENFELDT D. The Potential for Farmer Participation in Irrigation System Management [J]. Irrigation and Drainage Systems , 1988, 2.

[8] FALKENMARK M, CUNHA L D, DAVID L. New Water Management Strategies Needed for the 21st Century [J]. Water International, 1987, 12 (3).

[9] HESSE B W, HANSEN D L, FINHOLT T, et al. Social Participation in Health 2.0 [J]. IEEE Computer, 2010, 43 (11).

[10] SWART J A A. The Ecological Ethics Framework: Finding our Way in the Ethical Labyrinth of Nature Conservation: Commentary on “Using an Ecolvgical Ethics Framework to Make Desicisions About Relocating Wildlife” [J]. Science and Engineering Ethics, 2008, 14 (4).

[11] O'NEILL J. The Varieties of Intrinsic Value [J]. The Monist, 1992, 75 (2).

[12] LONGSTAFF H, KHRAMOVA V, PORTALES-CASAMAR E, et al. Sharing with More Caring: Coordinating and Improving the Ethical Governance of Data and Biomaterials Obtained from Children [J]. PLOS ONE, 2015, 10 (7).

[13] HUFTY M. Investigating Policy Processes: The Governance Analytical Framework (GAF) [J]. Geographica Bernensia, 2011 (1).

[14] COECKELBERGH M. Moral Responsibility, Technology, and Experiences

of the Tragic: From Kierkegaard to Offshore Engineering [J]. Science Engineering Ethics, 2010, 18 (1).

[15] BEAMON B M. Environmental and Sustainability Ethics in Supply Chain Management [J]. Science and Engineering Ethics, 2005, 11 (2).

[16] DAVIS M. Engineering Ethics, Individuals, and Organizations [J]. Science and Engineering Ethics, 2006, 12 (2).

[17] STOCKER M. The Schizophrenia of Modern Ethical Theories [J]. The Journal of Philosophy, 1976, 73 (14).

[18] OUDHEUSDEN M V. Questioning "Participation": A Critical Appraisal of its Conceptualization in a Flemish Participatory Technology Assessment [J]. Science and Engineering Ethics, 2011, 17 (4).

[19] DOORN N. Responsibility Ascriptions in Technology Development and Engineering: Three Perspectives [J]. Science and Engineering Ethics, 2009, 18 (1).

[20] PHANSALKAR S J, VERMA S. Improved Water Control as Strategy for Enhancing Tribal Livelihoods [J]. Economic and Political Weekly, 2004, 39 (31).

[21] BURRI R V. Models of Public Engagement: Nanoscientists' Understandings of Science-Society Interactions [J]. Nanoethics, 2018, 12 (2).

[22] RHODES R A. W. The New Governance: Governing Without Government [J]. Political Studies, 2006, 44 (4).

[23] FRODEMAN R. Redefining Ecological Ethics: Science, Policy, and Philosophy at Cape Horn [J]. Science and Engineering Ethics, 2008, 14 (4).

[24] ROESER S. Emotional Engineers: Toward Morally Responsible Design [J]. Science and Engineering Ethics, 2010, 18 (1).

[25] SLOVIC P. Perception of Risk [J]. Science, 1987, 236 (4799).

[26] DYKE F V. Teaching Ethical Analysis in Environmental Management Decisions: A Process-Oriented Approach [J]. Science and Engineering Ethics, 2005, 11 (4).

[27] VAZ M, PALMERO A G, NYANGULU W, et al. Diffusion of Ethical Governance Policy on Sharing of Biological Materials and Related Data for Biomedical Research [J]. Wellcome Open Research, 2019 (11).

[28] WARNER J, WESTER P, BOLDING A. Going With the Flow: River Basins as the Natural Units for Water Management? [J]. Water Policy, 2008, 10 (Suppl. 2).

[29] WINFIELD A F, MICHAEL K, PITT J, et al. Machine Ethics: The Design and Governance of Ethical AI and Autonomous Systems [J]. Proceedings of the IEEE, 2019, 107 (3).

[30] WINFIELD A F, JIROTKA M. Ethical Governance is Essential to Building Trust in Robotics and Artificial Intelligence Systems [J]. Philosophical Transactions A: Mathematical Physical and Engineering Science, 2018, 1 (376).

[31] LATOUR B. Where are the Missing Masses? The Sociology of a Few Mundane Artifacts [J] Shaping Technology-Building Society: Studies in Sociotechnical Change. Cambridge: MIT Press, 1992 (35).

(三) 其他类

[1] MUNSHI S. Concern for Good Governance in Comparative Perspective [C] //BP. Good Governance, Democratic Societies andGlobalisation. New Delhi SAGE Publication: 2004.

[2] The Wold Bank. A Decade of Measuring the Quality of Governance [EB/OL]. UNESCO, 2016-07-01.

附　录

附录一：富阳区渌渚镇各村村规民约中的“五水共治”①

序号	村名	村规民约中“五水共治”的内容
1	百前村	11. 不得占用国家、集体、他人财产，不得在村道两旁倾倒垃圾、搭建临时设施，垃圾要倒在指定地方，提倡文明卫生，保护环境卫生，严禁污染空气和水源 12. 不准在公路、村道上设置障碍，乱倒废土，要保持道路畅通 16. 严禁私自撬锁开闸放水，对故意破坏自来水管道或其他水利设施的视情节轻重，分别给予批评教育、赔偿损失，造成严重后果的追究法律责任。禁止在水库、山塘里炸鱼和自来水饮用水水库内洗澡、养鱼，违者视情况给予罚款处理
2	董湾村	第十条：主动支持、参与、配合农村生活污水治理。在村域范围内，严禁违法捕捉鱼类，严禁倾倒垃圾等废弃物，如有违反者，没收捕鱼工具，要求主动清除已倒的建筑垃圾、渣土、废弃物，情节严重的由村委上报相关部门进行处理。积极参与“美丽乡村”建设，不在村内围墙上乱涂乱画和制造“牛皮癣”；不在道路、房前屋后、公共场地堆放杂物；不在公共绿化带开垦、种植蔬果或堆放私有物品。按照“美丽庭院”要求保持庭院整洁，履行“门前三包”义务，积极参加“美丽庭院”“清洁庭院”和卫生星级农户评比等活动
3	六渚村	8. 讲文明，讲礼貌，遵守社会公德，保持公共环境卫生整洁，保护自然资源和环境 19. 严禁在村自来水源头处——水库洗澡，投放各种污染物，等等

① 作者于 2018 年 5 月 4 日，在浙江省杭州市富阳区渌渚镇人民政府、董湾村、莲桥村调研“五水共治”，搜集了渌渚镇 13 个村的村规民约。

续表

序号	村名	村规民约中“五水共治”的内容
4	阆坞村	第二章生态家园：村容整洁，垃圾分类；禽畜圈养，洁水养殖；物品堆放，整齐有序；风情产业，星级管理 4. 根据年初与渌渚镇政府签订的生态环保目标责任书要求，积极参与辖区内厂矿企业对环境影响情况的监督工作。争当志愿者、监督者，发现村内污染源立即向村委联系和反映，村委应当第一时间协助解决，做到“小事不出村，大事不出镇” 5. 村级生态环保联络员要做好巡查工作，发现问题要及时跟镇生态环保办联系。积极参与创建“生态村”建设，投身“清洁乡村、美丽庭院”创建，倡导健康文明的生活方式。垃圾实行源头分类、减量处理、定时定点投放；禁止燃烧垃圾和秸秆，减少污染。保护水资源，合理用水，推广洁水养殖。禁止在水库、山塘内施肥和投放废弃物进行养殖；禁止在阆坞溪流域用电瓶、投毒等方式捕捞水产 6. 村庄内不得乱挖乱排，不得随意堆放物品，遇特殊情形需经村委会审批同意后方可实施。小区内不提倡村民饲养畜禽，如生产型饲养应实行圈养并办理相关手续，否则村委有权进行处置 7. 鼓励村民大力发展乡村旅游产业，打造风情生态村。村委将会同相关部门齐抓共管，对本村的农产商贸、民宿餐饮等进行审批、服务、管理，对违反相关规定的，村委将配合上级相关部门进行严厉处置。打造星级和特色产业，树立标杆，村委会将视发展情况适时进行奖励扶持 8. 运矿车辆需规范上路，鼓励实行封闭式运输管理，用布遮盖货物，减少货物抛洒 9. 本村辖区内企业严格按照《中华人民共和国环境保护法》要求进行生产
5	莲桥村	14. 不得占用国家、集体、他人财产，不得在村道两旁倾倒垃圾，严禁污染空气和水源。保护水资源，合理用水，推广洁水养殖；禁止在水库、山塘内施肥和投放废弃物进行养殖；禁止在渌渚江、阆坞溪流域用电瓶、投毒等方式捕捞水产

续表

序号	村名	村规民约中“五水共治”的内容
6	浦中村	第三章：生态家园 第十条 主动支持、参与“五水共治”，配合农村生活污水治理。节约用水、干旱天气严禁用自来水灌溉田地。在村域新浦溪范围内，严禁用电瓶、药物、炸药等捕捉鱼类，严禁随意倾倒垃圾等废弃物，如有违反者，情节严重的由村委上报相关部门进行处理。不在道路、公共场地堆放杂物。不在公共绿化带开垦、种植蔬果和房前屋后堆放私有物品，不按要求自行清理，须无条件接受无偿清理处置。按照“美丽庭院”要求保持庭院整洁，履行“门前三包”义务，积极参加“美丽庭院”“清洁庭院”和卫生星级农户评比等活动 第十一条 共建生态家园，实行生活垃圾源头分类。自觉遵守垃圾源头分类、定点投放长效机制。村民要遵守《浦中村垃圾分类管理办法》，严禁乱投乱放和焚烧垃圾。如遇村民不按规定执行的，依照附则规定进行处理 第十二条 在村域新浦溪范围内，严禁任何人私自挖沙石并出售，如遇村民不按规定执行的，由村委上报相关部门进行处理
7	山亚村	十三、不偷拿国家、集体、他人财物，不在公路、水域航道上设置障碍，不损毁、移动指示标志，不损毁机耕道路、排灌渠道、耕作机械等集体公共设施，不乱砍滥伐盗伐树木 十六、保护环境，美化家园，严禁猪粪排放到路上，推广标准化粪池建设
8	桃花岭村	三、美丽家园 第十条 爱护环境，投身“清洁乡村、美丽庭院”创建，倡导健康文明的生活方式。垃圾实行源头分类、减量处理、定时定点投放，摆放整洁 第十一条 保护水资源，合理用水，在饮用水取水点推广洁水养殖。禁止在饮用水取水点内施肥养殖；禁止在本村水库、池塘、溪流等地用电、毒等方式捕捞水产，一旦发现将报警由公安机关处理。主动支持、参与“五水共治”工作，配合农村生活污水的治理 第十二条 鼓励村民大力发展乡村旅游产业，发展民宿经济。特别利用与邻镇半山村相邻的优势，借势发展旅游产业

续表

序号	村名	村规民约中“五水共治”的内容
9	岘口村	第三章　美丽家园 抓三包，护门前；勤清扫，勿懒散；乱吐痰，嘴管严；倒垃圾，有定点 第一条：积极参与“清洁乡村、美丽庭院”创建工作，倡导健康文明的生活方式。不在道路、房前屋后、公共场地堆放杂物，按照“美丽庭院”要求保持庭院整洁，履行“门前三包”义务 第二条：提倡节约用水，保护水资源。保持饮水卫生，不准在水井边清洗脏物、洗澡 第三条：生活污水要纳管，雨污要分离，使用生态户厕，村内不可留露天粪缸、简易厕所 第四条：垃圾按要求扔进垃圾桶，做到干净整洁，养成良好的卫生习惯 第五条：积极配合参与“五水共治”“三改一拆”整治活动。争当志愿者、监督者，共建美丽家园，共创美好生活
10	新港村	五、爱护好本村公共建筑和公共设施，不得擅自在墙上张贴、涂写、刻画，不得损坏水利、交通、电力等公共设施；爱护公共绿地、绿化带，不得采摘或践踏花草，严禁偷盗花草树木；不得非法捕鱼，保护好水生生物 六、保护好生态环境，人人有责；清溪流，确保污水处理正常运行；树立良好的卫生习惯；保持村庄、庭院、室内环境洁化。自觉维护门前屋后及公共场所的环境卫生，生活垃圾一律实行垃圾分类倒入垃圾箱内，禁止乱倒乱丢，自家鸡鸭等家禽要求圈养，严禁放养，不能影响村容村貌和邻里的环境卫生。爱护好健身、卫生等公共设施，严禁以任何方式破坏和占用集体设施和资产，自觉做好污水纳管排放 九、认真做好山林管理，实行竹木采伐审批制度，严禁乱砍滥伐，不得乱挖他人竹笋、偷伐他人竹木。自觉遵守封山育林法规，禁止野外用火和焚烧秸秆，严防森林火灾发生 十、讲究饮水卫生。做好自来水管理，规定每户每人每月 5 吨水免费使用，每月可以累计使用，超出部分按市场价格收取，如不按时缴纳水费，则停止供水，使用过程要节约用水，爱护好管网设施，自觉遵守自来水管理制度 十三、全体村民要积极参与“美丽庭院”创建工作，根据本人的能力条件发展农家乐和民宿等方面经济，村里每年表彰奖励一批“美丽庭院”星级示范户和发展经济标兵户

续表

序号	村名	村规民约中“五水共治”的内容
11	新岭村	三、生态家园 第十条：主动支持、参与“五水共治”工作，配合农村生活污水的治理。在村域新浦溪范围内，严禁用电瓶、毒药、炸药等捕捉鱼类，严禁倾倒垃圾等废弃物，情节严重的由村委上报相关部门进行处理。积极参与“美丽乡村”建设，不在村内围墙上乱涂乱画、制造“牛皮癣”；不在道路、房前屋后、公共场地堆放杂物；不在公共绿化带开垦、种植蔬果和堆放私有物品，自觉接受无偿清理处置。按照“美丽庭院”要求保持庭院整洁。履行“门前三包”义务，积极参加“美丽庭院”和卫生星级农户评比等活动 第十一条：共建生态家园，垃圾源头分类。自觉遵守垃圾源头分类，定时定点投放，形成长效机制。规定每天早 8 点前，晚 5 点后可以将垃圾投放在垃圾投放点，过时的次日投放，以便管理收集
12	新浦村	十六、保护环境，美化家园，严禁猪粪排放到路上，推广标准化粪池建设
13	杨袁村	为做好本村环境卫生整治工作，有效地改善村容村貌，提高村民生活质量，努力建设“生产发展、生活富裕、乡风文明、村容整洁、管理民主”的社会主义新农村，根据上级有关指示精神，结合本村实际，制定本村环境卫生“村规民约”： 一、全体村民应树立“卫生关联你我他，齐抓共管靠大家”的思想，积极配合居民委员会搞好村内环境卫生工作 二、各户要实行门前三包：做到污水不乱排；垃圾、杂物不乱扔；杂草、粪土不乱放 三、必须自觉维护道路、水利设施畅通，爱护花草树木；不在路边搭建违章建筑，堆放粪土、乱石、杂物；不在路肩、路边种植作物，侵占路面；不得破坏本村绿化造林工程，自觉维护道路两边及沟渠的环境卫生 四、各户必须自觉搞好家庭卫生，不得散养家禽，对死禽、死畜要进行深埋；不得让家禽在村道上或公共场所大小便，污损地面，违者责令立即清除，并给予批评教育和一定的处罚

附录二：“五水共治”调研汇总表

序号	调研时间	调研地点	部门/企业	调研事项
1	2017 年 9 月 25 日	浙江省杭州市	浙江省“五水共治”工作领导小组办公室、浙江省河长制办公室	浙江省“五水共治”调研接洽
2	2017 年 11 月 14 日	浙江省杭州市余杭区	余杭区“五水共治”工作领导小组办公室	余杭区治水办座谈
3	2017 年 11 月 14 日	浙江省杭州市余杭区	临平净水厂工程现场	污水处理项目
4	2017 年 11 月 14 日	浙江省杭州市余杭区南苑街道	南苑街道雨污分流整改项目	街道雨污分流工程、污水处理工程
5	2017 年 11 月 14 日	浙江省杭州市余杭区南苑街道	南苑街道温室甲鱼养殖关停整治工作	甲鱼养殖行业转型升级
6	2017 年 11 月 14 日	浙江省杭州市余杭区南苑街道	虹越·园艺家	甲鱼养殖转型花卉园
7	2017 年 11 月 14 日	浙江省杭州市余杭区南苑街道	南苑街道长树社区土地整治项目	“五水共治”综合治理状况

续表

序号	调研时间	调研地点	部门/企业	调研事项
8	2017 年 11 月 14 日	浙江省杭州市余杭区	上塘河（规划红丰闸—渡船桥监测站）生态治理项目	上塘河配水布置情况、上塘河综合治水情况
9	2017 年 11 月 14 日	浙江省杭州市余杭区临平	临平花卉园	临平生态治水、绿色发展
10	2017 年 11 月 15 日	浙江省杭州市余杭区	余杭区东湖街道办事处、东湖街道工作委员会	东湖街道办治水座谈、工业园区整治工作
11	2017 年 11 月 15 日	浙江省杭州市余杭区	杭州南都动力科技有限公司	电池行业清洁生产和污水处理情况
12	2017 年 11 月 15 日	浙江省杭州市余杭区	杭州老板电器	喷涂污水处理情况
13	2017 年 11 月 22 日	浙江省杭州市	浙江省钱塘江管理局、浙江省河道管理总站	浙江省河道治理历史、钱塘江治理的演变史
14	2017 年 11 月 24 日	浙江省杭州市萧山区	萧山区浦阳江二期治理工程	浦阳江治理现状、工程概况、治理进度、治理方案
15	2017 年 11 月 24 日	浙江省杭州市萧山区	萧山大浦河沟通工程	城市内河道沟通的规划与未来治理、河道整治情况
16	2017 年 11 月 24 日	浙江省杭州市萧山区	萧山区剿灭劣 V 类水行动指挥部办公室、河长制办公室	萧山区治水办座谈、老城区雨污分流情况
17	2017 年 11 月 24 日	浙江省杭州市萧山区	萧山智慧河道云平台指挥中心、萧山开发区综合信息指挥室	智能治水的运行状况
18	2017 年 11 月 24 日	浙江省杭州市萧山区	杭州湾信息港小镇	信息港小镇规划发展现状

续表

序号	调研时间	调研地点	部门/企业	调研事项
19	2017年11月24日	浙江省杭州市萧山区	浙江数联运集团有限公司	信息技术现代化
20	2017年11月29日	浙江省金华市浦江县	浦江县“五水共治”领导小组办公室	浦江治水的情况、行业整治转型情况
21	2017年11月29日	浙江省金华市浦江县	浦江县翠湖	翠湖、浦阳江浦江段治水整治前后的情况、河长公示牌
22	2017年11月29日	浙江省金华市浦江县	浦江县金狮湖	金狮湖整治情况
23	2017年11月29日	浙江省金华市浦江县	浦江水晶主题馆	浦江水晶产业发展现状、转型升级情况
24	2017年11月30日	浙江省杭州市余杭区	余杭区南苑街道	甲鱼养殖户座谈会
25	2017年11月29日	浙江省杭州市余杭区	余杭水务控股有限公司	临平净水厂项目工程师访谈
26	2018年1月3日	浙江省杭州市	浙江省水利厅	千岛湖配水工程调研洽谈
27	2018年1月10日	浙江省宁波市象山县	象山县“五水共治”领导小组办公室	座谈：滩长（湾长）制、海洋治理状况、企业整治状况
28	2018年1月10日	浙江省宁波市象山县	燕山河	燕山河入河排污（水）口整治情况
29	2018年1月10日	浙江省宁波市象山县黄避岙乡塔头旺村	村民委员会、文化礼堂、渔家风情馆、家风村史馆	渔家文化、民俗风情

续表

序号	调研时间	调研地点	部门/企业	调研事项
30	2018年1月10日	浙江省宁波市象山县经济开发区	华宇食品有限公司（罐头厂）	经济开发区行业整改状况、食品加工行业的污水排放和处理情况
31	2018年1月23日	浙江省杭州市千岛湖	杭州市第二水源千岛湖配水工程现场	千岛湖配水工程的建设现状：金竹牌进水口、输水隧洞、深基坑施工现场
32	2018年1月24日	浙江省杭州市千岛湖	杭州市第二水源千岛湖配水工程施工16标项目现场	千岛湖配水工程的建设进展
33	2018年1月24日	浙江省杭州市富阳区	富阳区“五水共治”领导小组办公室	富阳治水办座谈：富阳水环境治理的情况
34	2018年1月24日	浙江省杭州市富阳区	富阳区鹿山街道	小微水体整治情况
35	2018年1月24日	浙江省杭州市富阳区	富阳东大纸业有限公司	造纸行业污水处理和转型升级情况
36	2018年3月29日	浙江省舟山市	舟山跨海大桥	舟山大陆连岛工程概况
37	2018年4月18日	浙江省绍兴市柯桥区	中共柯桥区马鞍镇委员会、中共绍兴市柯桥区滨海工业区工作委员会	柯桥区治水办、各级河长、企业河长、水电局、经信局、环保局座谈
38	2018年4月18日	浙江省绍兴市柯桥区	东江闸工程	排涝水闸的运行情况
39	2018年4月18日	浙江省绍兴市柯桥区	蓝印时尚小镇	柯桥印染业转型升级发展状况
40	2018年4月18日	浙江省绍兴市柯桥区	天宇印染有限公司	天宇印染企业的环保生产和排污状况

续表

序号	调研时间	调研地点	部门/企业	调研事项
41	2018年4月18日	浙江省绍兴市柯桥区	绍兴柯桥江滨水处理有限公司	绿色印染产业聚集区的工程建设概况
42	2018年5月04日	浙江省杭州市富阳区渌渚镇	富阳区渌渚镇人民政府	镇政府人员介绍治水情况
43	2018年5月4日	浙江省杭州市富阳区渌渚镇	渌渚镇董湾村村委会	董湾村剿灭劣Ⅴ类小微水体情况
44	2018年5月4日	浙江省杭州市富阳区渌渚镇	渌渚镇莲桥村村委会	莲桥村剿灭劣Ⅴ类小微水体情况
45	2018年5月4日	浙江省杭州市富阳区渌渚镇	建桥养殖场（生猪养殖场）	养殖场污水处理情况、养殖场荷花塘废水利用情况
46	2018年5月8日	浙江省杭州市	杭州市千岛湖原水有限公司	与千岛湖配水工程的工程师座谈
47	2018年5月9日	浙江省绍兴市柯桥区	浙江嘉华印染有限公司	印染企业的整治和污水处理状况、企业河长制践行情况
48	2018年5月9日	浙江省绍兴市柯桥区	曹娥江大闸枢纽工程	工程概况、娥江流域的治水历史和现状
49	2018年5月10日	浙江省海宁市	钱塘江海塘工程	海塘工程的概况、海宁八堡洋灰塘概况
50	2018年5月31日	浙江省金华市浦江县	浦江县文学艺术界联合会、月泉书院	浦江文化治水、农民治水赛诗会、治水诗歌集搜集
51	2018年7月10日	浙江省杭州市余杭区	九峰垃圾焚烧发电项目现场（光大国际有限公司）	九峰垃圾焚烧发电项目的情况

续表

序号	调研时间	调研地点	部门/企业	调研事项
52	2018年7月16日	浙江省杭州市余杭区	余杭区中泰街道中桥村委员会	与村干部座谈：九峰垃圾焚烧发电项目应对“邻避效应”的对策
53	2018年8月30日	浙江省杭州市	杭州市环境集团有限公司杭州市天子岭循环经济产业园区、天子岭静脉小镇、天子岭发电有限公司	天子岭垃圾填埋场垃圾处理项目、地上生态公园、杭州餐厨垃圾处理项目、垃圾焚烧发电项目
54	2018年12月14日	日本东京滋贺县	隅田川、琵琶湖	东京母亲河隅田川和日本最大湖泊琵琶湖的演变、治理和保护
55	2020年6月3日	浙江省杭州市余杭区	临平净水厂、杭州余杭环境（水务）控股集团有限公司	临平净水厂运行情况+污水处理工艺流程+科技设备
56	2020年7月23日	浙江省杭州市余杭区	临平净水厂、杭州余杭环境（水务）控股集团有限公司	临平净水厂项目政府代表、企业代表、村民代表访谈

附录三：“五水共治”调研接洽函汇总

接洽函

尊敬的浙江省“五水共治”领导小组办公室：

由于我校承担的国家社会科学基金重大项目——“中国工程实践的伦理形态学研究”的需要，我们正在开展关于浙江省“五水共治”的理论与实践研究，希望与贵处进行合作，对“五水共治”的工程项目、典型案例展开调研，在此基础上对浙江省“五水共治”的实践进行理论的总结和提升。请予接洽。

1. 调研对象

（1）河流治理：杭州市萧山区与余杭地区河段（内河）、浦阳江。

（2）企业转型：浦江工业园区；萧山区、余杭区周边的企业（工业园）。

（3）防洪、保供：杭州市第二水源千岛湖配水工程。

（4）排涝：杭州市三堡排涝工程。

（5）河长访谈：省、市、县、乡、村五级河长典型代表、官方河长、民间河长、巡河志愿者、农民监管员、河道保洁信息员。

2. 调研时间：2017 年 11 月 6 日至 2017 年 12 月 8 日

3. 调研人员：丛杭青教授、王老师、顾萍

敬请贵方予以接洽，非常感谢！

项目调研小组

2017 年 9 月 25 日

接洽函

尊敬的余杭区“五水共治”领导小组办公室：

由于我校承担的国家社会科学基金重大项目——“中国工程实践的伦理形态学研究”的需要，经浙江省“五水共治”领导小组办公室安排，现丛杭青教授、王老师、郭同学、顾萍拟前往贵处就下列问题（见附件调研计划）展开调研，请予接洽。

1. 调研地点：杭州市余杭区

2. 调研事项

（1）开展余杭区治水办座谈，了解河道配水布置情况、综合治水情况。

（2）临平净水厂污水处理项目工程现场调研。

（3）调研街道雨污分流工程、污水处理工程。

（4）调研甲鱼养殖行业转型升级项目。

（5）访问若干河长（镇街级河长、村级河长、民间河长、河道警长、巡河志愿者）。

3. 调研时间：2017 年 11 月 14 日

4. 联系人：顾萍

敬请贵方予以接洽，非常感谢！

项目调研小组

2017 年 11 月 10 日

接洽函

尊敬的萧山区“五水共治”领导小组办公室：

由于我校承担的国家社会科学基金重大项目——“中国工程实践的伦理形态学研究”的需要，经浙江省“五水共治”领导小组办公室安排，现从杭青教授、顾萍、陈同学、李同学前往贵处展开调研，请予接洽。

1. 调研地点：杭州市萧山区

2. 调研时间：2017 年 11 月 24 日

3. 调研事项

（1）调研河道治理的典型点位（1~2 处）。

（2）了解萧山信息港小镇规划发展状况。

（3）调研典型的企业或工业园区。

（4）了解智能河道云平台运行情况。

（5）开展河长座谈。

4. 联系人：顾萍

敬请贵方予以接洽，非常感谢！

项目调研小组

2017 年 11 月 20 日

接洽函

尊敬的浦江县“五水共治”领导小组办公室：

由于我校承担的国家社会科学基金重大项目——“中国工程实践的伦理形态学研究”的需要，现丛杭青教授、王老师、郭同学、顾萍、魏同学前往贵处就下列事宜展开调研，望予接洽。

1. 调研时间：2017 年 11 月 29 日

2. 调研内容

（1）开展浦江治水办座谈，了解浦江治水的情况、行业整治转型情况。

（2）调研浦江县翠湖、金狮湖的治理方式和治理成效。

（3）参观浦江水晶主题馆：浦江水晶产业发展现状、转型升级情况。

3. 联系人：顾萍

敬请贵方予以接洽，非常感谢！

项目调研小组

2017 年 11 月 27 日

接洽函

尊敬的象山县“五水共治”领导小组办公室：

由于我校承担的国家社会科学基金重大项目——“中国工程实践的伦理形态学研究”的需要，经浙江省“五水共治”领导小组办公室安排，现丛杭青教授、顾萍、陈同学、魏同学前往贵处就下列问题展开调研，请予接洽。

1. 调研地点：宁波市象山县

2. 调研时间：2018 年 1 月 10 日

3. 调研事项

（1）开展象山县治水办座谈：滩长（湾长）制、海洋治理状况、企业整治状况。

（2）前往典型河道或河段（1~2 处）。

（3）访谈若干“滩长”。

（4）调研经济开发区行业整改状况、污水排放和处理情况。

4. 联系人：顾萍

敬请贵方予以接洽，非常感谢！

项目调研小组

2018 年 1 月 7 日

接洽函

尊敬的富阳区“五水共治”领导小组办公室：

由于我校承担的国家社会科学基金重大项目——“中国工程实践的伦理形态学研究”的需要，经浙江省“五水共治”领导小组办公室安排，现丛杭青教授、沈老师、顾萍拟前往贵处就下列问题展开调研，请予接洽。

1. 调研地点：杭州市富阳区

2. 调研事项

（1）明晰河流治理的典型点位（1~2 处）。

（2）了解造纸行业转型升级状况，调研造纸企业。

（3）开展河长访谈。

3. 调研时间：2018 年 1 月 24 日

4. 联系人：顾萍

敬请贵方予以接洽，非常感谢！

项目调研小组

2018 年 1 月 19 日

接洽函

尊敬的浙江省水利厅：

由于我校承担的国家社会科学基金重大项目——“中国工程实践的伦理形态学研究”的需要，现丛杭青教授、王老师、顾萍前往千岛湖配水工程就下列问题展开调研，请予接洽。

1. 调研时间：2018 年 1 月 23 日

2. 调研内容

（1）了解千岛湖配水工程的基本情况、建设历程、主要技术难点和解决方案。

（2）了解工程的实施与运营管理情况。

（3）调研工程对当地社会经济、周边地区生态环境旅游度假产业等的影响。

（4）调研政府部门、供水企业、当地居民等利益相关者对工程的看法和建议。

3. 联系人：顾萍

敬请贵方予以接洽，非常感谢！

项目调研小组

2018 年 1 月 20 日

接洽函

尊敬的绍兴市柯桥区“五水共治”领导小组办公室：

由于我校承担的国家社会科学基金重大项目——“中国工程实践的伦理形态学研究”的需要，经浙江省“五水共治”领导小组办公室安排，现丛杭青教授、顾萍、魏同学、周同学前往贵处就下列问题展开调研，请予接洽。

1. 调研地点：绍兴市柯桥区

2. 调研时间：2018 年 4 月 18 日

3. 调研事项

（1）开展座谈，邀请柯桥区治水办、各级河长、企业河长。

（2）了解柯桥区滨海工业区企业搬迁入园状况、企业集聚规模、污水处理情况。

（3）调研东江闸工程了解排涝水闸的运行情况。

（4）调研柯桥印染业转型升级发展状况。

4. 调研时间：2018 年 4 月 18 日

5. 联系人：顾萍

敬请贵方予以接洽，非常感谢！

项目调研小组

2018 年 4 月 16 日

接洽函

尊敬的富阳区“五水共治”领导小组办公室：

由于我校承担的国家社会科学基金重大项目——“中国工程实践的伦理形态学研究”的需要，经浙江省“五水共治”领导小组办公室安排，现从杭青教授、沈老师、顾萍拟前往贵处就下列问题展开调研，请予接洽。

1. 调研地点：杭州市富阳区

2. 调研事项：

（1）了解河流治理的典型点位（1~2 处）

（2）了解造纸行业转型升级状况，调研造纸企业。

（3）开展河长访谈。

3. 调研时间：2018 年 1 月 24 日

4. 联系人：顾萍

敬请贵方予以接洽，非常感谢！

项目调研小组

2018 年 1 月 19 日

接洽函

尊敬的杭州市千岛湖原水股份有限公司：

由于我校承担的国家社会科学基金重大项目——“中国工程实践的伦理形态学研究”的需要，经浙江省水利厅安排，现从杭青教授、顾萍前往贵处就杭州市第二水源千岛湖配水工程展开调研和资料收集，请予接洽。

1. 调研地点：杭州市千岛湖原水股份有限公司

2. 调研时间：2018 年 5 月 8 日

3. 调研事项：

（1）调研杭州市第二水源千岛湖配水工程的工程概况。

（2）明晰千岛湖配水工程进展与规划。

（3）调配水方案。

（4）了解供水规模、供水范围。

4. 联系人：顾萍

敬请贵方予以接洽，非常感谢！

项目调研小组

2018 年 5 月 6 日

接洽函

尊敬的浙江嘉华印染有限公司：

由于我校承担的国家社会科学基金重大项目——“中国工程实践的伦理形态学研究”的需要，经浙江省“五水共治”领导小组办公室安排，现丛杭青教授、顾萍、陈同学、魏同学、李同学前往贵处就印染企业治水工作展开调研，请予接洽。

1. 调研地点：浙江省绍兴市柯桥区浙江嘉华印染有限公司

2. 调研时间：2018 年 5 月 9 日

3. 调研事项

（1）了解公司的企业文化、绿色发展理念。

（2）调研印染工艺流程、污水处理设备、污水处理流程。

（3）了解企业参与“五水共治”的情况。

（4）调研企业河长治理水环境的职责和任务。

（5）认识印染行业在治水中转型升级的历程。

4. 联系人：顾萍

敬请贵方予以接洽，非常感谢！

项目调研小组

2018 年 5 月 7 日

接洽函

尊敬的浦江县文学艺术界联合会：

由于我校承担的国家社会科学基金重大项目——“中国工程实践的伦理形态学研究”的需要，现丛杭青教授，顾萍前往贵处就下列事宜展开调研，望予接洽。

1. 调研时间：2018 年 5 月 31 日

2. 调研内容

（1）搜集“五水共治”相关的诗集、村歌等文艺作品。

（2）了解浦江文化治水的特色。

（3）调研浦江治水农民赛诗会、治水纳凉会开展情况。

3. 联系人：顾萍

敬请贵方予以接洽，非常感谢！

项目调研小组

2018 年 5 月 28 日

接洽函

尊敬的余杭区中泰街道综治办：

由于我校承担的国家社会科学基金重大项目——“中国工程实践的伦理形态学研究”的需要，现丛杭青教授，顾萍、魏同学，李同学前往贵处就“杭州市九峰垃圾焚烧发电项目”展开调研，请予接洽。

1. 调研时间：2018 年 7 月 10 日

2. 调研形式：

（1）座谈。

（2）实地走访杭州市九峰垃圾焚烧发电厂。

3. 调研内容

（1）了解杭州市九峰垃圾焚烧发电厂的基本工程概况。

（2）了解九峰项目在环境保护方面的创新举措。

（3）了解九峰项目基本运营状况，节能减排、绿色低碳发展方面的成效。

4. 联系人：顾萍

敬请贵方予以接洽，非常感谢！

项目调研小组

2018 年 7 月 5 日

接洽函

尊敬的余杭区中泰街道中桥村委员会：

由于我校承担的国家社会科学基金重大项目——“中国工程实践的伦理形态学研究”的需要，现丛杭青教授、顾萍前往贵处就“杭州市九峰垃圾焚烧发电项目”展开调研，请予接洽。

1. 调研时间：2018 年 7 月 16 日

2. 调研形式：村干部访谈

3. 调研内容

（1）了解中桥村的概况。

（2）调研九峰垃圾焚烧发电项目属地群众搬迁规模。

（3）明晰基层组织在中泰事件中发挥的作用。

（4）了解政府的土地政策倾斜。

（5）带领群众考察同类工程项目情况。

4. 联系人：顾萍

敬请贵方予以接洽，非常感谢！

项目调研小组

2018 年 7 月 14 日

接洽函

尊敬的杭州市环境集团有限公司：

由于我校承担的国家社会科学基金重大项目——“中国工程实践的伦理形态学研究”的需要，经浙江省“五水共治”领导小组办公室安排，现丛杭青教授、顾萍前往贵处就“天子岭垃圾填埋场垃圾处理项目”展开调研，请予接洽。

1. 调研地点：杭州市天子岭循环经济产业园区

2. 调研事项

（1）了解天子岭垃圾填埋场垃圾处理项目情况。

（2）参观天子岭生态公园。

（3）调研餐厨垃圾处理项目：工艺流程、污水处理过程。

（4）调研杭州天子岭发电有限公司的垃圾焚烧发电项目。

3. 调研时间：2018 年 8 月 30 日

4. 联系人：顾萍

敬请贵方予以接洽，非常感谢！

项目调研小组

2018 年 8 月 28 日

接洽函

尊敬的杭州余杭水务控股集团有限公司：

本研究团队申报了“教育部学位与研究生教育发展中心所属的中国专业学位案例中心视频案例制作项目”。项目名称为：“杭州临平净水厂化解‘邻避效应’的对策”，项目编号：SPAL201911180001。因研究需要，本研究团队希望就“临平净水厂”的案例视频拍摄方案和拍摄工作的相关事宜能与贵单位进行探讨和协商，另外本团队计划实地参观和调研临平净水厂，希望得到贵单位的协助和支持。现就相关事宜，初步拟定如下：

1. 调研时间：2020 年 6 月 2 日、3 日、4 日（这个时间段内某一天，协商而定）

2. 参与人员：丛杭青教授、吴老师、顾萍

3. 相关事项

（1）根据课题研究计划，就“临平净水厂”的案例拍摄方案和拍摄工作的相关事宜，与贵单位进行交流、探讨和商定。

（2）参观调研临平净水厂上方的“水美公园”，了解主题绿地公园的内部景观、基本设施和主要功能。

（3）参观调研地埋式污水处理厂内部和污水处理的核心工作区域，了解临平净水厂的污水处理工艺和污水处理流程。

（4）参观调研临平净水厂地面的办公区，了解数字化、智能化的净水厂中控室，调研和体验结合 3D、AI、净水旅程沉浸式体验等技术的现代化净水科普基地。

敬请贵方予以接洽，非常感谢！

项目调研小组

2020 年 5 月 29 日

接洽函

尊敬的余杭区“五水共治”指挥部办公室：

本研究团队申报了“教育部学位与研究生教育发展中心所属的中国专业学位案例中心视频案例制作项目”。并获得了批准。项目名称为：“杭州临平净水厂化解‘邻避效应’的对策”，项目编号：SPAL201911180001，项目最终的成果是制作形成40分钟左右的案例视频，该视频将会进入教育部学位中心案例库，供全国高校教学使用，并且教育部预计会进一步将视频案例推向国际，与国外名校开展视频案例互换互学的合作，促进工程教育教学的跨国交流。

因研究需要，就“临平净水厂”的案例拍摄方案中需要贵单位予以协助和支持的工作，概括如下。

1. 资料收集

（1）当年赴广东参观考察同类工程项目的影像或图片资料。

（2）与该项目相关的文件。

2. 安排人物入境

（1）政府方面代表一位。

发言要点：区政府为了推送此项目所做的工作有哪些。

参考内容：观众的利益补偿方面、群众思想工作等。

（2）赴广东参观考察同类工程项目的居民代表一位。

发言要点：一是当时对“临平净水”项目的顾虑点（对身心健康的顾虑；对区域未来发展的顾虑等）；二是赴广东考察同类工程项目的经历讲述。

3. 预计拍摄时间：6月中下旬，具体时间协商面定。

敬请贵方予以接洽，非常感谢！

项目调研小组

2020年6月5日

接洽函

尊敬的杭州余杭环境（水务）控股集团有限公司：

本研究团队申报了“教育部学位与研究生教育发展中心所属的中国专业学位案例中心视频案例制作项目”，并获得了批准。项目名称为：《杭州临平净水厂化解“邻避效应”的对策》，项目编号：SPAL201911180001。项目最终的成果是制作形成40分钟左右的案例视频。该视频将会进入教育部学位中心案例库，供全国高校使用。教育部预计会进一步将视频案例推向国际，与国外名校开展视频案例互换互学的合作，促进工程教育的跨国交流。

首先，该项目有助于从理论的层面，对“临平净水厂”化解“邻避效应”的成功经验、创新的工程理念和卓越的工程实践进行总结、凝练和升华。其次，该研究会将“临平净水厂”案例作为浙江破解“邻避效应”的典范工程，通过教育部的平台，将“浙江经验”推向全国。最后，“临平净水厂”的成功实践是中国问题、中国实践、中国方案、中国智慧的集中体现，通过该项目研究，会将“临平净水厂”案例作为我国本土化的成功案例推向国际。

因研究需要，就“临平净水厂”的案例拍摄方案中需要贵单位予以协助和支持的工作概括如下：

1. 相关视频、图片、文件的搜集。

说明：经协商在业主允许的条件下，该项目会编选部分旧影像、照片资料，最终成品视频经业主审核同意报出。

2. 安排人物出境：业主单位代表一位

发言要点：

（1）第一次选址后，属地居民的利益诉求描述。

参考内容：一是征地拆迁方面的利益诉求，属地居民要求对他们现在所居住的地方进行“整村整迁”；二是在经济补偿方面的诉求，属地居民要求总金额合计9个多亿的经济补偿。

（2）业主单位保障项目顺利推进所做的工作有哪些。

参考内容：建设方案的改进、技术的提升、对群众的利益补偿、做好群众思想工作等。

3. 预计拍摄时间：6月中下旬，具体时间协商而定。

敬请贵方予以接洽，非常感谢！

项目调研小组

2020年6月5日

附录四：“五水共治”调研报告汇总

“五水共治”调研报告目录	
序号	调研报告名称
1	调研报告 1：杭州市余杭区“五水共治”
2	调研报告 2：从温室甲鱼养殖的兴亡史看工程的社会形态
3	调研报告 3：余杭区甲鱼养殖户访谈
4	调研报告 4：余杭区企业、工业园发展情况
5	调研报告 5：萧山区智慧河道云平台
6	调研报告 6：萧山区浦阳江河段治理
7	调研报告 7：萧山信息港小镇
8	调研报告 8：浦江县“五水共治”调研
9	调研报告 9：临平净水厂项目工程师访谈
10	调研报告 10：宁波市象山县“五水共治”
11	调研报告 11：千岛湖配水工程项目工程师访谈
12	调研报告 12：富阳区东大纸业有限公司调研访谈
13	调研报告 13：杭州市富阳区“五水共治”

续表

“五水共治”调研报告目录	
序号	调研报告名称
14	调研报告 14：舟山跨海大桥调研
15	调研报告 15：绍兴市柯桥区“五水共治”
16	调研报告 16：九峰垃圾焚烧发电项目
17	调研报告 17：日本东京母亲河——隅田川的治理
18	调研报告 18：日本最大湖泊——琵琶湖的治理

调研报告 1：杭州市余杭区“五水共治”

2017 年 11 月 14 日，作者及调研团队在杭州市余杭区展开“五水共治”调研。本篇调研报告是作者根据余杭区“五水共治”工作领导小组办公室所作的《余杭区“五水共治”工作汇报》整理而来。此报告所列的数据和基本观点，由受访单位提供。由于这些内容属于尚未正式发表的文献，所以未列入本书的参考文献中，特此作为附录加以说明和展示。

一、余杭区“五水共治”亮点工作

（一）建立网格模型，拓宽群众参与途径

一是网格“一张图”覆盖。余杭区有网格支部 1882 个，每个网格支部一般不超过 30 名党员，由村（社区）“两委”班子成员兼任网格支部书记，组织动员群众参与小微水体治理。党员、村民一起对本区域范围内的小微水体进行地毯式排查，绘制小微水体分布图，做到“一村一图”“一塘一档”，实行挂图作战。二是明确目标“一本账”。参照河长制，设置小微水体公示牌，接受群众监督，为群众参与家门前的小微水体治理提供便捷渠道。三是丰富活动“一盘棋”。结合每月全民美丽日、主题党日等活动，开展美丽乡村建设和小城镇综合环境整治，实现一村一品、处处是景，让村民踊跃参加活动，美化自己的家园。

（二）实施“河长+网格”模式，调动群众主动性

一是网格定人。全区小微水体长效管理工作由村、社区的书记、主任负责，网格长直接负责辖区内所有小微水体，网格指导员积极下村到各网格内进行摸排，党员、组长等在主题党日认领巡查任务，党员、村民共同参与治理和保洁。二是河长定责。河长负责在居民中开展水域保护的宣传教育，并对其责任水域进行日常巡查、督促、劝导，落实责任水域日常保洁、护堤等工作，同时负责及时处理群众对水域问题的投诉和举报。

二、余杭区小微水体治理经验

（一）以“截”为本抓减排

随着外来人口不断涌入，农村生活污水量剧增，以往靠河道、池塘自净就能消耗掉的污水如今已是大大超出了自然的承受范围。余杭区三管齐下“截”农村污水之源：一是推进截污纳管全覆盖；二是强化排污口整治；三是建立农村生活污水治理设施运维机制。

（二）以“清”为本构生态

治水的终极目标是为了重建水生态平衡，为了早日实现这一目标，余杭区积极探索河道水环境生态治理途径，制定了《余杭区河道水环境生态治理项目实施办法》，与周边地区考察的成果相结合，将经验在全区推广。一是实施水产养殖污染治理；二是建立健全清淤轮疏机制；三是推广自然生态护水。

（三）以“美”为本促长效

余杭区以小微水体网格化管理为抓手打造独具特色的美丽乡村。针对区内水系发达、河网密布、小微水体众多的情况，余杭区尝试将网格化管理模式运用到小微水体治理和长效管理中，由党员发挥带头作用，村民联动，建立“网格支部、组级协商”机制，全民参与治水护水。村委班子任河长，党员、村民争当民间河长，小微水体治理做到全覆盖。全区共建立 1882 个网格支部，由村（社区）“两委”班子成员兼任网格支部书记（网格长），组织动员其他村民代表和热心群众参与小微水体治理和管理，党员、村民一起对本区域范围内的小微水体进行地毯式排查，绘制小微水体分布图，做到“一村一图”“一塘一档”，实行挂图作战。

三、余杭区打造“污水零直排 2.0 版”

余杭区先行先试“污水零直排区”创建，按照“全覆盖、细分类、疏管网、

强管理”的要求，深入实施“清单化管理”，强力推进整治提升，打造“污水零直排2.0版”，为全省“污水零直排区”创建起到了引领示范作用。

一是坚持排查，紧盯污水防控点。明确目标，锁定范围；深入摸排，列出清单。二是坚持整改，把好污水泄流关。分类施策，紧盯排污口，严把验收关。三是坚持监管，布下治理长效网。开展常态化巡查，建立“三色预警”督查机制，建立长效机制。

余杭以“整治方案+验收规程”推动雨污合流整治，以“三色预警+专项督查”巩固治理成效，以“河长+网格”建立长效的“污水零直排区”创建做法得到省市领导的高度肯定。

调研报告2：从温室甲鱼养殖的兴亡史看工程的社会形态

2017年11月14日，作者及调研团队在杭州市余杭区南苑街道的“虹越·园艺家”调研了温室甲鱼养殖转型发展为花卉园的项目。本篇调研报告是作者根据余杭区“五水共治”工作领导小组办公室提供的关于温室甲鱼养殖业转型升级的相关资料整理而来。此报告所列的数据和基本观点，由受访单位提供。由于这些内容属于尚未正式发表的文献，所以未列入本书的参考文献中，特此作为附录加以说明和展示。

一、“起”

在浙江，温室甲鱼养殖从20世纪80年代开始，温室甲鱼棚大多建于20世纪90年代，签订的土地租赁协议价格普遍较低，一般不高于800元每亩（12000元每公顷）。1999年原政府给予2元每平方米（2000元每公顷）的水产养殖补助。

二、“兴”

20世纪90年代，甲鱼养殖业在浙江大地兴盛一时，甲鱼则是老百姓眼中的“奢侈品”，达到了每斤（0.5千克）三四百元的价格。

三、“改”

环保供热设施改造，2014年9月30日前，自行拆除原有的煤炭、木渣等供热炉具、烟道及外置烟囱，安装采取公开邀约、评审确认的生物质颗粒燃料加热炉型号，使用生物质颗粒燃料供热，排放的废气污染物满足规定的控制指标，并签署自行改造承诺书，然后向村（社区）提交验收申请，经过镇街成立的初验小组的初验和区温室甲鱼废气污染治理工作领导小组办公室牵头的复验小组的复验，满足检测验收要求的养殖户才可申请领取财政补贴。生物质颗粒燃料加热保温炉改造补助标准见表1，其他清洁模式改造补助标准见表2。

表1 生物质颗粒燃料加热保温炉改造补助标准示意图

完成改造时间	补助标准		
	单栋温室占地面积≤400平方米，安装一台生物质加热炉（小型）	单栋温室占地面积400（不含）~700平方米，安装两台生物质加热炉（小型）	单栋温室占地面积>700平方米（不含），安装两台生物质加热炉（中型）
2013年12月20日前	每栋4000元	每栋8000元	每栋10000元
2014年9月30日前	每栋2000元	每栋4000元	每栋5000元

表2 其他清洁模式改造补助标准示意图

	时间	补助标准
其他清洁模式	2014年3月31日	每平方米12元
	2014年9月30日前	每平方米6元

四、“停”

温室甲鱼养殖过程中，加温产生的烟尘及有害气体对大气环境造成严重污染，外排池水中氮、磷含量高，并含大量粪便、残饵等固体悬浮颗粒，加剧水质的富营养化并淤塞河道，严重影响了周边居民的生活环境，对人体健康造成影响。温室甲鱼养殖模式，提高了养殖成活率，加快了生产速度，也从一定程度上影响了甲鱼的品质。整改前，余杭区南苑街道共有甲鱼养殖户495户，养殖棚1302栋，养殖面积78.54万平方米。

五、“转”

由社区、组负责集中流转相对连片的土地，并对流转土地连片整理形成农业园区，进行农业项目的招商引资，主要经营范围为花卉苗木、水果和蔬菜等的种植。

招商引资。浙江某园艺有限公司在长树社区土地复耕区块租赁土地52亩（3.47公顷）（一期），建设荷兰花卉园项目，项目总投资520多万元。浙江某市政园林有限公司在长树社区土地复耕区块租赁土地45亩（3.00公顷），种植草花和容器小苗，供应市政绿化养护。部分零星区块也通过土地流转的方式在开展草莓、蔬果类等种植。

通过土地集中流转招商引资，土地租金明显上涨。据了解，目前土地租金达到了1300~1500元每亩（19500~22500元每公顷），大幅提高了农户的土地租金收益。

调研报告3：余杭区甲鱼养殖户访谈

2017年11月30日，在杭州市余杭区南苑街道工作委员会，作者及调研团队对三位甲鱼养殖户进行访谈。此调研报告是在访谈记录基础上，由作者执笔完成。

一、问：温室甲鱼在当时是不是支柱产业？

甲鱼养殖户：温室甲鱼养殖以前是支柱产业，新安社区、丁塘社区，每户人家房前屋后都有甲鱼棚，两个社区共有甲鱼棚73.8万平方米。江苏德清还存在温室甲鱼，现在也在逐步关停，先关停黑鱼养殖，温室甲鱼、外滩甲鱼也在逐步减少。

二、问：您认为温室甲鱼还有没有市场？

甲鱼养殖户：温室甲鱼可能会对大气和水产生污染，假如处理好这两方面的问题，温室甲鱼还是有市场的。温室甲鱼和外滩甲鱼的营养成分是一样的，外滩甲鱼的口感相对较好，胶原蛋白更紧实。现在温室甲鱼13元每斤（26元每千克），外滩的17~18元每斤（34~36元每千克）。

三、问：以现在的市场行情（13 元每斤，26 元每千克），甲鱼养殖户的利润如何？

甲鱼养殖户：温室甲鱼以现在的行情，养殖户除去土地租金和人工成本利润并不高。当然这也取决于养殖的水平，当甲鱼的平均重量低于 7 两每只（0.35 千克每只），就基本没利润，当平均重量达到 8 两（0.40 千克）以上，还是有利润的，至少不亏损。甲鱼蛋的孵化率达到 85%，就很不错了。

四、问：甲鱼养殖大概得经历哪些阶段？

甲鱼养殖户：第一阶段是孵化阶段。孵化出的幼苗在 2~5 克每粒，小苗的尺寸大概是壹圆硬币大小，平均正常是 2.8 克每粒。第二阶段是幼苗期。质量 50 克（1 两）每粒。第三阶段是成苗期，质量 250 克左右每粒。第四阶段是大苗期，质量 250 克以上每粒，即为成熟的甲鱼。每个阶段喂食的饲料也是不同的。

五、问：甲鱼的饲料主要是什么？

甲鱼养殖户：海里的鱼粉、小鱼、小虾或者淀粉。

六、问：饲料是买的还是自己做的？

甲鱼养殖户：买的，有专门的饲料厂，每包 40 斤（20 千克）。甲鱼养殖也衍生了许多产业，如饲料销售商，有些商家甚至提供“一条龙”服务，包括甲鱼蛋、饲料、鱼药、甲鱼出售（收购）等。

七、问：甲鱼的成活率是多少？

甲鱼养殖户：大概 80%。

八、温室甲鱼养殖是从哪一年开始的？

甲鱼养殖户：大概 1998—1999 年，海宁发展得比较早。余杭当地鼓励发展第三产业，给予养殖户每平方米 2 元补助，每个社区 90%以上的农户都进行温室甲鱼养殖，也有很多养殖户去海宁外租地养殖甲鱼。

九、问：甲鱼养殖排泄物的污染情况如何？

甲鱼养殖户：甲鱼粪便、饲料会产生污染。

十、问：怎么估算排泄物的量？

甲鱼养殖户：甲鱼排泄物能浮在水面上的，然后直接排到河道里。一个大棚600平方米，一个养殖周期排放污水量为224吨，两个社区28万吨每年，基本上一年一季。

十一、问：多久换一次水？

甲鱼养殖户：养殖技术好的话，一季换一次水。

十二、问：后期养殖户自己有没有对污水进行处理？

甲鱼养殖户：一般没有，大多数是就近通过沟渠排放污水，排到河道里。

十三、问：甲鱼会不会冬眠？

甲鱼养殖户：会的，甲鱼在室温28度左右的时候才会进食，温室甲鱼养殖是通过温控，让甲鱼不冬眠，这样生长速度会加快。温室甲鱼养殖的密度是很大的，一个平方米大概有30只甲鱼，温室池的水位约60~80厘米。

十四、问：政府补贴面积是按照什么计算的？

甲鱼养殖户：按甲鱼棚的占地面积计算的。

十五、问：甲鱼市场行情受什么因素影响？

甲鱼养殖户：受养殖技术、成本的控制和对销售市场的把握这三个因素的影响。例如：1999年，年前32元每斤（64元每千克），年后16.5元每斤（33元每千克）。养殖成本主要包括：购买甲鱼蛋+饲料+加温材料（木屑：起初免费，后来2~14元每袋）。

十六、问：您从事甲鱼养殖多少年？

甲鱼养殖户：从1999年到2014年。

十七、问：温室甲鱼养殖的利润情况如何？

甲鱼养殖户：2005年以前是赚钱的，2005年以后基本亏本。2003年大概

9.6元每斤（19.2元每千克），3个甲鱼棚每年赚1万元。

十八、问：养殖户家庭收入除了甲鱼养殖以外，还有其他收入来源吗？

甲鱼养殖户：养甲鱼的收入基本上是全家的经济来源。

十九、问：当时有没有人养温室甲鱼是赔本的？

甲鱼养殖户：有的，20%以上的养殖户盈利，60%以上的保本，10%以上的亏本。

二十、问：甲鱼销售的渠道主要有哪些？

甲鱼养殖户：主要是水产销售市场，甲鱼壳还会有其他用途。

二十一、问：温室甲鱼养殖的政策具体包括哪些内容？

甲鱼养殖户：甲鱼养殖业在2000年左右迎来政策支持期，2012年，养殖户装水空调，虽然实现了无烟尘排放，电负荷量很大，抽取地下水，造成地面下陷，大概运行了一年多。2013年对加温炉进行改造，采用生物质颗粒燃料（日峰炉），43户安装了177套日峰炉，烟尘排放能达到工业废气排放的标准。解决了治气问题，解决不了治水问题。2013年11月份，温室甲鱼养殖被正式关停。区政府出台了补偿政策，按每平方米130元的标准提供补贴，街道层面最终提升至每平方米150元。处理过程中腾空交棚，有10元奖励，刚下苗的推后交棚，推后的要扣掉1元的奖励。

二十二、问：关停之后，还有多少人继续从事温室甲鱼养殖？

甲鱼养殖户：大概还有10%的人选择去外地继续养殖，主要在江苏、浙江德清。

二十三、问：在环保压力持续加剧的背景下，今后温室甲鱼养殖的发展方向是什么？工厂化的养殖情况如何？

甲鱼养殖户：曾经与外省企业合作过，使用污水净化设施，成本低但一般每一个半月到两个月过滤球和沙子要晾晒，操作比较复杂。

二十四、问：温室甲鱼关停之后，养殖户的主要经济来源是什么？

甲鱼养殖户：年轻的养殖户进企业或自主创业；稍微年长的做保安（大概有10%的养殖户）；更年长的做保洁工作。

理论思考：

温室甲鱼应该是一个生物养殖工程，这是定位。这个工程实际上也是一个社会工程，更多的是指工程与当时的社会结构、社会组织和社会文化，或者工程的社会形态密切相关的。温室甲鱼养殖给我们一个启示：社会工程实际上是非常有趣的概念，一种狭义的理解就是用工程的思维处理社会问题。科学管理运动以及技术统治论所研究的就是这种思路。另外一种就是马克思主义视角下所谈的社会工程，这已经不是在狭义工程意义上所讨论的社会工程了。温室甲鱼，它既不同于狭义的社会工程，也不同于广义的社会工程，温室甲鱼养殖的案例给我们提供了一种理解社会工程的新的思路。

调研报告4：余杭区企业、工业园发展情况

2017年11月15日，作者及调研团队在杭州市余杭区企业、工业园展开调研。本篇调研报告是根据余杭区东湖街道工作委员会所作的《余杭区工业园区整治工作报告》整理而来。此报告所列的数据和基本观点，由受访单位提供。由于这些内容属于尚未正式发表的文献，所以未列入本书的参考文献中，特此作为附录加以说明和展示。

一、企业生产类型和工业园中的企业类型

开发区目前已形成智能装备、健康医疗、绿色环保、布艺家纺等主导产业，引进了日立、三菱、平安、华润等10余家世界500强企业，培育了老板电器、贝达药业、西奥电梯、运达风电、春风动力、诺贝尔陶瓷、长江汽车等国内外知名企业、规模以上企业279家，工业企业1000余家。拥有国家级企业孵化器、省级高新技术产业园区、生物医药高新技术产业园区，以及全省唯一的生物医药产业示范基地。

二、企业转型升级的目标

以“产业为王”为导向，坚持“转型升级、创新驱动”两大战略，按照

“大企业大集团龙头引领、行业单打冠军重点支撑、科技众创空间加速孵化”三条主线，构筑“高端装备制造、健康医疗、新能源新材料、家纺布艺和现代服务业”五大产业集群。

三、企业转型升级的路径

延伸产业链，提升产品的附加值，向产业链、价值链高端攀升。第一，做大做强龙头企业。大力激发企业家加快发展的热情，营造奋勇争先的创业氛围。通过合资、联合、并购等方式增强资本实力，扩大经营规模、开拓国际市场、发展跨国经营。鼓励实力强劲的企业向集团化、“航母型”进军，做强一批具有国际竞争力、国内主导力、园区贡献率的大企业大集团，形成“顶天立地”的雄伟气势。截至 2020 年年底，已培育 5 亿元以上工业企业 56 家。

第二，做精做细行业标杆。充分利用“智能制造、转型升级”的现实基础和先发优势，紧紧围绕四大主导产业，挖掘潜力、拉高标杆，实施品牌发展战略，建立现代企业制度，加快实现管理现代化。大力培育行业单打冠军、隐形冠军，占据国内乃至国际细分领域制高点。到 2020 年底培育国际和国内主导行业的单打冠军 70 家。

第三，加速孵化小微企业。加强对各类产业园和出租厂房的规范化、差别化、动态化管理。对创新能力强、产业特色明显、成长性突出的小微企业进行重点扶持和培育，缩短孵化期，加快产业化进程，对脏乱差企业和僵尸企业进行关停整治和兼并重组。

第四，加大上市挂牌力度。以高新技术企业、科技型成长企业为重点，按照“储备一批、培育一批、股改一批、上市一批”的思路，通过资本市场集聚要素、整合资源，形成层次有序、梯次推进的良好局面。到 2020 年年底，新增上市企业 10 家、新三板挂牌 30 家。

四、措施：技术改造、创新提升、科学管理、节能降耗

立足特色产业优势。充分发挥现有产业优势，继续做大做强装备制造、医药健康、家纺布艺等优势产业，同时围绕龙头企业培育产业集群，延伸产业链，打造有较强区域影响力的特色产业体系。瞄准战略性新兴产业，建立战略性新兴产业和传统产业双轮驱动发展，鼓励发展战略性新兴产业。加强“互联网+”推广应用，加快传统产业转型升级，加大现代服务业发展力度。

科技创新驱动为先。大力推进科技、人才等创新要素在开发区的集聚，提

升科技研发水平，与省内外高校和科研机构建立密切联系，为创新发展提供智力支持。

低碳生态可持续。按照生态可持续发展要求，顺应低碳发展趋势，以低碳化、循环化和集约化为重要导向，加快构建绿色低碳制造体系，加强绿色技术研发和产品应用，不断提高绿色精益制造能力，推动产业的可持续性发展。

五、企业转型的阻力和工业园发展上的最大困境

虽然开发区产业发展面临重大机遇，但也存在不少突出矛盾和问题。主要问题有产业发展主要集中于生产环节，产业两端发展水平不高，主导产业之间的互动水平与关联性较低；多数企业自主创新层次不高，关键领域与核心环节的领军人才急需引进，创新实力尚待培育；生产性服务业比较缺乏，除创业创新孵化器之外，现代物流等生产性服务业发展滞后；开发区空间板块破碎，用地穿插布局，产业互补协作难度增加；资源有效利用率有待提高，闲置土地和厂房总量较大。

调研报告5：萧山区智慧河道云平台

2017年11月24日，作者及调研团队在杭州市萧山区调研“五水共治”，并参观了萧山智慧河道云平台指挥中心、萧山开发区综合信息指挥室。本篇调研报告是根据作者调研期间的会议记录和萧山区“五水共治”工作领导小组办公室提供的关于“智能河道云平台”的相关资料整理而来。此报告所列的数据和基本观点，由受访单位提供。由于这些内容属于尚未正式发表的文献，所以未列入本书的参考文献中，特此作为附录加以说明和展示。

现有治水工程资料仅靠单纯的电子稿和纸质文档进行存储，查阅调用费时费力，极度不便；河道及设备日常养护不及时、不到位，从发现问题到解决问题都比较被动；汛期防涝及水质异常预警能力不够迅速，无法第一时间直观地获知汛情和污染状态；河道水质、水位等动态数据采集缺乏实时更新机制；治水成果缺乏可持续的长效更新机制。

构建基于GIS的智慧河道云平台。通过远程调度系统管理，实时完成排水调度、污染源分析、视频管理等动态监控。同时具备水质、水位、能耗等参数的数据分析管理功能，便于领导直观地做出相应的处理，辅助决策建议，以更加精细和长效的方式管理河道治理系统的整个排水、治污、管理和服务流程。

利用移动终端设备，实现河长巡河、问题处理、任务督导等功能。实现对城市污水来源追根溯源、河道排水远程可控，确保劣V类水治理效果能够更加持久，不使其反弹，从而提高河网的管理质量和管理效率，实现长效监管机制。

智慧河道云平台遵循《浙江省河长制管理信息化建设导则（试行）》（简称《省导则》）的建设要求，与省平台无缝对接。平台有首页、一河一档、排放口溯源、实时监测、应急指挥、图层分布、问题处理等功能模块。通过该平台，可以随时查阅每一条河道的基本信息、河长信息、河长的巡河情况及问题的处理情况；可以随时了解河道的水质及其变化情况；可以实时查看河道及其周边环境以及泵站的运行情况；可以对每一个排放口及其联通的排水管道基本属性一目了然，方便追溯污染源的源头；可以对河道泵及闸门进行远程控制，实现无人值守应急指挥，并对每个泵的排水时间及用电量等进行实时统计；可以对河道、排放口、检查井、雨水管、雨水井等管网数据进行管理、定位、查询、统计、分析；利用手机APP可以实现河长巡河及公众投诉等。通过在萧山经济技术开发区市北区块几个月的试运行，各方反应良好，给日常工作提供了诸多便捷，起到了智慧好帮手的作用。

广泛招募民间河长，充分整合社会力量，建立以政府河长制为主体、民间河长为补充的全民治水模式，助推河长制，共建生态文明。民间河长通过智慧河道云平台与政府河长办建立联系，对接各级政府河长，充当好“宣传员、信息员、监督员”。智慧河道云平台的应用，实现了河道精细化、数字化管理，也大大提高了民间河长的履职效能。

智慧河道云平台各功能及数据按照《省导则》要求建设。除《省导则》要求功能外，另建设有排放口溯源、泵站远程控制、GIS应用等功能，实现对城市污水来源追根溯源、河道排水远程可控、提高河网的管理质量和管理效率。全面深化落实河长制管理制度，对城市污水来源追根溯源、确保劣V类水治理效果能够更加持久，不使其反弹。

智慧河道云平台效益分析。一是高效管理。提高河道运行数据的准确性和及时性，从而提高管理部门运行监管的工作效率。二是精准决策。实时监管，为应急指挥、决策指导提供全面有效的数据支撑。三是远程监督。实现城市河道运行数据远程上报机制，智能数据分析和统计。四是节能降耗。长效管理，节省重复治理成本；智能化管理，节省人工管理成本；预警机制和应急指挥控制，把灾害损失降到最低。

调研报告6：萧山区浦阳江河段治理

2017年11月24日，作者及调研团队在杭州市萧山区浦阳江河段整治工程项目现场调研。本篇调研报告是作者根据萧山区“五水共治”工作领导小组办公室提供的关于“浦阳江河段整治”的相关资料和数据整理而来。此报告所列的数据和基本观点，由受访单位提供。由于这些内容属于尚未正式发表的文献，所以未列入本书的参考文献中，特此作为附录加以说明和展示。

一、案例介绍

工程建设的任务以防洪为主，兼顾排涝，结合两岸滩地治理对水环境进行整治。工程建设包括堤防加固（防汛抢险通道、穿堤建筑物）、滩地治理和水环境整治三部分。工程计划分4期实施，工期4年，工程总投资42.46亿元。

萧山区浦阳江治理工程位于萧山区南部。工程以防洪为主，兼顾排涝，结合两岸滩地治理及水环境治理，防洪标准提高到50~100年一遇。根据省发改委《关于萧山区浦阳江治理工程初步设计报告的批复》，确定工程堤防加固长度为55.06千米。其中，浦阳江左岸堤防为25.33千米，右岸堤防为15.61千米，西江塘为14.12千米；建设防汛抢险道路58.3千米；拆建排灌站9座、拆建机埠35座、新建穿堤涵闸和船闸各1座、箱涵及涵管接长22处；滩地治理共24处，拆除6处子堤，整治滩地面积363.62万平方米；疏浚临浦以上主河槽11.97千米。营造江内滩地景观绿化135万平方米。

浦阳江综合治理项目，概算总投资约42.46亿元，获农业发展银行32亿元银团授信，期限20年（含宽限期5年），贷款利率执行人民银行基准利率。该项目已到位资金3.30亿元，以增资入股的方式获农发基金2.30亿元，获省水利厅浦阳江治理项目专项补助款1.95亿元，到位贷款资金7.50亿元，共到位资金约15亿元。义桥作业区项目，总投资约6.34亿元，正联系各大银行计划融资4.40亿元。

二、亮点做法

政府建立国有企业作为筹措治水资金的融资平台，通过给国企两块城中村土地，自行完成拆迁、银行抵押贷款、土地再开发。获得收益一部分用于浦阳江治理工程，一部分用于还贷款。

三、理论思考点

（一）政府的融资方式

（二）PPP：市场买单、政府兜底

（三）政府与企业、市场、公众新型关系的建构

（四）长效治水

长效治水是对环境挑战的可持续性应对，根据美国传统字典，它意味着“保持存在、维护和延长”。在环境领域，可持续意味着不仅要保持事物的存在，而且要保持其质量和功能持续平衡。因此，可持续农业不仅保持了土地生产粮食的能力，而且保持了生产大致相同质量和数量粮食的能力。

（五）生命周期分析是实现可持续性的途径之一。

调研报告 7：萧山信息港小镇

2017 年 11 月 24 日，作者及调研团队在杭州市萧山区杭州湾信息港小镇调研。本篇调研报告是作者根据萧山区“五水共治”工作领导小组办公室提供的关于“萧山信息港小镇”的相关资料和数据整理而来。此报告所列的数据和基本观点，由受访单位提供。由于这些内容属于尚未正式发表的文献，所以未列入本书的参考文献中，特此作为附录加以说明和展示。

一、小镇的基本情况

（一）定位

信息港小镇依托杭州湾信息港为主要载体，以新一代信息技术为主导，以“互联网+”为特色，重点引进软件和信息服务、互联网及互联网产业，以“小空间大集聚、小平台大产业、小载体大创新”格局为要求，围绕“信息改变生活”这一主题，通过 5~8 年的建设与发展，将小镇打造为萧山两化深度融合的

主平台、科技创新驱动的新引擎、杭州互联网经济的新硅谷、大众创业的新空间、跨境电商的先行区，加快培育为萧山新的经济增长点，争取成为省内有一定影响力的示范特色小镇。

（二）范围

信息港小镇南始三益线（北塘河），北到文明路，东起金一路，西至青年路所构成的3.12平方千米规划面积。

（三）区块

整个小镇分为“一核两带三区”6个区块。“一核”指“互联网创业创新孵化及深化应用核”，重点以杭州湾信息港一期、二期（中国智慧健康谷，包括微医国际医疗中心的全科医学院、肿瘤精准治疗中心、妇儿精准治疗中心等体现“互联网+”特色的健康产业项目）、三期（乐创城）为载体，着力培育“互联网+健康”“互联网+设计”“互联网+家装”等一系列体现“互联网+”特色的全产业链。“两带”指“软件和新一代信息技术产业带”和“互联网+”产业带。“三区”指“跨境电商先行区”“大众创客集聚区”及“休闲旅游商务区”。

二、主要做法

（一）重创新、抓管理

“政府主导，企业专业化运营”的管理方式是一个创新之举，充分发挥了企业的团队、资源和效率优势，迅速完成了杭州湾信息港的产业定位优化和招商推广等工作。

（二）谋规划、抓特色

依托萧山强大的传统产业基础，结合当前盛行的互联网经济，基本形成了小镇“互联网+传统制造业”的发展特色，并以“互联网+”为核心内容，聘请浙江省经济规划研究院对小镇的发展进行规划。

（三）搭平台、抓资源

通过重大项目的引进和优质资源的整合，信息港已逐步形成了“161”的发展格局，即1个用于服务配套的互联网基础平台，6个“互联网+”特色鲜明的智慧谷，1个服务“大众创业、万众创新”的联创空间。

（四）优服务、抓配套

建立重点项目推进协调机制，追求“店小二式”的专业化贴身服务，通过“一条龙、一站式”的全程服务，着力解决联系服务企业“最后一公里”问题。

三、小镇发展规划

（一）全力打造“485”工程

将重点建设中国智慧健康谷、中国智慧家居谷、中国场景科技谷以及中国智慧交通谷4大智慧谷。

（二）完善配套建设

在原有商务配套的基础上，按照省级特色创建示范小镇的建设要求，进一步优化资源配置。一方面，对已有的配套在服务功能和服务品质上做一番全面的调整；另一方面，引入一批新的配套设施，让入驻信息港小镇的企业足不出镇便能满足个人的生活、休闲需求，完成产品的研发、测试、产业化等。

（三）加速项目推进

按规划，2016年信息港小镇必须完成实际投资15亿元以上，作为萧山区唯一一家省级特色小镇创建单位，推进项目落地包括信息港二期（中国智慧健康谷）的外墙和内部装修；信息港三期中国场景科技谷的改造装修；信息港四期中国（杭州）跨境电子商务·萧山园区已经开始运作。

（四）强化招商引资

多层面、多方式、多渠道宣传，突显和扩大信息港小镇的对外影响力。通过建立重点客商联络机制、招商主题定位机制、信息共享联动机制，主动对接国内外大企业、大集团、世界500企业，加强以商引商、以商引资，提升招商项目的质量和档次，开展专题招商活动，不断扩大招商的覆盖面和实效性。

调研报告8：浦江县“五水共治”调研

2017年11月29日，作者及调研团队在浙江省金华市浦江县调研“五水共治”。本篇调研报告是作者根据在浦江县调研后的心得和浦江县“五水共治”工作领导小组办公室所作的“浦江‘五水共治’工作报告”整理而来。此报告所列的数据和基本观点，由受访单位提供。由于这些内容属于尚未正式发表的文献，所以未列入本书的参考文献中，特此作为附录加以说明和展示。

工程创新不完全是工程技术的创新，更包括制度创新、文化创新和伦理观念创新。“五水共治”不仅是工程的管理，更是工程的社会治理，表面是在治水，实际是在处理政府与公众、市场、企业的关系，目的是实现自我治理，实现公众与企业的自我提升。通过“五水共治”来改变和提升公众的生产方式、生活方式和行为方式，对公民是一种潜移默化的终身“养成教育”，形成一种节水、爱水、护水的文化氛围，这种文化氛围是可持续的，由此来实现“五水共治”的长效机制。

浦江县新创的“三全服务”是“五水共治”自治的新方法。“五水共治”

作为一项工程项目，是由政府主导、公众参与的实践，因此不能仅仅依靠工程技术。“三全服务”是指全科干部、全责书记、全心党员。在机关党员干部层面，实施“全科干部、全面过硬”工程，全力打造“思想政治过硬、能力水平过硬、作风形象过硬”的乡镇干部队伍；在村党支部书记层面，实施“全责书记、全面履职”工程，全力打造“真心为民办实事、攻坚破难敢为先”的村级带头人队伍；在农村基层党员层面，实施“全心党员、全面服务”工程，全力打造敢亮身份、服务群众的党员队伍。① 提起“全科干部”，让人很容易联想到“全科医生”。细细品味，乡镇干部还真与“全科医生”有几分相似之处。“全科医生”主要在基层承担预防保健、常见病多发病诊疗和转诊，以及病人康复、慢性病管理等一体化服务，被称为居民健康的“守门人”。“全科干部”和“全科医生”都是综合程度较高的人才，“全科医生”解决的是乡村社区百姓的基本医疗卫生需求，“全科干部”则是满足百姓基本公共服务需求，分量都着实不轻。②

浦江县提出把乡镇干部培养成“全科干部”，以“全科干部”定位乡镇干部。对百姓各种需求，要求乡镇干部要说得出理、想得出法、办得好事，为群众提供全方位的服务。“百姓事、问不倒；干实事、难不住”，这是群众心目中“全科干部”的形象。培养“全科干部”的根本目的是提高乡镇干部综合服务能力，一专多能正是“全科干部”的要义。“全科干部”成长没有捷径，浙江省要求，乡镇领导要带头联村联企联农户，党政一把手要走遍辖区内所有自然村，联村干部要走遍联系村所有农户，面对面交流，实打实干事。③

浦江治水与其他地方最大的不同之处在于，一是先走一步，始终走在前面。二是举全县之力，发扬“破釜沉舟、壮士断腕”的决心和毅力来治水。浦江人民以前是“坐在垃圾堆上数钱，躺在医院里花钱”的生活状态，浦江话曾一度成为杭州的某一肿瘤医院的通用语言，并且浦江的经济在全省 89 个县市中处于中等偏下的水平。在这样的情势下，铁腕治水成为唯一的应对策略，并在之后的实践中取得显著成效。再加上领导极度重视，俗语称“老大难、老大难，老大出马就不难”，党政领导为了办好治水大事，层层加压，各单位部门迸发全力。三是抱团作战、部门联动、协同作战，干部的精气神十足。浦江不存在“谁家的孩子谁抱走”“各人自扫门前雪”这种情况。

---

① 沈速．以“三全”党员干部队伍建设为抓手，积极探索小芝镇基层党建工作新路径[N]．今日临海，2017-5-9（3）．

② 程来节．乡镇干部要当“全科干部”[EB/OL]．中国共产党新闻部，2013-05-07.

③ 程来节．乡镇干部要当“全科干部”[EB/OL]．中国共产党新闻部，2013-05-07.

通过“党建引领，党建+”，发动全民参与“五水共治”。从2013年开始每个月20日是党员义务劳动日，所有机关、企事业单位不能少于三分之一的党员参加。设立党员联系农户制度，一个党员必须联系十户农户，宣传发动参与治水。尽管文件规定超过70岁的党员不用参与公益事业，但是无法阻挡他们参与治水的崇高热情。他们自发联系发动群众，利用资历和威望，调解治水中遇到的矛盾。既要给党员责任，又要给予权利，所以联系农户在治水中发现问题第一步先找“联系党员”，由“联系党员”负责进一步处理。长效治水不仅仅需要政府投入，更要依靠全民参与，这是习惯养成的问题。“河长制”最主要的村级河长，村级河长没有报酬，最主要的任务是发动群众。

调研报告9：临平净水厂项目工程师访谈

2017年12月29日，在杭州余杭环境（水务）控股集团有限公司，作者及调研团队对临平净水厂项目工程师进行访谈。此调研报告是在访谈记录基础上，由作者执笔完成。

一、问：排污许可证的发证单位是哪里？

工程师：属于行政许可，余杭区的发证单位是区住建局水务办。

二、问：临平净水厂第一次选址的基本情况是怎样？

工程师：第一次选址在南苑街道钱塘村，该址占地140多亩（9.33余公顷）。但是选址过程中存在阻力，村民认为存在邻避效应，要求整村整迁，水务公司预计拆迁费需要9个亿，但工程实际只需要拆迁20~30户，因为大部分是空地。第一次选址的布局是污水处理厂建在地上，与生态公园是平铺的。

三、问：工程社会风险稳定性评价的主要方式是什么？

工程师：主要采用走访（附近村民、企业、学校等公共服务部门）和集中座谈的方式，评估项目建设是否会引起社会群体性事件。最后项目的社会风险稳定性评价委托杭州社科院完成，主要形式是调查问卷。

四、问：属地居民赴广东省实地考察同类工程项目的情况如何?

工程师：前后一共200~300人，村民分四个批次前往深圳污水处理厂、广州污水处理厂进行考察，乡镇街道代表去云南昆明污水处理厂进行考察。

五、问：第二次选址的好处是什么?

工程师：首先第二次选的是匝道范围内，一般用于绿化，和居民区有闸道相隔。第二次选址距海宁最近，直线距离400米。位于余杭红联社区，但距离大于400米。其次，在运维方面，企业化运作项目标准刚达到国家标准，国有企业的标准要优于国家标准。最后，余杭环境（水务）控股集团有限公司作为国有企业，办公地点固定、资质齐全，群众后顾之忧会少一些。以前是BOT（Build-Operate-Transfer，建设—经营—转让）项目，但受到群众反对，原因是群众认为私营企业通常不会选用领先的高科技设备来投入使用。红联社区书记在项目上马之前，自已曾去深圳污水处理厂走访调查。

六、问：临平净水厂的融资方式是什么?

工程师：余杭环境（水务）控股集团有限公司和余杭区财政按7∶3比例出资，按照BOT模式，建设成本+运行成本每吨水要达到4元。排污企业缴纳的污水费和自来水费一起收取，大概1.5元每吨。

七、问：自来水费和污水费是否可能分开?

工程师：问题的关键是以什么形式收取。分开收费对于余杭环境（水务）控股集团有限公司没有太大影响，污水费的收取不会增加，因为这个价格是政府按规定制定的，但是分开对于有中水回用的企业是合算的。

八、问：为什么取名“净水厂”而不是“污水处理厂”?

工程师：“净水厂”比“污水厂”从名称上更不容易引起群众的抵触和排斥，并且别的地方也会以这样的方式取名，有的叫“再生水厂”。

九、问：污水处理工艺如何选定?

工程师：污水曾拿到过上海的专门检测机构进行过水样检测，应用水解酸化质+MBR两个工艺。现在污水处理通过设备控制得更精准。原来对废气的处置观念不强，但现在污水处理厂以集中处理的形式进行废气处置。

十、问：“五水共治”对项目的推进作用有哪些？

工程师：原来农村的污水排放是分散式排放，不是集中排放，截流后大量污水进入管网，带来的问题有：

1. 原有管网容量不足，污水处理能力不足；

2. 污水处理厂的建设周期完全跟不上截污纳管铺设的速度；

3. 管网铺设得越多进来的雨水量越大，下雨天污水处理系统负荷相当大，甚至达到120%。

因此，污水处理厂处于扩建期，完全的雨污分流是做不到的。与国外相比，我国人口密度大，国外排放标准比我国高；国外不存在阳台放洗衣机的，国外污水量没我们这么大，工业没有我国如此密集。随着“五水共治”的开展，群众最大的感受是“水不臭了”。

调研报告10：宁波市象山县“五水共治”

2018年1月10日，作者及调研团队在浙江省宁波市象山县调研“五水共治”。本篇调研报告是作者根据象山县“五水共治”工作领导小组办公室所作的关于《象山县“五水共治”工作汇报》整理而来。此报告所列的数据和基本观点，由受访单位提供。由于这些内容属于尚未正式发表的文献，所以未列入本书的参考文献中，特此作为附录加以说明和展示。

一、滩长制在象山建立的过程

“滩长制”的由来：2014年全国全省开展振兴修复浙江渔场及“一打三”整治行动，主要是保护海洋资源。当时大量媒体报道“东海无鱼”，捕捞强度过大，海洋资源匮乏，这一系列报道引起省委省政府的高度重视，所以2014年开展了为期三年（2014—2017）的振兴修复浙江渔场及“一打三”整治行动，旨在保护海洋资源。浅海滩涂是海洋资源的一部分，浅海滩涂上的海洋资源非常丰富，沿海一带的农民和渔民都靠海为生，除了开船出海捕捞之外，就是依靠村口、村边的浅海滩涂，例如跳跳鱼、青蟹、望潮等都是渔民靠之为生的渔业资源，以前用来自家食用，后来用于销售。在利益的驱动下，利用网具将幼鱼、小螃蟹等进行大量捕捞，使浅海滩涂的渔业资源变得越来越匮乏。2017年提出加强浅海滩涂的违禁网具清理。为了更好地管理海滩，参考“河长制”的模式建立的“滩长制”。责任到人，把滩涂以乡镇为单位，进行了划块管理，乡镇以滩涂本来的名称，沿革历史来称呼滩涂。每个滩涂分成若干块责任区，每个责任区设一位滩长和若干个副滩员，滩长负责监督管理，副滩员主要负责清理违禁网具、排污口、非法船只等。

象山县从2017年下半年率先在全县推行“滩长制”。在全省范围内象山县是较早推行全面“滩长制”的地方，全县浅海滩涂有43万亩（2.87万公顷），主要的区域集中在西沪港区域、重山港区域，其他地方相对较少。2017年省里出台了《关于在全省沿海实施滩长制的若干意见》，2018年将要召开全省“滩长制”的现场会。可能会定在象山，也有可能定在台州。因为国家海洋局制定了“湾长制”，“湾长制”的选点在台州，于是，省里将湾、滩结合起来，现在成为湾（滩）长制，因为从省级层面讲，海洋和渔业是并拢的，是浙江省海洋与渔业局，国家层面是分离的，有国家海洋局，也有农业农村部的渔业局，是两个部门。省市一级在2017年下半年已经召开了重点大会，要进行全面推广“湾（滩）长制”。象山主要实行的是滩长制，因为象山没有湾，只有港，港与湾是有区别的，湾的口子是小于半圆形的，港是狭长的，是口袋型的。象山对于“滩长制”目前处于摸索阶段，面上已经推开了，但实质性的管理工作还存在局限。目前象山设立了县级滩长34名，乡镇级滩长116名，总共划分了116个滩涂。重点滩涂按照省里的意见是3座大桥：象山港大桥、舟山跨海大桥、杭州湾大桥，大桥周边为滩涂管理的重点区域，象山港大桥的西沪港区域就是重点区域，重点滩域的滩长由县级领导（县长、副县长、县委常委、政协四套班子的领导）来担任，滩长的主要职责就是监督和落实，每个县级滩长下面配一个副滩长，副滩长由乡镇人员担任，除重点县级滩涂以外，其他的是乡镇级滩涂，由乡镇级领导或干部来担任滩长，再根据滩涂面积的大小，配有若干名副滩员，具体来完成滩长制的各项任务。滩涂管理的主要工作任务是围绕浅海滩涂和海洋环境的资源保护来进行的。违禁网具不能有，排污口要排查清楚，防止海洋污染，还包括滩涂的一些污染物的清理，滩涂的违章建筑、违建船舶等都是治理的重点内容。滩涂的管理目前是人管，副滩员每周要进行一次巡滩，及时发现问题进行整改，滩长每个月进行一次巡滩。

下一步重点工作：首先，应用科技空中巡滩。运用无人机对重点滩涂进行巡查，减少人力上的不足。滩涂不同于河道，巡河道的交通工具可以选择车和船，但滩涂不行，一旦到退潮的时候，人无法进入海滩，因此死角和盲区比较多，用无人机的方式巡视发现问题可以反馈给滩长进行整改，以机器换人的方式进行改进巡滩的方式。其次，区域联动，海洋渔业局联合环保部门，海洋的污染源在陆上，海陆联动。最后，省里正在建立科技管控平台。通过了解乡镇河长制的科技管控平台，发现存在的一些问题。工作烦琐，会增加工作量。定位轨迹等的管理方式会增加基层的工作压力，思路应该是“管滩”，而不是“管人”，希望管理简单化，同时又能管理起来。

建议：通过无人机拍摄将照片传输给平台，平台管理员将信息反馈滩长，清理后将照片传输给信息平台，除此之外的台账等并不需要。

滩长制正在摸索，未来能走多远或取得怎样的成效都是未知的。其实“管”只是初级阶段，更高级的阶段是“用”，管好的目的是用好。在不破坏原有属性的基础上，滩涂本来是可以用来养殖的，可以将海域船证许可给予乡镇，让乡镇进行养殖和对外承包，承包获得的收益可以用来支付副滩员的报酬，以便进行进一步的管理，这样会变成良性循环。这样做既能促进周围渔村的经济的发展，让渔民得益，又有利益于滩涂的长效管理，有效利用是管理的最好的长效机制。

二、滩长制在公众参与方面有什么举措

现在基本停留在宣传阶段，原来公众对滩涂的用途的理解是片面和错误的，将滩涂视为天然垃圾场，既场地空旷，垃圾也可以被海水冲走。现在通过学校、乡镇的宣传，居民保护滩涂的意识在增强。此外，团委的活动“海小二”，义务做宣传，预计开展“领养滩涂”的活动，让热心人去宣传和管理海滩，同时增加社会对海滩管理的关注度。

三、象山“五水共治”与非沿海地区的“五水共治”之间的区别

海岛地区与其他地区治水的最大区别，首先，象山是半岛，地域较小，没有大的山脉和过境的水，是相对独立和脆弱的水环境系统。象山不同于其他地域（有上游水、下游水、过境水等），没有大水库，最大只有中型水库，水资源不足，抗旱能力较差，若在梅雨季节前没有蓄满充足的水量，到了7、8月份就会比较干旱，就开始盼台风，台风带来的降水是补充水资源的重要途径。“五水共治”以前河道污染很严重，河道蓄水量只有1/3左右，被污染后的水基本不能用，通过“五水共治”有效地缓解了水资源不足的问题。其次，象山经济总量较小，相比宁波其他地市（公路建设完备、交通便利），象山是半岛，交通不

便，现在也在陆续开发建设高速公路，以前从宁波来象山后当日就无法返回（没有返程的交通），地理位置偏僻，导致经济总量较小，因此象山治水的理念是“整改大于新建，保护重于开发”，致力于在经济总量没有提高的基础上，如何将环境治理好。再次，象山生态环境好，大气质量在宁波一直排名靠前，在全省名列前茅，被评为国家级生态文明示范县（全省5个，全国46个）。生态环境好，百姓对生态环境的要求在提高。最后，致力于“六水共治”，在原来基础上加上海水治理，海洋的治理与保护是象山治理的重点也是亮点，象山有2个国家自然保护区。

成效：通过治理，每一个钓鱼口都可以钓鱼。

象山产业转型：通过集中整治推进产业的转型升级。第一，通过对环境的整治，开发农家乐和全域旅游。第二，促进产业的转型升级，以前主要是印花和漂染，都是重污染产业，象山原来有140多家印花企业，现在集中到两个园区，统一管制；此外，原来大理石切割污染较为严重，最后把所有切割行业集中，组建切割产业园，促进产业的集聚，“宜工则工，宜农则农，宜居则居”。

未来：做更加精细化的工作。第一，污水零直排，推进截污纳管工作。第二，省里提出“美丽湖泊”建设，象山没有大的湖泊，结合实际进行“美丽河道”建设。第三，长效监管和治理。

建议：“河长制”是促进长效管理的有效手段，也是全省立法后要大力推进的工作。按照立法，河长办是常设机构，但省里并没有推行，也没有明确的说法，现在基本上治水办和河长办是合署办公，对河长办的设置方案要及早定下来并推行，河长办有的地方放在水利部门，有的放在环保部门，有的地方在“推”，有的地方在“争”。从事治水工作的人员认为“五水共治”工作是不能停的，若停止，反弹后的情况要比治理前更为糟糕，应该长远地将工作一抓到底，要结合河长办的设置将“五水共治”固定下来，治水办在2020年之后应该如何安置体制亟待完善，这样也有利于稳定人心，治水队伍才能稳定。

四、排水许可证管理的流程

排水许可制度在宁波十多年前就开始实行了，象山住建局设有排水管理处，“五水共治”后，要求每个企业都持有排水许可证，排水管理处将任务交给经济开发区，经济开发区对企业污水进行检测，如果合格了，再向排水管理处上报。

五、象山“五水共治”的资金是如何解决的

省里的资金不划拨予宁波，宁波市治水资金全都由宁波自己解决，宁波市

财政划出专项资金大概1个亿作为县市区的补助资金。象山以县财政为主导，乡镇自行承担项目资金，县财政给“五水共治”办一年100万元的经费，乡镇主要通过贷款，涉及“五水共治”的项目贷款等，县财政给予倾斜，2017年花费有5个亿，主要是截污纳管。燕山河道治理基本投入1个亿，厂区明管改造经费筹集：县政府占1/3、乡镇占1/3、企业占1/3。东大河道治理工程、污水处理厂采用过PPP方式。

调研报告11：千岛湖配水工程项目工程师访谈

2018年1月23日，在杭州市第二水源千岛湖配水工程施工16标项目项目部，作者及调研团队对千岛湖配水工程项目的五位工程师进行访谈。此调研报告是在访谈记录基础上，由作者执笔完成。

一、问：工程前期的专家论证是怎样的情况？

工程师：深基坑的开挖、隧道爆破作业、竖井、大坝的浇筑等由外聘专家进行论证。隧洞施工安全风险较大，16标岩石层出水量比较大，施工内容复杂，16标是枢纽工程，施工涵盖的项目比较全面，包括：水电工程的大坝、水电厂建设、闸门建设、3座桥梁（大坝边有弧线桥梁、作者参观的那些地方全部要淹没掉，以后也会在再建2座桥把各个库区连接起来）。

二、问：项目移民问题怎么处理？

工程师：建造闲林水库的时候，16标所在地上的居民已经迁移了，当初迁移了3个村。16标在所在标段全部是借用库区的地进行施工，因此与周边老百姓的交叉影响比较小。16标段现在还有大概十几户人家没有移民，但位于淹没区以上，库区水井和道路已经为居民建好，出行方便，建设好就成为湖景房了。

三、问：建好后水域面积正常情况下是多大？

工程师：水库大坝是72点高程，正常的蓄水位是69.5米。水域面积大概124亩（18.27公顷）地，相当于1.3个西湖的水域面积，建好后可容纳2000万立方米水，大概相当于2个西湖的容量。

四、问：16 标段建设最大的困难是什么？

工程师：主要是几个难的工作面，比如外围的政策没有处理好；主洞岩石围岩不好；工程风险大，进度慢。

五、问：其他标段涉及移民吗？

工程师：没有移民，只有个别标段涉及搬迁，16 标主要穿隧道和库区。出洞面基本在山体，选址的时候避开居民区，基本上穿山谷地带、穿河道底部、穿农田下面，农田上面还是要覆盖回去的，土地还是可以耕种，16 标不涉及居民居住区。

六、问：当初有不同的设计方案，是如何确定最终的方案的？

工程师：建设方先自行拟定初步方案，然后相关部门进行共同探讨（内审），再交由专家论证（外审）。

七、各部门之间如何协调工作？

工程师：工程由杭州市政府组建的指挥部牵头，市里 1 个建设总指挥部，4 个区县市（淳安、建德、桐庐、富阳）成立分指挥部，分指挥部由地方分管领导担任总指挥。不定期召开协调会，研讨共性问题，例如公安部门监管的工程爆破及方案；打隧洞的废石利用，一部分用作工程（混凝土、砌石），一部分多余的石头交给地方政府处理，分指挥部会根据具体阶段不定期、不定时召开工作部署会议。

八、问：千岛湖工程建设过程中会不会需要修路？

工程师：需要修路，桐庐和建德由于山体较多，路面较窄，工程就需要为其做避车道。有的原有的村道标准较低，施工单位会对其进行修复，方便周围百姓出行。原来的桥承载力不够，无法保证工程车的通行，对其进行修建。

九、问：工程怎样和当地社区和民众进行融合？

工程师：工程尽量将对周围居民区的影响降到最低，16 标和旁边的村组成“村企共建”联合体，经常开展交流和沟通。

十、问：工程监理外聘情况如何？

工程师：根据住建部、公安部、水利部的文件要求，聘有十多家监理，包含土建、爆破、管网、隧道等全部工程。

十一、问：工程工期规划如何？

工程师：工程紧迫，2019年6月完工，供水预计要在2019年下半年。

十二、问：水价该如何定？

项目工程师：目前是2.85元每吨第一阶梯的水价，不会给老百姓增加很大负担。杭州水价在副省级城市中是相对很低的，在省内是最低的。

十三、问：16标与其他标段相比有何特点？

工程师：其他标要建设的项目内容16标都涵盖，例如电厂、配水井的圆形大坝、3座桥、8个竖井、博物馆、展示区等。相比其他标段16标是工作内容最多的标段，此标段是整个工程的窗口，也是枢纽。

十四、问：“五水工程”保供水的其他工程项目还有什么？

工程师：主要是农村饮用水的体制改革。

十五、问：能否介绍一下千岛湖配水工程的历史沿革？

工程师：2001年时提出引新安江水到浙北的设想，开展专题研究并形成了《浙江省新安江水库引水工程调研报告》。2003年，时任省委书记习近平专题调研水利工作，对浙东引水和浙北引水等解决区域性水资源配置的重大课题提出了具体要求。2004年，省水利厅组织完成了《浙东引水专项规划》和《浙北引水专项规划》，并先行实施了浙东引水工程。

2011年6月启动前期工作，2014年3月7日，工程项目建议书获省发改委批复。6月30日，工程增补为2014年省重点建设项目。9月29日，可行性研究报告获得省发改委批复。10月24日，初步设计报告获得省发改委批复。12月24日，千岛湖配水工程开工建设。不同标段开工时间不同，招标有前后，16标是最后一批开工，是在G20峰会之后开工的。

调研报告12：富阳区东大纸业有限公司调研访谈

2018年1月24日，在杭州市富阳区东大纸业有限公司，作者及调研团队对企业经理进行访谈。此调研报告是在访谈记录基础上，由作者执笔完成。

一、问：造纸的成本都有哪些？

企业经理：主要的成本在化工和废纸方面，2017年成本上升了1000元每吨，成品纸的价格也上升了1000元每吨，2016年成品纸是3200~3300元每吨，原料1500~1600元每吨，现在达到了2500~2600元每吨，书纸1400元每吨，现在1600元每吨，现在成品纸4300~4400元每吨，整体效益差不多的。部分原料也没涨价。美国废纸的进口禁令实施后，国产的废纸供不应求、大幅涨价，出版社和印刷厂的原料成本随之上涨。

本企业只是华东地区造纸业的很小一部分，主要生产白板纸。白纸板主要用于酒、鞋、食品包装，电冰箱等的包装里面是瓦楞纸，外面一层用的是白板纸，用于印刷。白板纸可以单独做包装，也可以和瓦楞纸一起做包装，单面白板纸的高端产品是白卡纸（香烟外包装），用原木浆来生产，坚挺轻薄。

二、问：富阳造纸整体的生产技术水平和国内其他地区相比的情况如何？

企业经理：白板纸富阳的性价比是全国第一的，生产的白板纸不仅可以满足市场的印刷要求，而且价位是市场上最低的，因为成本低，企业盈利还不错。纸张的耐折度和坚挺度不一定满足客户需求，但印刷效果满足。因此，性价比上富阳纸是一大特色。生化池的淤泥最终全部用于原材料中继续生产的，主要靠独家技术和手艺，长年积累下的造纸经验和工艺，没有申请专利，属于商业秘密。与外省相比，我们的设备配置较为基础，处于相对较低端的水平。我们主要依靠人工摸索经验，原料很差，污泥可以解决厚度问题，使用木粉，什么环节添加、添加的剂量、污泥的使用的比例等都有独到的方法，既能满足分层的要求又能将厚度做好，节约成本；所有的原料都能利用起来，否则污泥的处理也会是很大的一笔经费。

三、问：污水处理后，排污的达标情况如何？

企业经理：厂里先进行一次处理，三级标准，排到庆阳污水处理厂，二次处理后再排到市政管网，达到800COD的13元，800COD以下每降50毫升，价格就便宜0.15元，一吨节约0.9元。有机废气的排放量和固体废料这部分的处理还有待提高。

四、问：本公司产品的出口状况如何？

企业经理：2017年出口5万吨，总产能40万吨，占比1/8。中国劳动密集型产业转移到柬埔寨、越南，例如：耐克、阿迪达斯等企业（以前集中在广东东莞）转移后，产品的包装基本还是依靠从中国进口。“一带一路”倡议提出后，国家政府提倡发展传统的技术产业。但是，困难很大，传统产业是高能耗的，是有污染的，目前的富阳也在陆续关停造纸业。江苏、江西等省希望他们搬迁过去，但是实际上，富阳的造纸业现在已经形成成熟的体系和产业链。造纸需要很多的配套行业，例如机修、电器、化工、技术工人等，搬迁到外地就会跳出这个体系，富阳在苏北地带投资了2家造纸厂，现在都面临倒闭。一方面，从金融的角度，支持力度不够，例如贷款，富阳区区级层面审批就可以了，外地经济总量小，贷款审批程序复杂。另一方面，当地的配套行业和富阳比相差甚远，富阳生活环境较好，外地与之相比，环境较差。富春江水的流量整体比较大，水的质量会影响纸张的质量。吨级耗水量大大减少，最早是200吨水生产1吨纸，现在是9吨水就可以生产1吨纸了。

五、问：全国其他地方造纸相对集聚在哪里？

企业经理：广东东莞，企业数量不多但规模大。以前销往广东，1吨纸的物流成本是230元，现在广东的纸张比较好。富阳的纸张主要销往苏南、福建、浙江、江西、安徽，最远到山东，大致集中在华东。纸张很重，物流成本较大。印刷行业大部分集中在经济发达的地区。

六、问：纸张通常分为哪些类别？

企业经理：用于印刷的纸张包括白卡、双面白板纸、单面白板纸、涂布牛卡纸；不用于印刷的纸张包括牛皮纸、瓦楞纸、箱板纸；特种纸包括墙纸、地板贴膜纸。其中特种纸的用量有限，附加值较高。

七、问：贵公司员工规模有多少？

企业经理：750多人，60%是外来务工的人员。

八、问：环保要求加强后会给企业带来哪些影响？

企业经理：污水排放的成本增加了，排污费：40~50元每吨纸，占总成本将近1/10，环保是企业的生命线，环保不达标直接的后果是罚款、停产，间接的后果是所有的税收优惠全部取消，情节严重的还有刑事处罚。富春江流域流进和流出的断面都要进行监测。

九、问：造纸行业都会在哪些环节产生污水？

企业经理：造纸的第一道流程是制浆，每一种浆97%是水，3%是纸浆，将废纸打碎，然后用水来稀释，将固体的废纸变成浆，然后重新定型、压榨脱水、烘干。进来是废纸，水作为媒介，出去是成品纸，但废气无毒无害。

十、问：宣纸的原料是什么？

企业经理：宣纸的原料是竹子，竹子削成片状，加石灰水浸泡分解，泡软，通过一定流程，将水中含色的成分抽去之后，水就变成白色的液体，这就成为宣纸的原材料。

十一、问：造纸行业对于环境保护会产生哪些有利作用？

企业经理：是解决废物利用、资源综合利用的问题，填埋、焚烧废物会带来环境问题。美国本土造纸以木浆为原料，对品质的要求很高，资源很充裕，有自己的浆林。我国高档纸，如白卡纸、书写纸，主要是用木浆作原料。

十二、问：造纸的成本高吗？

企业经理：以木浆作为原材料的制纸需要首先解决资源问题。若是自己有浆林，那么造纸的成本就相对不高，但若是通过购买木材资源来制木浆，则成本较大。中国造纸产业大约80%用废纸，20%用木浆作原料。

调研报告13：杭州市富阳区“五水共治”

2018年1月24日，作者及调研团队在杭州市富阳区调研“五水共治”。本篇调研报告是作者根据富阳区“五水共治”工作领导小组办公室所作的关于

《富阳区“五水共治”工作汇报》整理而来。此报告所列的数据和基本观点，由受访单位提供。由于这些内容属于尚未正式发表的文献，所以未列入本书的参考文献中，特此作为附录加以说明和展示。

一、富阳治水基本情况介绍

富阳区是“八山半水分半田”的地貌结构，八分为山，半分为水，一分半为田地（80%山，5%水，15%田）。总面积1870平方千米，水域面积只占5%，(大约90平方千米)，大部分水是源头水，三类水以上，水质非常好。富阳的造纸业已经有2000多年的历史，因为富阳水质好。造纸主要的两种资源是水和竹子，这两大资源富阳都很丰富。富阳共有一条省级河道——富春江，它也是富阳的母亲河，整个流域是64千米，富阳境内有52千米，桐庐、建德只是很少一部分。富春江常年保持在二类水质，穿城而过，区级河道有24条，乡镇级河道有121条。富阳造纸产业最初是利用竹纤维为主要原材料，到1978年后，废纸进口，利用美国废纸生产，最巅峰的时候富阳造纸达到700万吨到800万吨的产能，近500家企业（2000年前后)。总共经历了七轮的造纸企业关停，最大力度是在第四轮，2009—2010年压缩到200多家，2012年到目前为止只剩100多家。这导致富阳区税收递减，以前造纸业产生的税收占富阳总税收的1/3，造纸业为当初富阳民营经济的发展做出了很大的贡献，可以解决劳动力就业的问题。2010年开始整顿，淘汰一批、关停一批、整治一批，预计经过10年整顿，2020年富阳的造纸业要全部关停。造纸企业存在金融风险，造纸企业前期资金投入非常大，需要资金链担保，关停不能一下完成，需要梯度关停。2017年富阳区政府提出“拥江发展”的战略，对江南新城进行改造。

富阳通过了“清三河”的达标创建，2016年获得“大禹鼎”。富阳治水特色是紧紧围绕“产业转型”“制度落实”，针对河长制建立了“一办法、两机制”的管理办法，黑臭河反弹对河长进行责任追究。省里按照地表水大流域的鉴定表，给364个劣V类水体、劣V类水定了六个指标，定性的三个指标是感官污泥、垃圾、排污口；定量的两个指标是PH酸碱度中性、透明度。

剿灭劣V类水的智慧：通过修明沟和引活水。工业污染、生活污染较好整治，但农业面源污染是根本的，农村会使用化肥，国家应该在政策层面对化肥的使用量加以约束和管控，使用农药后地表径流水含总磷、氨氮，通过土壤回流到河道，源头施肥管理很重要，工程措施和制度措施只是从末端进行管控。土壤污染值得重视。农业在富阳占较大的比重，千岛湖配水工程在富阳的走线是最长的，富阳的饮用水源是富春江。

二、小微水体治理情况

小微水体指池塘、沟渠。农林灌溉形成沟渠，池塘早期用于灌溉和施肥，风卷着尘土进入池塘，淤泥用于施肥，适合农作物的使用（钾磷氨氮），后来农田开始使用化肥，那么淤泥就不再进行打捞了，淤泥就越积越厚，淤泥本身有很多营养成分，因此时间长了会自行发酵，池塘就会又脏又臭。2013 年“五水共治”整治开始，将池塘的水抽干，将淤泥用于农田，打通小微水体的通道，并进行配水，让池塘的水活起来。有利优势是山区里气流通畅，从富春江抽水引入池塘。小微水体治理的标准：（池塘治理的目标）是池塘里没有漂浮物、水体能见度 25~30 厘米以上、水不发黑不发臭，PH 酸碱度在 6~10 之间。现在禁止在池塘里洗衣服，禁止洗餐具，进行生活垃圾分类，2017 年 4 月—8 月进行主要治理，治理后老百姓的获得感很强，受到老百姓拥护。

管理方式：每个池塘由附近的党员、村民组长、妇女代表担任塘长（自行认领，就近原则，家庭承包制）。前期政府出资清淤、封堵排污口、修明沟、埋暗管来引进活水，中后期让群众自发和主动参与治理，后续的管护交给村民。村民转变观念，他们不是旁观者而是执行者和受益者，通过村规民约、村民自治来管护。

治水最大的心得是全民参与。设立党员先锋岗，全民参与。干部带头，主要依靠群众。路上没垃圾，水里的漂浮物就会减少。垃圾分类管理，把“五水共治”写入村规民约，禁止随手丢垃圾。将对百姓治水的要求和做法写入村歌、戏曲，编成墙报，遇到重大节日的时候，村里既有重大节日和贺词，又有关于“五水共治”的宣传标语。农村发动妇女群众义务进行垃圾清理、池塘的清淤、水质的查看，自觉地完成，没有任何报酬。

治理小微水体充分发挥民智（民间智慧），召开老干部“诸葛亮会议”。60 岁的老艄公提出了好方法。配水方式：潮汐配水。是一种无动力的配水方式，无须任何费用，每年的农历初三、十八是涨潮期，每天大概 40 分钟涨潮一次，通过涨潮时的潮汐引力，将靠近富春江口的池塘闸门放开使潮水涌入，利用涨潮的有序规律实现了池塘每月的定时换水。山区的池塘打通三道水库，利用地形的落差，控制阀门，实现无动力引水。

智慧环保：治水信息平台，实时监控，有一个设备可以随时检测、监测水质（地表水水质指标：高锰酸盐指数、COD、溶解氧、氨氮、总磷），水质异常时会发短信给相应的河长。每个乡镇部门开放的权限不一样，总共有 1000 个监测点位，市民没有权限使用，只适用于管理，市民通过使用杭州河道 APP，了解政府信息，市民可以建议、投诉。

以前沟渠作为农业灌溉使用，省里并不列入剿灭劣V类水的范围，地表径流会流入沟渠，养殖水体本身不做要求，养殖水体不被列为剿劣范围内（例如养殖甲鱼），一般配有净化池，净化后再排放，但养殖水体必须达标后才允许排放。小微水体的概念最早是拱墅区提出的，大部分叫池塘，有的池塘是用作消防的，治理后池塘鱼虾很多。

三、亮点工作

垃圾分类：每户安放2个垃圾桶，分为可回收垃圾桶与不可回收垃圾桶。

街道雨污分流：富阳老城区没有彻底改造完，新建的城区做得比较好，原来的农村变成城中村，改造较慢，2016年要实现零直排，以前做的是"加法"，污水和雨水都纳入污水管，现在开始做"减法"，进行雨污分流，因为末端的污水处理能力不够。

富春江上游是一个沙洲岛。早期"住在富春江边上没水喝"，主要是矿山企业、低小产能的沙场码头，水体的径流被破坏，水域面积很小。2017年是富阳的大旱之年，政府从2015年开始引进了四线供水工程，总投资4000多万元。主管道已经建好，到村里的接管还没有建好。从富春江用水泵打水，用了15万元，解决了3个村的喝水问题。过去由于地下水的污染很严重，井水基本不能使用，现在打的井可以直接饮用。"五水共治"的推进取得了明显的成效。乡里小微水体的情况比较复杂，矿山企业众多，水土流失和污染严重，对矿山企业进行整治。2017年一家企业投入1000多万元，用来治水，现在小雨基本不影响水体，连续降水会稍微影响河流水质。四面高中间低的一条小水渠，贯穿两个村，争夺权属矛盾比较大，现在"五水共治"治理后，缓解了村与村之间的矛盾。

感触：调动老百姓的积极性，人能改变环境，环境也可以改变人。以治水为契机来推动整个村的环境治理、庭院整治，从而让老百姓珍惜和维护水环境。

政府工作：人民群众对美好生活的向往就是我们努力的方向。

公众参与：村建企业捐款整改池塘，监督电话全面公开，群众可以随时监测和汇报，建立微信群信息沟通平台，妇女群、治水群，解决了信息不对称的问题，"一个定位、一张照片、一个@"群里交办，一个小时后将整改后的照片发到群内，不用查台账等，时效性很好。每个河道一个群，涉及住建局、环保局的负责人、塘长都在群内。

长效治水：责任落实到位、信息对称。基层就能化解矛盾和解决问题。建立畅通的沟通渠道。痕迹管理、问题发现、责任落实、整改情况都有痕迹，可追溯，责任也不会推卸。

造纸企业：2010年只占到1/10，腾笼换鸟，关闭造纸业的同时也引进高新的产业，替换高能耗产业，阵痛期已经过了。现在产业以机械制造、印染光纤产业为主。

资金：由区政府来承担，PPP模式现在还没有。区级政府投入治水3年120个亿，乡镇和村级层面还有另外投资。社会资本的进入主要是矿山企业。问题：政府主导之后，还需要全民治水，习惯养成很重要。

痛点：1. 隐形的工程和项目，农业面源的治理怎么保障？规范农业对肥料的使用。2. 工程领域施工方产生的污染，对环境的影响，下雨后将工地的泥水带入河流。3. 河长制的考核。扣分点：每个月有水质监测，每条河流有目标，水质越差扣分越多；巡河次数；督查科进行督查发现问题也会进行扣分。每个月要公示。

调研报告14：舟山跨海大桥调研

2018年3月29日，作者及调研团队在浙江省舟山市调研舟山大陆连岛工程项目。本篇调研报告是根据作者在舟山跨海大桥博物馆拍摄的照片资料整理而来。此报告所列的数据和基本观点，由受访单位提供。由于这些内容属于尚未正式发表的文献，所以未列入本书的参考文献中，特此作为附录加以说明和展示。

一、工程概况

舟山跨海大桥由5座跨海大桥及接线公路组成，起于我国第四大岛舟山本岛，途经里钓、富翅、册子、金塘4岛，跨越多个水道及灰鳖洋海域，于宁波镇海登陆，全长约50千米，由岑港大桥、响礁门大桥、桃夭门大桥、西堠门大桥、金塘大桥5座跨海大桥及接线公路组成，是中国规模最大的岛陆联络工程，为国家高速公路网杭州湾环线联络线甬州高速公路的组成部分。工程于1999年分两期实施，2009年12月25日，舟山跨海大桥全线通车。

（一）岑港大桥

跨越岑港水道，连接岑港和里钓岛，桥长793米，桥面宽22.5米，双向四车道，通航等级为300吨级，通航净高17.5米，净宽2×40米，主桥为3跨50米的先简支后连续预应力混凝土T型梁。

（二）响礁门大桥

跨越响礁门水道，连接里钓岛和富翅岛，桥长951米，桥面宽22.5米，双向四车道，通航等级为500吨级，通航净高21米、净宽135米，主桥为80米+150米+80米的大跨径预应力混凝土连续箱梁。

（三）桃夭门大桥

跨越桃夭门水道，连接富翅岛和册子岛，桥长888米，桥面宽27.6米，双向四车道，通航等级2000吨级，通航净高32米、净宽280米，主桥为主跨580米的双塔双索面半漂浮体系混合式斜拉桥，桥跨布置为50+48+48+580+48+48+50。

（四）西堠门大桥

西堠门大桥，以其在工程结构、美学价值、环境和谐等方面的杰出成就，于2010年被国际桥梁及结构工程协会（IABSE）授予古斯塔夫·林德撒尔奖。西堠门大桥建设中攻克了跨海特大跨径钢箱梁悬索桥一系列关键设计技术；采用分体式钢箱梁技术，成功解决了抗风稳定性问题，形成的复杂风环境下特大跨径悬索桥，抗风稳定性成套技术，颤振临界风速达到88米每秒以上；自主研发了高强度主缆用平行钢丝、吊索钢丝绳等新材料、新工艺及新设备；开发了复杂海洋环境特大跨径悬索桥上部结构施工、控制成套技术；开发了跨海悬索桥结构监测、巡检养护管理平台。

（五）金塘大桥

金塘大桥主通航孔桥斜拉索塔端锚固定采用国际首创的钢牛腿+钢锚梁组合结构。研发的新型墩身湿接头施工成套技术，降低了现浇混凝土生产裂缝的风险，有效地保证了结构耐久性。预制箱梁蒸汽养护自动化控制技术提高了60米预制箱梁的质量与养护效率。研制的双机联动900吨轮胎式运梁机实现了任意取梁，机动性好、作业效率高。全长14100米的60米跨径非通航孔桥箱梁的运输、安装采用“架运分离”模式，提高了作业效率和安全性能。

（六）宁波连接线

宁波连接线是舟山大陆连岛工程在宁波“落地”的一段，起于金塘大桥西端终点，止于规划定海新区主干道北侧，与规划的宁波东外环城市快捷路相连，长4.14千米，其中主线高架桥长3.85千米，路基工程长0.30千米，设枢纽互通式立交一处，双向四车道，路桥宽度26米，总投资7.15亿元。

二、管理创新

（一）管理体制

舟山大陆连岛工程西堠门大桥项目和金塘大桥项目建设管理体制，实行项目业主负责制和指挥部代建制。项目业主是浙江舟山大陆连岛工程高速公路有限公司。浙江省人民政府在2005年3月成立了浙江省舟山连岛工程建设领导小组，并决定组建浙江省舟山连岛工程建设指挥部，全面负责2个特大跨海大桥项目的建设。

（二）制度建设

结合项目特点和公司建设实际，设计精细的管理制度、工作流程。制定了10大类共120余项管理制度、办法。规范了44项工作流程。制定了对施工、监理等单位的考核办法、监理单位工作程序、工程变更管理程序和办法。

（三）质量管理

建立运行好“政府监督，法人管理，社会监理，企业自检”四级质保体系，突出指挥部和各标段监理的监管职能，确保设计质量，严把开工、材料、工艺、检测验收、跟踪检查等关键环节，强化原材料质量控制，加强对重要工艺、主要结构的监管力度，注重采用新材料、新工艺，工程施工质量始终处于受控状态，各合同段分部、分项工程合格率达到100%。交通运输部、浙江省交通运输厅多次组织专项检查，对工程质量予以充分肯定。

三、科技创新

（一）大跨径桥梁的抗风性能研究

空气动力稳定性是大跨径悬索桥设计的主要考虑因素。西堠门大桥位于受台风影响频繁的宽阔海面，营运阶段颤振检验风速要求达到78.74米每秒，是世界上抗风要求最高的桥梁之一。西堠门大桥建成后，成为世界上第一座采用中央开槽钢箱梁（分体式钢箱梁）的悬索桥，是以中央开槽技术解决大跨径悬索桥颤振稳定性问题的首次实践。

（二）分体式钢箱梁设计及安装

分体式钢箱梁各部分构件的传力途径、力学特点与整体式钢箱梁有较大的差别，综合考虑架设及运行阶段的受力要求，西堠门大桥在分体箱梁之间设置了横向连接箱梁与横向连接工字梁，并通过1∶2节段模型试验对该构造方案进行了验证。这种新型分体式钢箱梁在制造中特别加强了焊接变形研究和组装技术研究，运用了一系列新技术、新工艺，保证了钢箱梁的制造精度。

（三）直升机牵引悬索桥先导索过海新技术

由于西堠门水道水深流急、海底无覆盖层且为重要航道，传统的各种先导索过海方法在西堠门大桥较难实施。为此进行了直升机牵引先导索过海新技术的研究，创新地提出了放索系统与直升机分离的模式，操控方便又安全，为选用经济合理的直升机机型提供了依据。研制了功能完善的放索系统，通过飞行试验，总结出了在不利风况条件下，直升机飞行与放索系统的协调控制技术。

调研报告15：绍兴市柯桥区“五水共治”

2018年4月18日，作者及调研团队在绍兴市柯桥区调研“五水共治”。本篇调研报告是作者根据绍兴市“五水共治”各部门所作的关于绍兴市“五水共治”各方面工作的汇报整理而来。此报告所列的数据和基本观点，由受访单位提供。由于这些内容属于尚未正式发表的文献，所以未列入本书的参考文献中，特此作为附录加以说明和展示。

一、柯桥区情况

柯桥区是绍兴市六个县市区之一，在绍兴市属于经济强区，由2013年11月撤销绍兴县而设立，区域面积1040平方千米，户籍人口65万，外来人口59万，下辖8个镇、8个街道，354个村社区，拥有1个国家级开发区——柯桥经济开发区，2个省级开发区——滨海工业区、鉴湖旅游度假区。柯桥属于典型的江南水乡，河网密布，水域面积近50平方千米，河流854条。2017年全省20条最美家乡河，鉴湖以总分第三名的成绩获评全省最美家乡河。2017年水利部“河长制”河东地区的现场会议在绍兴召开，鉴湖是重点参观点，绍兴黄酒的源头水来自鉴湖。滨海工业区是以纺织印染为主体的集聚区。近几年来区委区政府以“生态文明建设”为统领，以“河长制”工作为抓手，用脚步丈量河道，大力推进“五水共治”，铁腕开展印染企业的整治提升，全面推进转型升级，取得了显著的成效。三年来柯桥区市级29个水质考核监测断面，达标数从1个增加到29个，达标率从3.4%增加到100%，成功创建省级“清三河”达标区。

（一）“河长制”相关工作

制定工作方案，明确目标任务。首先，明确任务书，制定了实施方案。及时制定出全面深化“河长制”的实施方案。其次，编制河湖名录。在对每条河流制定河道水环境“一河一策”的基础上，按照目标清单、问题清单、任务清单、责任清单，重点解决河流上下游、左右岸、干支流的治理问题。最后，实现河（湖）长全覆盖，全区854条河道、975个小微水体共设有区、镇、村三级河长1900余人，2017年8月，在全省范围内率先推行“湖长制”，所有的湖泊、山塘、水库（10000平方米以上）全部配备了“湖长”。尤其在滨海工业区开全市之先河，创新设立“企业河长轮值制”并在全市推广，效果明显。民间河长、民主党派的同心河长、志愿者河长、乡贤河长，达到2000人，全区所有的副科级以上的领导干部都在家乡或居住地担任了河长，定期巡视河道，帮助解决问题。

明确时间表。首先，动员部署阶段。2016年12月13日中央两办印发《关于全面推行河长制的意见》，柯桥区在全区范围内推行河长制，做到每条河都有河长。其次，全面实施阶段。2017年2月底前完成实施方案，明确目标任务，明确项目表、时间表和责任表。2017年3月起进行精准攻坚，全面实施“一河一策”“一点一策”。再次，考核验收阶段。最后，巩固提升阶段。2017年12月起对考核不合格的情况进行“回头看”。

明确路线图。区分平原与山区、湖泊与水库的不同特点，分三条线有序推进实施。首先，大江大河，主要抓区控以上断面水环境质量。其次，小微水体。最后，湖泊水库。区委区政府出台《关于全面推行“湖长制”管理工作的意见》的通知，对全区范围内的重要湖泊、总库容在1万立方米以上的384座重要水库（山塘）全面推行“湖长制”管理，推进“河长”向“湖长”的延伸和提升，最大限度发挥湖（库）功能，提升湖（库）的河流水质，打造美丽乡村升级版。

（二）健全体制机制，实现长效运行

1. 出台一个政策意见。出台《关于印发柯桥区2017年度河长制长效机制考评细则的通知》。

2. 健全一套工作制度。一是APP巡河制，启动河长APP信息管理系统，全区各级“河长”切实履行管、治、保“三位一体”的职责，坚持“用脚步丈量河道、用数据治理河道、用制度管理河道”，严格执行区级“河长”半月一巡查，镇级“河长”一周一巡查，村级“河长”一周两巡查的制度。二是网格责任制。以全区构建“标准化、数字化、多元化、实体化”的全科网格体系、全面推行“四个平台”建设为契机，将巡河系统纳入“四个平台”智慧治理模块，实现智慧管水、河道问题“反映—处理—追踪”一站式服务。三是信息公开制。设置信息齐全、电话通畅的河长公示牌；开设微信公众号“印象柯水”，建立52个“河长”微信工作群，积极发动群众开展微信“随手拍”。

3. 建立一个协调机制。一是设立河长办。柯桥区河长制办公室与区治水办合署办公。二是落实专项经费。每年落实200万元作为治水办（河长办）专项工作经费。三是建立部门联席会议机制。区级河长召集每季不少于一次的治水联席会议，听取工作进展汇报。

（三）围绕六大任务，合力攻坚克难

1. 加强水资源保护。

2. 加强河湖水域岸线管理保护。

3. 加强水污染防治。积极推行河道淤泥减量化处置，落实无害化处理，探索资源化利用，不断规范淤泥固化处置管理模式，全区共建成淤泥固化中心4个，年处理能力达330万立方米以上。属全省首创。将河湖淤泥通过管道打到淤泥固化中心，进行压缩，成为泥饼。2017年完成河道清淤420万立方米。加强综合防治，打响印染化工落后产能歼灭战。农业面源污染的防治：积极推广实施水稻、蔬菜化肥、农药减量控污，推广测土配方和统防统治技术，发展绿色健康农业，减少面源污染。积极构建全区水质自动监测网络，已投入3500万元，建成32个地表水水质自动监测站，对全区水域PH、高锰酸盐指数、氨氮、总磷等参数进行24小时连续监测，确保了数据推送精准、反馈及时，在全省率先完成乡镇（街道、开发区）市控制水质断面、主要河流、饮用水源自动监测的全覆盖，有效地实现了水质预警的数字性、实时性、精准性。各街镇则坚持因地制宜，在实践中探索有效管用的方法：滨江工业区（马鞍镇）创新运用“截污厌氧处理工程”科技，采用厌氧+填料+曝气污水处理工艺对污水进行拦截治理，70%的污水可以拦截，成本较低，成效好。华舍街道华墟居创新使用雨水管隔油池方法，隔油池里面放置活性炭，活性炭寿命长、成本低、吸附性强、占地面积小。污水先经过隔油池过滤和吸附。

4. 加强水环境治理。一是全面剿灭劣V类水。二是全面剿灭小微水体。三是强化水环境质量监管。通过严格涉水项目审批、严管涉水项目施工等手段，强化事前审批、事中监管、事后跟踪，严格落实占补平衡，以标化工地创建为抓手，不断加强文明施工管理。

5. 加强水生态修复。遵循“以鱼治水、以鱼养水、以鱼洁水”，2016年，投资3900万元在城区外围建成城区南北活水工程，通过双向立体式活水，有力地改善了城区河道水位差小、流动性差、水体富营养化、水质不稳定的问题。

6. 加强执法监管。通过整合执法力量，组建区水政渔业执法局，建立公安执法联动和司法协作机制，按照“河岸同治”原则，深入开展水环境执法监管。

（四）加强督查考核，确保落实到位

1. 加大岗位考核。

2. 加强明察暗访。一是明察，二是暗访，三是社会督查。

3. 严格责任追究。

二、滨海工业区情况

滨海工业区与马鞍镇合署办公，面积140平方米，滨海工业区是通过围海围起来的，目前的办公地点在20世纪60年代是一片汪洋大海。滨海工业区最大的特点是印染产业集聚区，柯桥支柱产业是印染，现在印染企业有90多家，柯桥大部分的印染企业都集聚于滨海工业区，印染产能一年是160亿米，全国每3米布有1米就是在柯桥加工的，占到全国印染产能的1/3，印染是用水大户，也是污染大户。其他的支柱产业还有化纤、皮革、饲料、化工。治水是“三个多，一个特”：一是企业多，特别是污染企业特别多，高能量、高排放企业云集；二是河道数量多，河道有105条，220千米长，在全区居前几位；三是人口多，常住人口4万左右，外地人口超过20万，占到整个柯桥区的1/3，经济总量也是柯桥区的1/3，2017年滨海工业区规上工业产值1070个亿，滨海工业区处于柯桥区的下游，治水的难度和压力都很大。他个人认为河道污染主要原因是工业企业，化工企业的污染属于化学污染，对环境造成的危害是重大的、致命性的，环境恢复需要的时间比较长，曾经的劣V类水占总断面的70%，污染主要是工业污染。通常存在这样的问题：治水政策得不到企业的重视和践行，很多企业是从别处搬来的，规模体量都特别大，很多企业的职工都在1000人以上，很多企业的产值相当于小县城一半的经济总量。

“企业河长制”从2015年7月份开始提出，当时先做试点，曹娥江沿河整治聘请了12名素质高、社会责任感强的企业老总担任企业河长，经过两年的运行，成果比较显著。2017年6月，对企业河长进行扩面、规划、深化，企业河长的数量从12名增加到目前的163名，数量扩大了，范围也从原来的印染企业为主现在扩展到化工、饲料、皮革、化纤等各行各业。

近几年的运行成果明显，主要体现在：首先，企业主动治水的意识明显增强。原来的局面是治水似乎属于政府的工作，企业积极性不高，但现在老总当河长，企业环保设施的投入比较主动，近两年企业直接用于治水的环保投入资金达到好几个亿，资金投入量大。其次，水质提升明显。2017年消灭全部的劣

V 类水质，V 类水质减少了 85%，老百姓钓鱼的人多了，从感官上讲，老百姓判断水质一是看，二是闻。曹娥江的小海鲜重新回归，白鹭成群结队，生态环境发生了明显的改观。再次，环保执法的效率提高，环保违法行为或多或少存在，减少环保违法行为一靠企业自律，二靠执法，处罚会起到很好的效应，环保执法涉及取证难、打击难、发现难的问题。最后，企业与老百姓的关系得到了很好的改善。滨海是对虾的人工养殖基地，是绍兴的水产菜篮子工程，原来企业渗漏、偷排、污染河道，养对虾的水取自河道，虾农将死虾堆到企业门口，引起大规模冲突，沿河企业全部予以赔偿，城门失火殃及池鱼。近两年来没有再发生由于环境污染引起的群体事件。

工作展开的具体步骤如下。

制定目标。突破工业治水难的瓶颈需要“治水先治企业”，企业治好了，难点就会被突破。企业不但有工业污染还有生活污染，企业 20 万职工，每天的污染排放量很大。通过企业河长解决这个难点，为类似的工业区治水提供一个样板，这是我们的目标。

实现两个转变。企业从被动治水到主动治水的转变；企业从治水的旁观者到责任者，对高污染企业要求“谁污染谁治理”，就像政府讲究属地管辖一样，附近的河道谁来管，谁认领河道。

机制保障。责任机制：每个企业要组建一个治水团队，老总（企业河长）牵头、团队协作，保障人员、经费和时间。激励机制：对企业河长在政策方面、项目投入、各种荣誉进行倾斜，工业区每年开展经济发展表彰大会，评出 5 名“最美企业河长”。淘汰机制：将企业河长分为两类：一类是“志愿兵”，自己有责任心、素质高；一类是“拉壮丁”，有的企业老总不愿意担任企业河长，因为企业河长是把双刃剑，如果发现问题接受的处罚会更严厉，有些污染严重的企业，政府会通过强制手段要求其进行整治，对做得不好的企业河长进行淘汰，被淘汰的企业河长在环保、消防、项目审批从严，让他们意识到企业河长是需要有责任的。

把河长分成四类。按照行业分为印染行业、化工行业、化纤行业、皮革行业，进而确定行业的领军人物，通常会下聘书“聘请某某企业为某某行业的企业河长”，可以引领本行业进行技改，减少污水排放。目前直排、偷排的现象基本没有，主要是管道破裂，属于突发性事故，尽量减少险情，及时检修管网，治水与治气同步。区块河长。将滨海工业区分为四大区块。区域河长的职能是以区域为代表，针对污染超标提出对策。工业区会派人进行指导，将相关数据提供给各区块，以区块为单位开展治理。轮值河长。将河道分段，自己有责任田，每个月当轮值河长时进行全线巡河，对滨海大河和曹娥江进行轮值。联盟河长。有几家企业关系比较好组建“八路消防”，八家印染企业联合买了一辆消防车，八家企业平时在进行消防检查的同时对八家企业周边的雨水口进行巡查，从“八路消防”到“八路治水”，自己组建中心实验室，自己对指标进行化验，及时进行提醒，若被环保部门查到就会严罚。

企业河长做好“五大员”。一是自己带头做好示范员，作为企业河长，自己对本企业的环保工作要引进高科技、新设备，以身作则，成为环保方面舍得投入的示范员。企业河长要做本行业的标兵。二是当好巡查员，163 名河长都认养了河长，定期进行巡查。老总要进行督查，发现问题及时检查。三是当好督察员。重大的环境污染事件最后受损的是企业本身，河长有督查职能，发现问题可以揭发检举，一方面对违法犯罪进行打击，另一方面也是保护自己合法权益。四是当好参谋员，做好政府的参谋员，企业河长凭借多年的经验，在发现问题和解决问题方面都很专业，有些老总可以根据水污染的颜色判断什么企业在做什么产品。他们具有内行的优势，查找问题十分精准，也便于及时查找原因，无意中可以从技术上获得极大的支撑。五是当好宣传员。老板的思路决定了企业发展的方向，163 名企业河长带领各自企业众多员工治水，通过硬件的投入减少污水排放，由于重视治水，员工良好的习惯逐步养成。

三、河道治理情况

首先，河道清淤。用市场化的模式进行清淤，湖北的路德公司清淤和固化都由其完成，一体化流程，政府对中间的每个环节进行监管，将前期的时间压缩。2014 年开始运行，对清淤的质量、固化的质量、运输的管理、尾水的排放等每一个环节进行完善。河道清淤的泥饼的含水量要求降至 40%以下。2016 年清淤 390 多万立方米，2015 年 400 多万立方米，在全市的完成率排名第一。

其次，打通断头河。近年来打通 13 条断头河，对水体脏乱差、河道狭窄处进行打通，投入 7000 多万元。目前续建的排涝通道，一期工程做完后，打通滨海大河 51 多千米，全部贯通。

最后，水域岸线管理。2017 年完成了市级河道、滨海大河的划界确权的工作，2018 年完成柯桥区区级河道划界确权。

四、企业河长代表发言

印染厂代表：企业家每天 60%～70%的时间都住在厂子里面，如今的河里鱼虾都多了，治水应该是我们百姓主动去做的工作。19 岁进印染厂，入行 32 年。三年中的升级改造让企业"生不如死"，为了以后生活得更好，企业受一点委屈是没关系的，参与治水，人人有责。2016 年投资 3500 万元，2017 年投资 2500 万元用于环保提升。我爱企业河长这份工作，所以我愿意尽一份绵薄之力。我是企业河长的第一负责人，总经理是第二负责人。9 个分厂分别设有副河长，每天早上 6：30~7：00 要去巡河道，下班之前还要去巡河道。"五水共治"前后企业经济效益的变化：企业经历了煤改气、2016 年"亮剑"行动和企业拆迁。

滨海工业园取代表补充：企业不重视"五水共治"，会损失"三笔账"：政治账、经济账、名誉账。政治账：企业如果发生环保违规事件，就会停产，涉及违法行为或酿成严重后果的要被追究法律责任。经济账：停产的直接经济损失巨大。名誉账：企业若出现环保违规违法情况对企业的社会声誉会带来极大的负面影响。

滨海工业园区管理的思路：第一，行业规范。重污染行业是不允许进入园区的，如烫金植绒等。第二，设备提档。企业升级改造，内地的印染企业全部集中在滨海，内地管网配套不齐全，搬迁的过程是一个集聚的过程，也是一个淘汰落后产能、提高设备档次的过程，旧的设备换成新的设备，差的设备换成好的设备。第三，配套齐全。现在所有企业的污水全部纳管，企业所有的雨水口全面封堵，高峰雨水才被允许排放。污水池改造和在线数据监测，通过技术的手段、设备的要求来促进产业淘汰，"五水共治"就是企业优胜劣汰、环保升级的过程，促进经济效益和生态发展同步推进。"五水共治"是一个载体，是一个综合性的系统管理，里面包括设施投入、硬件投入、软件管理、执法管理。

五、环保部门代表发言

开始设立退出区、提升区、集聚区三个区域。2017 年 8 月—9 月，责令整改企业 182 家，立案查处 126 家。创新执法：地毯式督查，划分片区，对每一个片区抽调人员进行地毯式摸排。"治水办"属于区委区政府下面的临时性的牵头协调机构，不是常设机构，设在区委办。

企业河长代表发言：升级考核。2013 年把整体的污水管道全部更换。由三级企业河长管理，董事长为组长，每周检查一次，每个车间每天巡查两次，巡查管道泄漏情况，企业河长到附近河道检查，提取河水到自己的实验室进行检测，看看都会产生哪些污染（水污染、气污染、布废污染）。

村级河长代表发言：村级河长每天的日常工作是巡河。农村的污水主要是生活污水，全部纳管处理，不能纳管的，通过隔油池处理。进行河道的生态修复，通过种水草来净化水质。其次是养鱼，鱼可以将河道的淤泥吃掉。劝阻百姓不要在河里洗衣服或洗拖把，志愿服务队经常进行检查。河面上有油渍，多是因为剩饭剩菜倒入河道，给鱼吃（民俗讲法）。可用隔油弹网去河面拉一下，清除油污。每家每户发放“五水共治”的资料，印有“五水共治”一次性纸杯。小微水体整治：池塘基本每半年换一次水，养鱼养水草。绍兴全面整治三江大河、滨海大河、曹娥江、鉴湖、浙东古运河，27 位区领导兼任河长。绍兴整个排涝是往滨海方向排的。2013 年 40 多家虾塘、养猪企业被关停，以前 4 万亩（0.27 万公顷）虾现在剩下 1500 亩（100 公顷）。

调研报告 16：九峰垃圾焚烧发电项目

2018 年 7 月 10 日，作者及调研团队在九峰垃圾焚烧发电项目开展调研。本篇调研报告是根据作者在项目展厅拍摄的照片资料整理而来。此报告所列的数据和基本观点，由受访单位提供。由于这些内容属于尚未正式发表的文献，所以未列入本书的参考文献中，特此作为附录加以说明和展示。

一、项目概况

为破解城市垃圾处理难题，杭州市政府经多次考察论证于 2014 年 4 月实质性推动九峰垃圾焚烧发电项目规划建设。项目位于余杭区中泰街道大坞里，主体工程为九峰垃圾焚烧发电工程，配套工程为杭徽高速匝道工程、进场道路工程、发电外送工程等，项目规划运营由光大国际组织实施。

项目总投资 18 亿元，特许经营期 30 年（含建设期），光大国际出资 70%，杭州城投出资 20%，余杭城建出资 10%。杭州九峰垃圾焚烧发电工程是杭州市重点民生工程，日焚烧处理生活垃圾 3000 吨，项目红线占地 209.55 亩（13.97 公顷），总建筑面积约 73194 平方米，建成后主要服务杭州市西部地区。九峰垃圾焚烧发电项目配置 4 台 750 吨每日机械炉排焚烧炉、2 台 35 兆瓦抽凝式汽轮发电机组。项目配套渗滤液处理站规模 1500 吨每日，渗滤液经处理后达到敞开式循环冷却水系统补充水标准，实现渗滤液“全回用、零排放”，烟气排放指标全面执行欧盟 2010 标准。项目总体目标：打造国际领先的环保示范项目，质量目标为鲁班奖。

二、工程进度（合法推进和项目投运）

2014年8月18日，光大国际与杭州市政府签订框架协议；10月17日，光大国际与杭州市城管委签订BOT协议。2015年1月14日，杭州九峰项目顺利通过杭州市人民政府风险评估；1月23日，杭州九峰项目顺利获得杭州市环保局环评批复并获得浙江省发改委项目核准；3月25日，杭州九峰项目成功办理土地使用权证；3月26日，取得倒班宿舍楼施工许可证；10月28日，取得主厂房及附属厂房施工许可证。2016年1月8日，举行开工仪式；3月10日，垃圾仓开挖，主体工程正式开工；5月20日，垃圾仓底板第一罐砼浇筑；7月19日，锅炉吊架吊装；11月18日，锅炉水压试验；12月26日，主厂房结顶。2017年5月10日，送电完成；5月26日，一号机扣缸；6月4日，4号炉烘煮炉完成；6月24日，4号四台炉吹管完成；8月17日，一号机冲转完成；9月15日，垃圾正式进场；9月22日，点火调试；9月30日，完成“72+24”。

项目的监管方式：“三结合”，即政府监管与社会监管相结合，技术监管与市场监管相结合，运行过程监管和污染排放监管相结合。

监管部门：建设行政主管部门、地方环境保护主管部门。主要监管措施：

1. 政府监管：行业管理部门定期或不定期进行现场巡查，环保部门对烟气在线监测，查看实时监控。

2. 公众监督：通过开放日预约等形式，邀请市民代表进行参观监督。

3. 媒体监督：邀请各类媒体客观公正地报道项目实际运行情况，督促项目环保、安全运行。

4. 企业自律：在厂门口安装电子屏，实时发布数据，主动聘请具有相关检测资质的第三方检测机构，对工厂的运营进行监测监管，实现专业监管，独立监管。

环境影响评估：环评公示，2014年9月19日环评第一次公示，2014年11月24日环评第二次公示，同时启动公众参与问卷调查表签字工作，共发出调查问卷473份，回收472份，其中支持119份，有条件支持346份，无所谓7份，支持率98.5%。评审会议。2014年12月30日召开正式环评专家评审会，前前后后正式非正式的专家评审会，共计9次。2015年1月14日，取得了市政府办公厅关于稳评的意见，稳评公众问卷调查，共发放调查问卷421份，回收419份，其中支持110份，有条件支持304份，无所谓5份，支持率98.8%。

三、技术工艺

布袋除尘：是通过特制滤带（聚四氟乙烯，PTFE）将烟气中的粉尘截留下来，并通过密闭的输送系统送至集中存储灰罐，从而为排放的烟气起到良好的净化作用。

干法脱酸：干法脱酸工艺是利用喷入烟道内的消石灰粉末（氢氧化钙粉末）等碱性物质，与烟气充分混合后进一步脱除烟气中的氯化氢、二氧化硫等酸性气体。

活性炭吸附：活性炭是常见且最有效的吸附剂，将活性炭粉末喷射到烟道内，使活性炭粉末与垃圾焚烧后的烟气充分混合，利用活性炭的微孔吸附烟气中的重金属（铅、汞、镉等）、二噁英，从而达到净化烟气的功能。

半干式反应塔脱酸：半干式反应塔脱酸工艺是将制备好的石灰浆通过高速旋转的雾化器喷入反应塔内，与垃圾焚烧后烟气充分混合，从而脱除烟气中的氯化氢、二氧化硫、氟化氢等酸性气体。

SNCR 脱硝：SNCR（选择性非催化还原法）脱硝工艺是在没有催化剂使用的条件下，利用还原剂将烟气中的氮氧化物还原为无害的氮气和水的一种清洁脱硝技术，该方法首先将氨水或尿素作为还原剂喷入炉膛内，与烟气中的氮氧化物进行还原反应，将烟气中氮氧化物转化为氮气和水。

GGH（烟气脱硫系统）：采用进口的氟塑料管利用高温烟气加热净化烟气，提高排烟温度，从而减轻冒白烟的现象，并进一步降低粉尘、氮氧化物、二氧化硫等对地面浓度的影响；烟气经 GGH 换热后进入湿法脱酸塔，温度为 90~100 摄氏度，入口污染物达到欧洲 2010 标准。烟气从脱酸塔下部进入，在塔内与碱液发生气液反应，脱除酸性气体和固体粉尘颗粒。

SCR 脱硝技术：SCR 脱硝技术是选择性催化还原法，SCR 脱硝的还原剂主要是氨水，由蒸发器蒸发后喷入系统中，在催化剂（本工程采用 CRI 颗粒式，模块化低温催化剂）的作用下，氨气将烟气中的氮氧化物还原为氮气和水。

四、群众考察（公众参与）

市区两级政府向百姓的“两不”开工承诺：“手续不合法不开工”和“群众不理解不开工”。自 2014 年 8 月下旬至 10 月底，先后组织杭州九峰项目周边地区约 5000 人次，赴光大常州公司、苏州公司、南京公司、江阴公司、济南公司、宁波公司等的垃圾焚烧发电项目参观考察，平均每天要组织近 100 人。光大国际团队优良的工作作风和扎实的技术功底以及良好的企业理念，赢得了杭州九峰老百姓的高度认可，使百姓对垃圾焚烧发电项目有了进一步的认识，让百姓切身感受和体会现代化的垃圾焚烧发电厂，一定程度上消除了百姓对垃圾焚烧发电的妖魔化印象。

1. 2014 年 7 月 22 日，群众代表参观苏州垃圾发电项目。

2. 2014 年 7 月 26 日，人大代表参观苏州垃圾发电项目。

3. 2014 年 7 月 31 日，教师代表参观常州垃圾发电项目。

4. 2014 年 8 月 21 日，企业代表参观常州垃圾发电项目。

5. 2014 年 8 月 13 日，群众代表参观苏州垃圾发电项目。

6. 2014 年 9 月 1 日，群众代表参观南京垃圾发电项目。

五、配套工程

每一个配套项目都有一个独立的责任主体，并且每一个配套工程都与主体工程建设的调试和运营息息相关。因此，在抓好内部建设的同时，紧跟配套工程的建设，确保同步实施，保障杭州九峰项目的按期投运。

1. 炉渣综合利用：制砖。主体责任单位：中泰街道南峰村。年炉渣产生量：328500 吨。实施单位：区外处置单位。炉渣：温炉渣落入捞渣机进行冷却，通过捞渣机送入运渣汽车外运至炉渣综合处理厂进行综合利用。炉渣的主要成分为不定型玻璃基质、石英、方解石，可用于制作道板砖等建筑用砌块。

2. 边坡综合治理工程。主体责任单位：中泰城建开发公司。建设单位：光大环保中国有限公司。

3. 给排水工程。主体责任单位：余杭区水务局出资，按 7：3 的比例，由市区两级财政拨款，日用水量 7200 吨。给水工程项目由杭州市余杭区两级政府投资建设，开工时间为 2016 年 9 月，已于 2017 年 10 月建成并通过交工验收，现已正式投入运营。管道起点接自 02 省道给水网，采用 DN400 管供至给水加压泵房，加压后采用 2 根 DN300 钢管输送至桩号 K1+506 光大能源项目范围内。排水工程项目由杭州市余杭区两级政府投资建设，开工时间为 2016 年 9 月，已于 2017 年 10 月建成并通过交工验收，现已正式投入运营。本次排水管道设计起点为进场道路终点处，排水管道先收集杭州九峰垃圾焚烧厂内的废水至南湖小镇东南侧的废水提升泵站，同时接纳南湖小镇的废水，经泵站提升后最终送至现组团 8 号废水泵站。

4. 送出工程电力接入系统工程。主体责任单位：国网杭州分公司，直线距离 4.8 千米。电力输送：国网杭州供电公司总投资 1800 万元建设发电外送工程。

工程规模：双回路110kV架空线路，全长6.2千米。

5. 配套进场道路。主体责任单位：余杭区交通局。里程：1.5千米，资金来源：按7∶3的比例由市区两级财政拨款。杭州市政府出资建设九峰垃圾焚烧发电项目进场专用道，彻底解决了垃圾进场“最后一公里”的问题。九峰进场专用道总长1.5千米，总投产3.82亿元，项目开工时间为2016年7月，已于2017年7月建成并通过竣工验收，现已正式投入运营。剩余两侧景观绿化附属工程于2017年10月底完工，排水系统下游河道拓展改造工程于2017年10月底完工。

6. 高速匝道：杭州市政府出资建设九峰垃圾焚烧发电项目专用匝道，解决了垃圾运送难题。工程位于杭州市余杭区中泰街道九峰村，杭瑞高速公路主线改造长度730米，总投产10529.23万元。项目开工时间为2016年12月，已于2017年4月建成并通过交工验收，现已正式投入运营。

7. 居民安置：根据九峰垃圾焚烧发电工程环评要求，杭州市政府对300米环境防护距离内的37户农户进行整体搬迁。

8. 产业融入：垃圾焚烧发电不但解决了城市发展难题，而且起到了环境治理、宣传教育的作用。项目规划建设与配套设施的实施也带动了产业的高效发展。

9. 发展旅游产业：杭州商贸旅游集团、区域旅游集团、中泰街道共计打造13个旅游产品，一期开发4个产品，分别为布鲁克精选（原中桥中学）、天井湾山居、章岭和七介山石矿项目。

10. 南湖小镇开发：未来科技城管委会和中泰街道，旨在打造一个产城融合、自然生态与城市生态融合、都市农业与邻近工业融合、河湖水系与都市功能融合的多功能一体化、复合型慢生活小城。

六、项目的社会效益

（一）美化城市环境，节约土地使用

杭州市近年来生活垃圾产生量为370余万吨每年，平均每天产生垃圾1万吨以上，同时垃圾量还在随着城市经济的发展不断提高。杭州九峰垃圾发电项目投产前，杭州共有1座垃圾填埋场和4座垃圾发电焚烧厂。其中设计寿命至2030年的天子岭垃圾填埋场，日处理垃圾4000余吨，超过原设计量的3倍，面临提前11年就填满停运的窘境。4家垃圾焚烧厂全年处于超负荷处理极限，日均焚烧总量达3500余吨，垃圾处理能力不足成为杭州政府和人民所面临的迫切

难题，杭州九峰垃圾发电项目的投产，建成后设计日处理能力达3000吨，极大地缓解了杭州生活垃圾的处理压力，同时垃圾焚烧后产生的残渣体积减小近90%，重量减少近80%，从而大大地延长了填埋场的使用寿命，节约了大量宝贵土地。

（二）焚烧垃圾发电，节能减排增效

相比传统的垃圾填埋方式，垃圾焚烧发电能极大地增加生活垃圾的利用效率，利用垃圾产生的热能发电供暖，真正做到变废为宝。通过垃圾焚烧，杭州九峰发电垃圾发电项目可达到年发电量4.8亿千瓦时，年上网供电量3.89亿千瓦时，足以供给40万个家庭一年的生活用电，相当于节约15万吨以上标准煤。

（三）破解“邻避效应”，成为示范引领

央视新闻联播摘录（2017年4月11日）：杭州九峰垃圾发电项目在建设过程中，政府和企业通力合作，按照“项目不合法不开工，群众不理解不开工”的“两不承诺”，严格落实信息公开、全面接受群众监督、达成广泛社会共识，取得了属地群众的充分谅解和支持，共同推动项目成功建成运营。项目建设的成功经验也得到了包括《人民日报》和央视新闻联播等国家级媒体的广泛报道，破解了垃圾发电项目“邻避效应”这一世界性行业难题，形成了引领示范的“杭州答卷”。

人民日报（2017年3月24日）：新时期群众工作新探索——《杭州破题“邻避效应”》。“邻避效应”这个曾在多地引起、引发群众性事件的大难题，在浙江省杭州市得到了有效破解。记者深入一线采访得知，余杭区中泰垃圾焚烧项目目前进展顺利，2017年下半年将投入点火试运行。杭州能有效化解这起备受关注的事件走出困局，源于把人民利益放在第一位的执政理念。“好是好，但不要建在我家后园”——人们把当地居民因担心建设项目对身体健康、环境质量等带来负面影响，而采取强烈的、有时高度情绪化的集体反对甚至抗争行为称之为“邻避效应”。随着城市发展和人口增加，杭州和其他城市一样，近些年面临“垃圾围城”窘境，同时也碰到了这样的问题：专家反复论证认为建立垃圾焚烧场是解困最佳途径，但周边群众却争议四起。2014年5月，余杭区中泰街道一带群众反对中泰垃圾焚烧厂项目选址，曾发生规模性聚集。少数群众甚至阻断交通，围攻执法管理人员……如何化开不信任的“坚冰”，打破项目停滞的僵局？杭州采取的措施是充分尊重群众意愿、以群众利益为准绳。省、市主要领导均郑重承诺：“项目没有征得群众充分理解支持的情况下一定不开工，没有履行完法定程序一定不开工。”与此同时，对新形势下如何做好群众工作，他们展开了新探索：不是用简单行政命令，而是依靠耐心细致的群众工作，用事实去说服教育群众。2014 年 7 月至 9 月，中泰街道共组织了 82 批、4000 多人次赴外地考察，让群众实地察看国内先进的垃圾焚烧厂。“不看不知道，一看放心了。”现身说法，让群众一个个打消了先前的顾虑。群众的“健康隐忧”要对症下药，“发展隐忧”更要化解。为了提升群众的获得感，杭州市专门给中泰街道拨了 1000 亩地的土地空间指标，用来保障当地产业发展。区里还投入大量资金帮助附近几个村子引进致富项目，改善生态、生产、生活环境。中泰垃圾焚烧项目现在成了“惠民工程”，一批批项目争先恐后在这里落户，群众真正尝到了甜头。以前，人们争着往外迁，现在则是争着往回迁，仅小小的中桥村，已迁回 200 多人。①

新闻联播（2017 年 4 月 11 日）：

“不要在我家后院建垃圾处理厂”——这样的情绪缘于担心建设会对身体健康、环境质量带来负面影响，项目还未上马就遭到强烈的反对，被称为“邻避效应”，也成为各地的大难题。而浙江杭州余杭区的垃圾焚烧厂建设平稳推进，前不久实现了项目主体完工封顶，杭州是怎么做到的呢？

最近在杭州市余杭区中泰街道，房车营地、山顶酒吧、商品民宿，一个个旅游休闲项目在春风中破土动工。然而就在一年前，人们还因为这里要建设垃圾焚烧厂而唯恐避之不及。当时的杭州与其他城市一样，一直面临垃圾围城的窘境。垃圾填埋已解决不了问题。“如果说再不上垃圾处理设施的话，那么杭州市将发生生态危机，由旅游城市变成一个‘臭’城。”——张国范（杭州市环境卫生科学研究所），经过反复论证，专家认为垃圾是解困的最佳途径，焚烧厂选在了余杭区中泰街道一个废弃的采矿场，一听说自己后院要建垃圾焚烧厂，周边几个村子一下子炸开了锅。“没有办法来理解为什么要放在这儿呢？因为这个东西我觉得很多地方可以放啊。”——蒋于成（杭州市余杭区中泰街道中桥村村民），面对周边居民的担忧，采取简单的行政命令、靠磨嘴皮子让村民发扬风格，显然行不通，杭州市选择让事实说话。组织了 82 批、4000 多人次赴广州、南京、济南等地的垃圾处理厂进行考察。“我江苏、广州都去看了，就是现有的垃圾焚烧厂，让老百姓放心、放下包袱。”——蒋于成（杭州市余杭区中泰街道中桥村村民）。耳听为虚、眼见为实。考察回来后，政府因势利导召开了项目论证会。村民代表提出意见：像垃圾存哪里、怎么烧，二噁英和飞灰怎么控制、如何处理？方方面面问个底儿掉，清楚了老百姓的想法，政府也就有了明确的

---

① 王慧敏，江南．新时期群众工作新探索：杭州破题“邻避效应”［N］．人民日报，2017-03-24（1）．

工作方向。“第一个，这个项目下来以后，就是老百姓担心他们的健康权；第二个，担心这个区域的发展。”——郭云伟（杭州市余杭区中泰街道党工委书记）对群众的“健康隐忧”要对症下药，同时更要化解对这个地区的“发展隐忧”。于是，杭州市专门给中泰街道拨了1000亩（66.67公顷）土地的空间指标，用来保障当地的产业发展；117项改善生态、生产、生活环境的实事工程，已经启动71项；还计划投资20.8亿元在附近打造一片城郊休闲公园。以前，人们争着往外迁，现在，蒋于成所在的中桥村，先后回迁200多人，当年闹得最凶的蒋于成也当起了义务“招商引资员”。“这条道的主要功能是我们日常的一个通道，所以游客的车开始开进来，政府也给我承诺，你们在搞美丽乡村建设，通过我们政府这个平台，再来推你们一把，把你们这里搞得更好。”——蒋于成（杭州市余杭区中泰街道中桥村村民）。①

光大国际核心装备自主研发：自主研发300~750吨每天的全系列垃圾焚烧炉排炉。光大炉排更加适应亚洲垃圾不分类、低热值、高水分、高灰分的特点。实现了生活垃圾焚烧炉的国产化，多项技术指标达到国际先进水平。750吨每天垃圾焚烧炉排炉的成功研制，填补了中国在大型垃圾焚烧炉排炉制造的空白。引进吸收与自主研发相结合，实现光大研发的马丁炉排炉的自主生产。光大自主研发顺推式炉排炉，并引进吸收逆推式炉排炉。

社会责任：“三个率先”。

1. 率先在国内推动，采用欧盟2010标准建设垃圾发电项目。

2. 率先推行排放指标与项目当地环境保护部门在线联网，主动接受当地政府部门及公众监督。

3. 率先在光大国际官方网站上向社会和公众公开披露垃圾发电项目各项环评指标及按小时均值披露烟气在线监测指标，自觉接受社会和公众监督，在行业信息透明化、公开化方面实现新的跨越，树立新的标杆。

行业标准制定：

1. 参与生态环境部、建设部、发改委、商务部组织编制环保技术及规范十多项。

2. 获联合国欧洲经济委员会PPP中心邀请牵头联合国垃圾焚烧PPP标准编制，将公司在发展中国家环保领域成功应用PPP模式的经验推广给其他发展中国家，以配合联合国可持续发展目标。

---

① 王慧敏，江南．新时期群众工作新探索：杭州破题“邻避效应”［N］．人民日报，2017-03-24（1）．

3. 获哥伦比亚大学邀请共同推进世界银行垃圾发电标准制定，增强公司在行业内及国际上的话语权和影响力。

调研报告 17：日本东京母亲河——隅田川的治理

2018 年 12 月 14 日，作者在日本东京调研了日本隅田川的治理情况，调研后由作者执笔完成了此报告。

隅田川是日本东京的母亲河，东京曾经最繁华的地段之一就是隅田川两岸，其享有“水上之都”的美誉。到了 20 世纪 60 年代初期，随着工业化和城市化进程逐步加快，以及当时城市的下水管网普及度很低，大量生活污水和工业废水流入隅田川，使隅田川河流水质急剧恶化，一度成为生化需氧量（Biochemical Oxygen Demand，BOD）浓度达到 40mg/L 的黑臭河①。人们逐步认识到隅田川严重污染的现状，于是开始全面治理隅田川。从水质净化、水污染治理，到水环境生态系统的恢复，再到超级海塘、亲水环境的打造和流域的综合开发，以及全民参与治水，加强环境教育，铸就治水文化。在这个漫长而卓有成效的治理过程中，建构起了创新性的水环境治理模式以及具有独特价值和普遍意义的水环境治理的伦理价值理念。

隅田川的治理以人们对隅田川内在价值的肯定和认可为前提，以对生命健康和可持续发展的充分尊重为基础。治理的首要目标是消除水污染、净化水质，努力恢复隅田川原有的健康生命形态。在对隅田川水质进行调查和科学实验分析的基础上，日本建设省制定了隅田川污染防治计划，投入了专项资金用于项目建设，并实施了河川挖泥、清淤疏浚、下水道路整备、增建污水处理厂、利根川引调水、污水回收、水质净化槽导入等多项水污染治理工程。与此同时，政府还制定和颁布了一系列的防治水污染的法律政策，对隅田川沿岸的工厂企业和居民住宅区的污水排放进行严格管制，要求工业废水和生活污水必须截污纳管和达标排放。在隅田川管辖区还设立了河流疏浚促进联合委员会和水质净化对策研究部共同致力于恢复隅田川原有的健康生命力。在多方面的努力下，隅田川的河流治污和水质净化工作取得了显著成效，在 20 世纪 60 年代隅田川两岸的下水道的普及率只有 26%，污水回收率只有 10%，到了 1980 年隅田川周

---

① 朱伟，杨平，龚森．日本“多自然河川”治理及其对我国河道整治的启示［J］．水资源保护，2015，31（1）：22-29.

边工业区和生活区的污水回收率达到了70%以上，并且实现了下水管道全覆盖①，至此隅田川的河流污染得到了严格的控制。

隅田川的治理充分尊重水环境的自然属性，遵循隅田川自然演变的规律，尽可能地保护了河流原始的自然形态、河道断面的多样性和原有的自净能力。自然状态下的隅田川各流域基本呈自由弯曲的形态，为了保持隅田川急流与浅滩相间的自然格局以及湿地的生态环境，在治理隅田川的过程中并没有完全实施截弯取直工程，这样既保持了隅田川原始的自然形态，也保护了鱼类及微生物栖息繁衍的浅滩环境。与此同时，隅田川在河床改造治理中并没有采取人为设定的规则断面，而是保持了水流多样变化的天然面貌。在隅田川防洪防潮的治理中并没有通过水工建筑物对隅田川的完整水域进行人为分割，而是保证隅田川存在于一个健全的与生物群落共存的水生态系统中，充分尊重和保护了隅田川的基本生存权利。

隅田川在水污染得到控制、水质明显改善后，从20世纪80年代开始，整治进入了第二阶段，以恢复隅田川整体生态系统为目标的治理，充分重视隅田川与岸上生态系统的有机联系，重点致力于保护和恢复隅田川的生态湿地和生物多样性，为隅田川水域的鱼类、水生植物、鸟类等其他物种群落生养繁殖、繁衍栖息创造了健康良好的水域环境。隅田川坚持从水环境的整体着眼，将治理水污染、促进水循环、保护水生物种、修复海岸生态、整治水土流失等结合起来，进行水里岸上、上中下游的综合治理。许多保护隅田川的民间组织和市民协会相继成立，组织社会公众开展了放生鱼虾、考察水生物种、清河护岸等多项保护生物多样性的活动，同时还发布了保护隅田川生态环境的《隅田川宣言》，号召全民参与治水，保护隅田川的天然之美，努力塑造自然型的河岸，并立足于恢复健全完整的水生态系统，对隅田川水质、生态、防洪、文化、供水、景观等多项综合功能的恢复与保护进行科学规划。

隅田川治理充分遵循了人与水环境协同进化的治理理念。隅田川实施了"亲水"的治理策略，拉近人与水的距离，增加人对水的了解、关注、体验和感知，增强人与水环境的亲密性和可达性。"亲水"是人类生存发展的基本需求之一，日本民意调查显示，32.5%的人希望有舒适的水边空间，24.8%要求有娱乐空间，23.4%认为应有亲水功能。② 公众不仅希望拥有水质清澈、鱼翔浅底、生

① 朱伟，杨平，龚淼．日本"多自然河川"治理及其对我国河道整治的启示［J］．水资源保护，2015，31（1）：22-29.

② 崔伟中．日本河流生态工程措施及其借鉴［J］．人民珠江，2003（5）：1-4.

态良好的城市河流，同时希望所生活的水域环境具有舒适的休闲空间和美丽别致的人文景观，既浪漫有活力，又富有文化气息。

隅田川的治理实施了综合治理工程，将人类发展的需要和河流治理实现了完美结合和协同发展。在治理中将隅田川的防洪、排涝、栖息、过滤等自然功能与灌溉、引水、航运、景观等社会功能同时进行开发和保护。结合隅田川周边经济发展和产业优化的现实需要，将水环境治理与交通道路、住宅商业、旅游景观等东京都市的综合规划相结合，提出了隅田川水环境治理与东京的经济、社会、文化共命运、同提升、齐发展的综合治水理念，充分协调和平衡了人的发展需要和水的健康诉求之间的关系，开辟了人水相亲、人水与共、人水互进的创新治水模式。为了让人们能够亲近隅田川，1974 年隅田川实施了以整改直立海塘为核心的超级海塘工程。根据隅田川的原有形态和自然特征，将直立式的防潮海塘进行拆除，并改建成缓倾斜式的堆土构造的超级海塘。① 缓倾斜式超级海塘的建设让人们可以重返久违的水边，实现人与水的零距离接触。1985 年，修建了隅田川第一座专门的步行桥——樱桥，并在缓坡海塘的滨水一侧铺设了悠长平坦的步行道，周边种满了浓绿的树木和各色的花卉，景色宜人。隅田川通过拉近人与水的距离，增进人对水的热爱，这种提升全民环保意识的方式要远远好于简单机械的说教和宣传。

隅田川在治理过程中兼顾各方参与者的不同利益，保障多元主体权利的平等，注重水环境收益分配的公平公正。在 20 世纪 70 年代，日本颁布的《公害对策基本法》《水质污染防治法》《河川法》等法律中明确规定：对水环境造成严重破坏的工业企业必须承担损失赔偿责任。以法律的形式确立了河流治理公共参与的管理体制，要求地方政府在制定河流整治规划时必须公开征求和听取民众的意见。因此，隅田川在治理项目的设计阶段，开展了广泛深入的考察和调研，将公众的利益诉求和意见建议作为完善治理方案和制定公众参与机制的重要依据。

隅田川治理过程中成立了众多的民间社会组织和各类隅田川调查委员会、市民协会。这些民间自治组织由来自社会各行各业的公众自发组成，他们还经常开展放生鱼苗、捡拾垃圾、清洁河道、绿化河岸的治水活动，并定期开展各种报告和信息交流会。这些活动对于提高人们的环保意识、建立良好融洽的社会关系具有重要意义，人们不仅参与了水环境保护，同时，彼此之间的分歧和矛盾也在平等协商、协同合作中得以化解。民间自治组织成了社会多元主体协

---

① 石崎，正和．隅田川は蘇るか［J］．水資源・環境研究，1989（3）：9-17.

同参与隅田川治理的载体，高效科学地整合了各类资源，公平合理地协调了各方利益，保障了不同主体可以平等参与隅田川治理的方案研讨和决策，实现了不同利益相关者之间权益的平等享受、义务和责任的合理分配、风险和成本的共同承担。

为了使社会公众更加广泛地参与隅田川的水环境治理，隅田川各流域的河川管理部门都设立了公众科普宣传栏和信息公示栏，用于公布隅田川河流水质和治理现状的相关信息，以及环保节水、垃圾分类等生活常识，以加强人们对隅田川治理的关注和参与，促进人们健康生活方式和良好生活习惯的养成。此外，各宣传栏也会及时公告公众参与治河的活动预告以及游园会、亲水景观赏析会等活动的通知，充分保障了人们拥有公正平等地获取信息、参与治理、享受美好水环境的福利和机会。隅田川周边还修建了小型的河流博物馆和科技馆，陈列和展览了隅田川的历史文物、水利设备、治河成就，使隅田川的历史文化得以保护和传承，为全民水环境教育、公众的水生态知识普及、社会不同群体的文化交流提供了便利场所。

调研报告 18：日本最大湖泊——琵琶湖的治理

2018 年 12 月 20 日，作者在日本东京调研了日本琵琶湖的治理情况，调研后由作者执笔完成了此报告。

一、琵琶湖多元主体协同治理的实践

日本最大的湖泊是琵琶湖，琵琶湖也被看作日本的“母亲湖”，占据着滋贺县近 17%的面积。琵琶湖不仅孕育了上千种丰富多样的动植物，也惠泽于日本居民的生产生活，它为 1400 多万人口提供水源，是日本京都—大阪—神户三大都市的居民饮用水和工农业生产用水的水源地。① 但随着日本经济与社会的快速发展，导致琵琶湖的污染加剧，生态系统遭到严重破坏，富营养化问题极为突出。琵琶湖的治理和长期的维护主要依靠公民、社区、政府、自治组织间的相互配合和共同协作来完成，因此琵琶湖的治理是社会协同治理水环境问题的典范。

---

① 近畿地方整備局．淀川水系河川整備基本方針を策定［R］. 2007：13-14.

（一）公众先发主导，生活体验式的参与

琵琶湖的治理首先是由社会公众发起的，面对琵琶湖的严重污染，普通民众先于政府、企业、社会组织，“先发制湖”、自觉自主、积极占据主导地位。这一点有别于我们通常的“政府主导、公众参与”的环境治理模式，在传统的模式中，公众往往是被动地、滞后地、“运动式”地参与。但是在琵琶湖治理中，公众积极主动地化“要我参与”为“我要参与”，充分发挥了自觉性、能动性、灵活性、广泛性和深入性的优势，成为琵琶湖社会协同治理的核心力量。

20 世纪 70 年代琵琶湖由于严重污染频繁暴发“淡水赤潮”的现象，含磷的化学物质是导致湖泊富营养化加剧的主要原因之一。于是家庭主妇首先行动，自觉抵制和弃用含磷洗涤剂，并用纯肥皂取而代之。这些肥皂都是居民用自己回收的食用油纯手工制作的，不含任何有害的化学物质，家家户户自行安装了比纱布还细密的污水过滤网，同时对垃圾进行了精细化的分类。很快主妇们的行动得到了滋贺县全体市民的认可和推广，由此掀起了日本环保史上意义重大且影响深远的“肥皂运动”。在公众的带动下，各日化生产企业也积极行动，研制和生产了各类不含磷的肥皂粉、洗涤剂等，从源头上切断了含磷物质和产品的供应。公众还自主成立了“琵琶湖水环境保护市民论坛”，互相交流和借鉴护水的生活经验，经常组织集体的垃圾清理活动。如此广泛深入的“肥皂运动”促成了 1980 年日本第一部《防止琵琶湖富营养化条例》的颁布，这也充分体现了公民自发式环保运动的积极作用，成为政府制定政策条例的催化剂和促进力量。该条例将严禁生产、销售和使用含磷酸盐稳定剂的合成洗涤剂的内容以法律的形式确定下来，并对农业和畜牧业进行了严格的排污限制。全民“肥皂运动”的成效显著。据滋贺县民意测验显示，从 1979 年至 1980 年短短一年间，滋贺县居民肥皂使用率明显攀升，达到 1980 年近 3/4 的市民完全使用肥皂的普及程度，而无磷洗涤剂的使用率逐渐下降，1980 年后琵琶湖流域内的磷氮浓度减少了 20%，湖泊水质明显改善。

琵琶湖治理的公众参与是一种公众调研式、体验式、生活情境式的参与，这有别于一般的环境治理工程中公众通过填写调查问卷、参加座谈会、被动接受询问的惯用参与方式。人与河流的陌生感和距离感是导致水环境保护意识淡薄的主要原因之一，随着城市化的水平的不断提高，人们基本告别了以井水、泉水、河塘为饮用水源的生活，自来水的出现给人们带来了极大的便捷，但也阻断了人们与自然河流之间的接触，由此人们对河流的情感逐步淡漠。于是当地民众自行组织和开展了关于琵琶湖广泛的生态调查，这也是日本河流治理史上有名的探寻“萤火虫足迹”活动。萤火虫的活跃一直以来被看作河川环境优美、生态良好的象征，所以公众兴起了以调查和保护琵琶湖周边的萤火虫为主题，并深入探寻和调研琵琶湖周边的生物多样性的活动。他们联合不同区域的民众自行组成多个调查小分队，亲自测量琵琶湖不同水域的水质，勘探琵琶湖周边的水路、河川、生物状况，并联合行动清理湖面的漂浮物，拾捡水域周边的生活垃圾，在水土流失严重的地方种植树木、播撒花种并定期浇花除草。这一活动在民众中影响深远，在开始的第一年就在500多个地域被实践。① 另外，琵琶湖大小流域和上中下游不同区域的公众还组建了“流域研究会”，在交流会上他们还互相品尝各自水域种植的稻米、蔬菜，以及养殖的种类丰富的水产，从多角度、多层次、多视域感受着琵琶湖的丰富内涵。公众通过生活体验式进行琵琶湖的保护与治理，设身处地地意识到了生活与琵琶湖之间的紧密联系，亲眼看到了琵琶湖曾经的“遍体鳞伤”，也亲自感受到了琵琶湖的美丽多姿，同时也在见证着琵琶湖的生态在他们的保护下得以慢慢恢复，琵琶湖治理俨然已变成民众生活的一部分，人们像对待亲人一样去保护琵琶湖。

公众不仅自发组织保护琵琶湖的活动，还积极与政府互动合作。居民将自己关于琵琶湖生态调查的结果和治水经验与政府分享和交流，积极向政府建言献策，为政府合理科学地制定治水方案提供了宝贵的意见。滋贺县政府在修整小溪流的时候，打算将明沟改成暗渠并使其远离居民区。当地居民多次主动与政府磋商合议、共同谋划河流整改方案，居民给出了保持河流原有的开放式生态容貌的合理建议，并在水域周边建设了亲水公园和多处自然景观，各项建设的后期运维和管理都是在自觉参与，并在与政府积极配合中完成的。

（二）政府协调，构筑多主体协同的平台

政府信息公开，搭建合作平台。琵琶湖治理过程中政府始终坚持与社会公众共享信息、公开透明。政府官方的信息公布主要借助于具有权威性、科学性和准确性的环境白皮书，将琵琶湖阶段性的水质情况、生物多样性的检测数据、工农业污染防治方案以及生态环境保护的治理报告等向当地居民及时公告，充分保障公众对琵琶湖保护的知情权。同时政府也充分利用网络、电视、广播、报刊、媒体等各种信息化平台，向社会通报琵琶湖最新的治理状况，并对外进行环保科普宣传。政府会定期召开琵琶湖环境报告会，邀请各单位、社会组织、社区居民共同参与，促进不同群体和不同区域之间的信息分享、意见交流和合作磋商。政府还将各种论坛的场地由室内转向户外，让公众亲近水环境，充分

① 杨平．人与自然关系的修复：日本琵琶湖治理与生活环境主义的应用［J］．湖泊科学，2014，26（5）：807-812.

体验和感受琵琶湖悠久的历史和深厚的文化底蕴，增进人与琵琶湖的情感。

民主决策，协商共治。政府在治理琵琶湖的过程中充分征求公众的意见，了解公众的利益诉求。在制定治理方案之前政府深入琵琶湖周边的各县、町、村去与属地群众充分交流，广泛听取公众在生产生活中保护琵琶湖的实践经验，结合不同地域琵琶湖的水质状况以及当地的产业发展现状，拟定因地制宜的治理方案和策略，经由中央相关省批准后的琵琶湖治理草案还需要再次返回给各地方民众，听取公众的意见和反馈，在此基础上对原治理方案进行修订和完善，才能最终确定琵琶湖阶段性的治理计划。

完善基础设施建设，提供财政支持，建立利益补偿机制。首先，为了防控琵琶湖的点源和面源污染并提高水资源的利用效率，政府大力建设琵琶湖治污基础设施，具体如表 1 所示。其次，治理琵琶湖的大部分资金由中央和地方共同承担，同时政府还设立了各项研究和管理基金，引入市场力量，拓宽治理的资金来源渠道，让更多的社会力量参与到保护和治理琵琶湖的行列中。政府通过《琵琶湖综合开发特别措施法》和《水源地区对策特别措施法》明确制定了琵琶湖利益补偿机制①，并以法律的形式将其确定下来。由于在琵琶湖治理中，上游区域人力、物力、财力的损耗和投入明显大于下游地区，因此政府规定琵琶湖下游区域需要向上游地区进行资金补偿。政府的做法保证琵琶湖流域各利益主体之间的公平公正与利益均衡，让社会群体都拥有平等享受琵琶湖的美好环境和资源的权利，同时也平等分担治理和保护琵琶湖的风险和义务，实现了环境公正。

表 1 “琵琶湖”治污基础设施建设

污染防控	基础设施
点源污染	下水道、污水管网建设；污水处理厂；畜产环境整治设施；农村排水处理设施；垃圾处理设施
农业、城市面源污染	农业用水循环利用设施；市区雨水渗透与贮存设施
节水减污	住宅、建筑物的节水型设施；中水利用设施；家庭节水设施

（三）社会组织：自治自主，基层性、广泛性的参与

社会组织在社会协同治理琵琶湖中充分发挥了自治功能和引导作用，与政府的宏观调控和公众的积极行动相配合共同治理琵琶湖。在环境治理中社会组

① 木原啓吉．水環境を守る住民運動：水郷水都全国会議の歴史と展望［J］．水文・水資源学会誌，1992（1）：10-14.

织是处于重要地位的群体形式，它主要是指不同利益群体以环境保护和治理为共同目标，通过行为上的相互配合与协调而形成的有组织性的社会团体。社会组织的力量与政府职能互补，与公众参与互联，与企业行业互动，将各种社会资源和民间力量进行整合，具有基础性、灵活性、自主性的特征。

NPO即非营利性组织是社会组织参与琵琶湖治理的核心主力，它的出现和发展使治理主体更加广泛化和多元化。琵琶湖所在的滋贺县是围绕盆地而形成的一个民居分布紧凑集中的区域，人们相互间形成了密切协作的生产生活方式，也逐步孕育了当地民众组织性强、集体性高的自治意识。治理是上层管理与下层自治的整合，20世纪90年代的日本已全面进入了多元社会主体协同治理环境的时期，琵琶湖治理的区域环境NPO组织就成立于这个时期，是滋贺县全民参与琵琶湖治理的最具典型性的代表，他们是具有高度自治、纪律严明、组织有序、积极有为的基层性和群众性的力量，活动实践长达几十年，也被评为日本社会参与环境治理的榜样和模范。① 以“再现河蟹乱舞的故乡”为目标，以“亲近琵琶湖”为指导理念，他们积极组织社会力量募捐资金并用于琵琶湖生态恢复，同时联合不同区域的社会公众开展保护琵琶湖的各类公益性和服务性的活动，例如：组织了“社区厨房洗涤剂一次最多使用3滴”的环保倡议活动，并向社区推荐使用不含有害物质的高级酒精系列的洗涤剂。同时他们也与社会其他协会、社团、学会等开展琵琶湖治理的研讨会，促进社会不同团体关于琵琶湖保护的实践互动和联谊活动。滋贺县还成立了国际湖泊环境委员会（IL-EC），它是一个国际性的非政府组织，致力于保护湖泊及其生态环境，现在已成为联合国环境规划署的科学咨询机构。

二、琵琶湖社会协同治理的理念

（一）人水相融，和谐共生

琵琶湖的治理一直强调人与水的亲近、融合、共存、共生。琵琶湖不仅是一种纯粹的自然存在，而且是一种已经融入人类千百年来的社会生产实践、历史文化变迁、深厚人文底蕴的社会存在，琵琶湖是自然生命与社会文化的复合体，它与人类惺惺相惜、命运与共。

① 野田浩資．地域社会の持続可能性と共創型環境ガバナンスの構築過程：琵琶湖地域の環境史と地域環境NPOの展開プロセス［J］．京都府立大学学術報告（公共政策），2016（8）：47-62.

日本在水环境治理中提出了“里川”这样一个概念。① “里”指故里、故乡。“里川”可以理解为在故乡流淌的河川。其实“里川”代表了他们治理水环境的理念，它勾勒了一种人水相连、人水相融、人水和谐共生的美好愿景。它将河流置于自然空间和社会空间的双重维度去考量，恢复河流清澈的水质，保持其原有的自然生态，同时也赋予河流历史文化的社会价值，以水环境与人类生活的密切关联为基点，给予河流以生命的终极关怀，将河流看作人类文明的载体和民族文化的象征，人类和水环境是命运共同体，我们可以通过一条河流复活一段历史，触摸一个族群，我们也可以在人类文化中找寻到河流的足迹和缩影。琵琶湖的治理充分践行这样的理念，一方面要治理好琵琶湖的自然环境，遵循湖泊原生的水动力条件、自然节律和生态禀赋，最大限度地恢复湖泊原始的自然生态。另一方面，保护琵琶湖周围的生活环境。解决琵琶湖水质严重污染和富营养化的突出问题，创建怡人的自然景色和多样的湖泊景观，打造舒适的湖泊生活空间。人们在治理琵琶湖的过程中并没有只局限于“治水”这一单一目标，而是将琵琶湖治理从单纯的水利建设转化为湖泊生态与人居生活关系的调和，从阶段性、区域性的河流整治转化为永久性、整体性的自然世界与人类社会和谐关系的构建。追求湖泊与人类生产生活和历史文化的相互融合，促进琵琶湖和人类社会共同的可持续发展。

琵琶湖的治理因地制宜地促进人水相融。治理过程尊重地区间的差异和个性，以每个区域适合拥有什么样的水环境为出发点，在工程项目建设中通常会在本地选择合适的材料，以此追求与当地文化习俗和地域特色的契合。为了更贴近人们的生活居住区，琵琶湖进行了以散步为目的的水域空间的规划，沿湖建设了便捷的步行道和美丽的水域景观。它通常不会人为的决定河流形状，采取标准断面，而是会采用自然的曲线设计，允许河流有一定的自由度，很多工艺流程都非常精细化和人性化。

（二）加强水环境教育，保护和传承水文化

人们在治理琵琶湖过程中也一直反思着人与自然之间关系，“先污染后治理”路径终究会使后人重蹈覆辙，无法从根本上恢复琵琶湖的生态环境。由此琵琶湖治理由事后的矫正转为事前的保护和预防。而预防的关键是提高人们的环保意识，培养人们环保的生活习惯和良好的行为方式。而思维习惯的培养从根本上依赖于教育和文化。文化具有自觉性和传承性，文化可以持续和复兴。

---

① 鳥越皓之，嘉田由紀子，陳内秀信，等．里川の可能性：利水　治水　守水を共有する［M］．东京：新曜社出版社，2006：142-145.

费孝通先生在论述文化自觉的时候指出：“生物人所创造的文化（文化之内包括群体的社会组织和制度），都可以持续往下代传递，除非整个群体同时死亡，文化在群体中是可以传递下去的。还应当说文化，包括它物化的器材和设备，可以不因人亡而毁灭。过一段时间，即使群体已灭亡了，如果有些遗留下来的物化的文化还有被再认识的机会，它还是可以复活的。所以文化的自身里有它超越时间的历史性，文化生命可以离开作为它载体的人（包括生物人和社会人）而持续和复兴。”①

在琵琶湖治理的过程中，日本开展了关于环境的全民公共教育。他们坚持环境教育从幼儿园的小朋友抓起，入园的第一天起，老师就开始教他们如何进行垃圾分类，详细到铅笔屑、橡皮泥、瓜果核等点点滴滴的生活垃圾该如何分类投放。为了让环境教育更形象地走入孩子们的世界，他们选取儿童最受欢迎的卡通人物哆啦A梦作为“环保天使”，制作了许多生动有趣的教育画册、环保绘本和宣传动画，哆啦A梦带领孩子们从家里出发、走进学校、医院、工厂开启环保旅程，为他们讲述节水护水的常识。水环境教育也被列入中小学的必学课程。与此同时，各社区、学校还经常举办水环境保护的征文、绘画展、诗歌朗诵等活动。为了让学生更身临其境地感受琵琶湖，滋贺县开展了实景教育，在琵琶湖上建造了一艘供体验式教学使用的环保之船，学生可以在坐在船上调查琵琶湖的水质、考察琵琶湖的物种、研究琵琶湖的生态，学校的环保教育和社会实践活动经常会选择在这条船上进行，学生通过亲自实践和身心体验的方式，从思想上真正树立起珍惜保护琵琶湖的意识和观念。1996年，琵琶湖博物馆建成，为公众接受环境教育、增长环保知识、提升环保意识提供了重要的文化场所。博物馆向公众生动地再现了琵琶湖的地质地貌、化石遗迹、历史文物、生物标本、民俗文化，人们在这里看到了琵琶湖的形成过程、历史变迁和生态环境，也了解了人们世世代代在琵琶湖的生产生活状况和对琵琶湖开发、利用和治理的现状。与此同时，琵琶湖学院大学、琵琶湖研究所、水环境科学馆等科研机构为全民接受环境教育提供充足的资源和场所，也充分激发了全民保护琵琶湖的兴趣和热情。

为了铸就和传承治水文化，促进琵琶湖保护更加持续长效地开展，日本还成立了与保护水环境相关的节日，将每年5月30日定为“无垃圾日”，“琵琶湖日”定在7月1日，9月10日设立为“国家污水处理厂推广日”，滋贺县政府也将12月1日设定为当地的“环保活动日”。在这些治水节日，全民积极参与清

---

① 费孝通．文化论中人与自然关系的再认识［J］．群言，2002（9）：14-17.

扫垃圾、清理河道、收割水草、放生鱼虾、修葺竹林、回收芦苇等众多保护水环境的活动。如今保护环境、爱护生态已经成为全社会共同遵守的行为规范，同时也成为人们世代传承的文明理念和公共文化。琵琶湖的居民将前人创造的一种生活用水循环系统——“川端”（KABATA）① 保留至今，并不断地将其推广和传播，同时还精心整理前人治理琵琶湖的实践做法和经验智慧，将这些治水文化和精神财富继续发扬光大，他们积极向国家申报相关非物质文化保护，并获得了2006年的国家颁发的“农林水产大臣奖”。

① 杨平．从生活环境主义的立场解读琵琶湖流域的河川管理［J］．水资源保护，2015，31（1）：16-21.

附录五：“五水共治”资料目录汇编

序号	获取时间	获取地点	文档名	所属部门	形成时间	性质
1	2020年1月25日	浙江省杭州市	《2014年—2019年全省“五水共治”满意度调查结果》	浙江省“五水共治”领导小组办公室、浙江省河长制办公室	2015—2020年	政府便函
2	2020年1月25日	浙江省杭州市	《“五水共治”2014年、2015年、2016年政策汇编》	中共浙江省委	2014—2016年	政府便函
3	2020年1月25日	浙江省杭州市	《全省“五水共治”工作情况报告》	浙江省“五水共治”领导小组办公室、浙江省河长制办公室	2017年5月8日	政府便函
4	2020年1月25日	浙江省杭州市	浙办通报《夏宝龙同志讲话摘要》	中共浙江省委办公厅	2013年12月30日	政府便函
5	2020年1月25日	浙江省杭州市	《浙江省“五水共治”简报2014—2019年》	浙江省“五水共治”领导小组办公室、浙江省河长制办公室	2014—2019年	政府便函
6	2020年1月25日	浙江省杭州市	《“五水共治”新发展理念的浙江实践》	浙江省“五水共治”实践经验研究课题组	2017年4月	书籍
7	2020年1月25日	浙江省杭州市	《“五水共治”机制体制创新优秀调研报告汇编》	浙江省“五水共治”工作领导小组办公室	2017年1月	书籍
8	2017年11月14日	浙江省杭州市余杭区	《众人的事情，由众人商量着办——余杭以基层民主建设助推治水实践》	浙江省杭州市余杭区人民政府	2017年11月9日	政府便函

续表

序号	获取时间	获取地点	文档名	所属部门	形成时间	性质
9	2017年11月14日	浙江省杭州市余杭区	《农村治污不忘本，构建水体新平衡——余杭区争创小微水体治理全省样板》	浙江省杭州市余杭区人民政府	2017年11月9日	政府便函
10	2017年11月14日	浙江省杭州市余杭区	《以“三个坚持”为根本，打造“污水零直排2.0版”——余杭区先行先试“污水零直排区”创建》	浙江省杭州市余杭区人民政府	2017年11月9日	政府便函
11	2017年11月14日	浙江省杭州市余杭区	《余杭开发区面上雨污分流情况简介》	浙江省杭州市余杭区“五水共治”领导小组办公室	2017年11月14日	政府报告
12	2017年11月14日	浙江省杭州市余杭区	《余杭区囡儿港人工湿地项目介绍》	浙江省杭州市余杭区“五水共治”领导小组办公室	2017年11月14日	政府报告
13	2017年11月14日	浙江省杭州市余杭区	《治水倒逼转型，转型助推治水》	浙江省杭州市余杭区人民政府	2017年11月9日	政府便函
14	2017年11月14日	浙江省杭州市余杭区	《上塘河绿道贯通工程情况介绍》	浙江省杭州市余杭区“五水共治”领导小组办公室	2017年11月14日	政府报告
15	2017年11月14日	浙江省杭州市余杭区	《余杭区全力打造“污水零直排”升级版——余杭区全面推进雨污合流整治工作》	杭州市余杭区“五水共治”工作指挥部办公室、杭州市余杭区河长制办公室	2017年10月30日	政府便函
16	2017年11月14日	浙江省杭州市余杭区	余“五水共治”指〔2017〕28号“关于印发《余杭区雨污合流整治工作实施方案》的通知”	杭州市余杭区“五水共治”工作指挥部办公室、杭州市余杭区河长制办公室	2017年7月14日	政府文件

续表

序号	获取时间	获取地点	文档名	所属部门	形成时间	性质
17	2017年11月14日	浙江省杭州市余杭区	《政府伴奏总动员，全民唱响主旋律——余杭区积极构建层层治水百姓参与新格局，合唱“五水共治”新乐章》	浙江省杭州市余杭区人民政府	2017年11月9日	政府便函
18	2017年11月14日	浙江省杭州市余杭区	《杭州南都动力科技有限公司简介》	杭州南都动力科技有限公司	2017年11月14日	企业便函
19	2017年11月14日	浙江省杭州市余杭区	《余杭南都电池污水处理系统》	杭州南都动力科技有限公司	2017年11月14日	企业便函
20	2017年11月14日	浙江省杭州市萧山区	《背水一战》萧山区剿劣攻坚专题片	中共杭州市萧山区委员会、杭州市萧山区人民政府	2017年8月	视频
21	2017年11月14日	浙江省杭州市萧山区	萧山信息港小镇汇报材料	萧山区“五水共治”领导小组办公室	2017年11月14日	政府报告
22	2017年11月14日	浙江省杭州市萧山区	关于深化应用智慧河道云平台，助力全面推行河长制的若干建议	杭州九问数字科技有限公司	2017年11月22日	企业报告
23	2017年11月24日	浙江省杭州市萧山区	《关于推进河长制管理信息解决方案“智慧河道云平台”建设》	杭州九问数字科技有限公司	2017年11月22日	PPT文稿
24	2017年11月24日	浙江省杭州市萧山区	《萧山“五水共治”宣传片——背水一战》	萧山区“五水共治”领导小组办公室	2017年11月24日	视频

续表

序号	获取时间	获取地点	文档名	所属部门	形成时间	性质
25	2017年11月29日	浙江省金华市浦江县	浦政办发〔2015〕27号《关于印发浦江县水晶企业集聚入园办法的通知》	浦江县人民政府办公室	2015年3月9日	政府文件
26	2017年11月29日	浙江省金华市浦江县	《一手抓整治，一手抓提升：全面深化水晶产业转型升级》	浦江县“五水共治”领导小组办公室	2017年11月29日	政府报告
27	2017年11月29日	浙江省金华市浦江县	《翠湖生态湿地公园治理》	浦江县“五水共治”领导小组办公室	2017年11月29日	政府报告
28	2017年11月29日	浙江省金华市浦江县	《金狮湖保护与开发工程》	浦江县“五水共治”领导小组办公室	2017年11月29日	政府报告
29	2017年11月29日	浙江省杭州市余杭区	《南苑街道温室甲鱼养殖关停整治工作情况汇报》	余杭区南苑街道办事处	2017年11月29日	政府报告
30	2017年12月29日	浙江省杭州市余杭区	余政办〔2013〕90号关于批转《余杭区甲鱼温室废气污染治理财政政策实施细则》的通知	杭州市余杭区人民政府办公室	2013年4月3日	政府文件
31	2017年12月29日	浙江省杭州市余杭区	余政办〔2013〕235号关于印发《余杭区甲鱼温室废气污染治理验收补助操作办法》的通知	杭州市余杭区人民政府办公室	2013年8月16日	政府文件
32	2017年12月29日	浙江省杭州市余杭区	《杭州市临平净水厂项目环境影响评价公示及公众参与方案》	杭州市余杭区人民政府办公室	2016年6月	政府便函

续表

序号	获取时间	获取地点	文档名	所属部门	形成时间	性质
33	2017年12月29日	浙江省杭州市余杭区	《杭州市重大固定资产投资项目社会稳定风险评估暂行办法》	杭州市发展和改革委员会办公室	2014年9月16日	政府便函
34	2017年12月29日	浙江省杭州市余杭区	发改投资〔2012〕2492号《国家发展改革委重大固定资产投资项目社会稳定风险评估暂行办法——固定资产投资项目社会稳定风险评估指南》	国家发展和改革委员会办公室	2012年	政府文件
35	2017年12月29日	浙江省杭州市余杭区	临平净水厂工程布置图	余杭区人民政府	2016年	图片
36	2017年12月29日	浙江省杭州市余杭区	《临平净水厂社会稳定风险评估详细调查方案》	杭州市社科院	2015年10月	政府便函
37	2017年12月29日	浙江省杭州市余杭区	《临平污水处理厂一期工程地埋式建设调研情况汇报》	杭州市余杭区住房和城乡建设局	2014年8月	政府便函
38	2017年12月29日	浙江省杭州市余杭区	临平净水厂系统总图、临平净水厂效果图	余杭区人民政府	2015年	图片
39	2017年12月29日	浙江省杭州市余杭区	《为何他们要到千里之外去取一瓶水——临平市民考察团考察深圳布吉污水处理厂纪实》	余杭区人民政府	2016年	政府便函
40	2017年12月29日	浙江省杭州市余杭区	《临平净水厂工程情况汇报》	余杭区“五水共治”领导小组办公室	2017年12月29日	政府报告

续表

序号	获取时间	获取地点	文档名	所属部门	形成时间	性质
41	2017年12月29日	浙江省杭州市余杭区	《净水工程，普惠民生——临平净水厂建设展望》	余杭区“五水共治”领导小组办公室	2017年12月29日	政府便函
42	2018年5月8日	浙江省杭州市	《千岛湖配水工程概况》	杭州市千岛湖原水股份有限公司	2018年5月8日	PPT
43	2018年5月8日	浙江省杭州市	杭州市第十二届人民代表大会常务委员会公告第61号《杭州市第二水源千岛湖配水供水工程管理条例》	杭州市第十二届人民代表大会常务委员会	2016年2月	政府文件
44	2018年5月8日	浙江省杭州市	《多措并举解决地质难题，平稳有序加快工程建设》	杭州市千岛湖原水股份有限公司	2018年5月8日	PPT
45	2018年1月10日	浙江省宁波市象山县	环发〔2006〕28号关于印发《环境影响评价公众参与暂行办法》的通知	国家环境保护总局	2006年	政府文件
46	2018年1月24日	浙江省杭州市富阳区	《富阳区鹿山街道汤家埠村小微水体整治情况对比》	富阳区“五水共治”领导小组办公室	2018年1月24日	政府报告
47	2018年1月24日	浙江省杭州市富阳区	新委〔2017〕52号《关于调整富阳区新桐乡“五水共治”工作领导小组成员的通知》	中共杭州市富阳区新桐乡委员会	2017年5月5日	政府文件
48	2018年1月24日	浙江省杭州市富阳区	新委〔2017〕52号《关于明确新桐乡河长制工作组织架构的通知》	中共杭州市富阳区新桐乡委员会	2017年5月5日	政府文件

续表

序号	获取时间	获取地点	文档名	所属部门	形成时间	性质
49	2018年1月24日	浙江省杭州市富阳区	新委〔2017〕52号《关于印发〈新桐乡劣V类水剿灭(水质总提升)行动实施方案〉的通知》	中共杭州市富阳区新桐乡委员会	2017年5月5日	政府文件
50	2018年1月24日	浙江省杭州市富阳区	《新桐乡剿灭劣V类水(水质总提升)实施方案》	中共杭州市富阳区新桐乡委员会	2017年5月5日	政府便函
51	2018年1月24日	浙江省杭州市富阳区	2017年富阳区新桐乡剿灭"劣V类"水(水质总提升)作战图、新桐乡排污(水)口分布图	中共杭州市富阳区新桐乡委员会	2017年5月5日	图片
52	2018年1月24日	浙江省杭州市富阳区	富阳区新桐乡桐洲岛小微水体剿劣(水质总提升)作战图、程浦村、新桐村、新中村、小桐洲村、春渚村、江洲村、俞家村小微水体剿劣(水质提升)作战图	中共杭州市富阳区新桐乡委员会	2017年5月5日	图片
53	2018年1月24日	浙江省杭州市富阳区	《新桐乡农村工作会议暨小微水体整治推进会》	中共杭州市富阳区新桐乡委员会	2017年5月	PPT
54	2018年1月24日	浙江省杭州市富阳区	《俞家长塘整治记录报告》	富阳区"五水共治"领导小组办公室	2018年1月24日	政府便函
55	2018年5月4日	浙江省杭州市富阳区渌渚镇	柯桥区渌渚镇13个村的《村规民约》	渌渚镇各村的村委会	2016年	文件

续表

序号	获取时间	获取地点	文档名	所属部门	形成时间	性质
56	2018年4月18日	浙江省绍兴市柯桥区	《“企业河长”管河道——柯桥区创新工业区治水新机制》	中共绍兴市柯桥区委	2017年8月30日	政府便函
57	2018年4月18日	浙江省绍兴市柯桥区	滨海委〔2015〕104号《关于进一步深化曹娥江流域(柯桥段)企业河长轮值制管理的通知》	绍兴市柯桥区滨海工业区管理委员会、柯桥区马鞍镇人民政府	2015年7月31日	政府文件
58	2018年4月18日	浙江省绍兴市柯桥区	滨海委〔2017〕77号《关于开展百名企业河长助推“剿劣”战役的实施意见》	绍兴市柯桥区滨海工业区管理委员会、柯桥区马鞍镇人民政府	2015年6月1日	政府文件
59	2018年4月18日	浙江省绍兴市柯桥区	滨海委〔2017〕78号《滨海工业区(马鞍镇)关于部分企业河长的任职决定》	绍兴市柯桥区滨海工业区管理委员会、柯桥区马鞍镇人民政府	2015年6月2日	政府文件
60	2018年4月18日	浙江省绍兴市柯桥区	滨海委〔2015〕94号《关于开展曹娥江流域(柯桥段)“企业河长轮值制”管理的意见》	绍兴市柯桥区滨海工业区管理委员会、柯桥区马鞍镇人民政府	2015年6月16日	政府文件
61	2018年4月18日	浙江省绍兴市柯桥区	《柯桥区建立“河长+”管理机制促进水环境持续改善》	柯桥区治水办	2017年7月5日	政府便函
62	2018年4月18日	浙江省绍兴市柯桥区	《绍兴市柯桥区实施大力度综合整治，绍兴“母亲河”——鉴湖发生喜人蝶变》	柯桥区治水办	2017年9月10日	政府便函

续表

序号	获取时间	获取地点	文档名	所属部门	形成时间	性质
63	2018 年 4 月 18 日	浙江省绍兴市柯桥区	《深入应用“治水剿劣十法”，持续提升河湖水环境质量》	柯桥区治水办	2017 年 10 月 18 日	政府便函
64	2018 年 5 月 4 日	浙江省杭州市富阳区渌渚镇	柯桥区渌渚镇小微水体整治台账	渌渚镇各村的村委会	2017 年	政府便函
65	2018 年 5 月 4 日	浙江省杭州市富阳区渌渚镇	柯桥区渌渚镇小微水体信息统计表；水体清单	渌渚镇各村的村委会	2017 年	数据表格
66	2018 年 5 月 4 日	浙江省杭州市富阳区渌渚镇	柯桥区渌渚镇剿灭劣 v 类小微水作战图	渌渚镇各村的村委会	2017 年	图片
67	2018 年 5 月 31 日	浙江省浦江县文联	《仙华吟草》	浦江县诗词楹联学会	2015 年 1 月	书籍
68	2018 年 5 月 31 日	浙江省浦江县文联	《美丽浦江——浦江文学现代诗歌选》	郑月琴・主编	2015 年 3 月	书籍
69	2018 年 5 月 31 日	浙江省浦江县文联	《又吟风雨满城秋》	浦江县文学艺术界联合会编	2017 年 7 月	书籍
70	2018 年 5 月 31 日	浙江省浦江县文联	《山水浦江如梦来》	吴建炜・主编	2017 年 8 月	书籍
71	2018 年 5 月 31 日	浙江省浦江县文联	《美丽浦江——浦江文学小说选》	吴建炜・主编	2016 年 12 月	书籍

续表

序号	获取时间	获取地点	文档名	所属部门	形成时间	性质
72	2018年5月31日	浙江省浦江县文联	《我们与你一起 浦江卷》	中国诗歌学会编	2016年	书籍
73	2018年5月31日	浙江省浦江县文联	《浦江诗歌文化撷萃》	浦江县文联辑	2016年	书籍
74	2018年5月31日	浙江省浦江县文联	《月泉》	浦江县文学艺术界联合会主办	2018年	期刊
75	2018年7月16日	浙江省杭州市余杭区	《余杭区人民政府关于九峰环境能源项目通告》	余杭区人民政府	2014年5月9日	政府便函
76	2018年7月16日	浙江省杭州市余杭区	《九峰垃圾焚烧发电项目政府36问36答》	余杭区人民政府	2014年5月12日	政府便函
77	2018年7月16日	浙江省杭州市余杭区	新闻联播《开建垃圾处理厂杭州破题“邻避效应”》	中央电视台	2017年4月12日	视频

附录六：浙江省“五水共治”工作简报概要

一、浙江省“五水共治”工作简报的性质、特点及作用

浙江省“五水共治”工作简报的主编单位是浙江省“五水共治”工作领导小组办公室（简称“省治水办”）。它是以省治水办的名义对全省各地方的“五水共治”工作计划、工作进展及完成情况向全省各地方治水办组织成员和社会公众的说明和公示。浙江省“五水共治”工作简报是围绕全省治水工作进行交流经验、沟通情况、传递信息、指导工作的重要媒介。浙江省“五水共治”工作简报示意图如图1所示。

浙江省“五水共治”工作简报

第171期（总第171期）

浙江省“五水共治”工作领导小组办公室编　2014年11月11日

农村生活污水治理专辑

图1　浙江省“五水共治”工作简报示意图

浙江省“五水共治”工作简报主要包括以下四类内容。一是治水专项工作的展示。例如，对“治污水”“防洪水”“排涝水”“保供水”“抓节水”等专项工作进行各级政府任务部署和工作计划以及各地工作进展的报道。二是治水

的中心工作的展示。一般对某一地区、相关部门的一个时期或阶段性的主要任务的开展情况进行报道，例如，各地在“清三河（黑河、臭河、垃圾河）”“剿灭劣Ⅴ类水”“创建污水零直排区”等阶段核心治水任务的完成情况的报道。三是治水的动态工作的展示。简报对全省各地方的治水现状、形势变化、方针、政策和其他重大措施进行公布和展示。

浙江省“五水共治”工作简报主要有以下特点。一是内容简洁明了。在对全省各地方治水工作全面分析、充分归纳和重点提炼的基础上，简报以短小精悍的篇幅对内容进行呈现，叙述清楚、言简意赅、观点明确。二是信息及时，时效性强。浙江省“五水共治”工作简报对各地方治水工作中出现的新问题、新情况、新困境、新挑战以最快的速度反映出来，极具真实性和准确性，起到了高效的上传下达作用，为相关治水部门科学精准地制定对策提供了便捷。三是内容新颖，极具显著性。浙江省“五水共治”工作简报对各地治水的工作亮点、典型经验、创新举措、先进事迹进行宣传报道，凸显各地治水的新路子、新方案、新办法，以及各地的“一河一策”“五水共治”因地制宜的新措施。

浙江省“五水共治”工作简报主要有以下作用：一是能使治水相关部门和领导及时了解、掌握各地方的治水方案、治水任务、行政管理等方面的最新情况，便于上级了解下级，及时作出指示，指导帮助工作；二是便于同级单位、部门之间沟通信息、交流经验，便于相互学习、相互借鉴，取长补短，共同提高；三是能向所属部门传达指示精神、通报治水有关情况、推广先进经验、布置当前工作；四是促进治水的公开性、透明性和民主性。通过治水简报，社会公众可以对治水的真实情况、阶段进展、具体成效以及远期规划有清楚的认识和了解，保障了治水信息的公正透明。

作者对2014—2019年的浙江省“五水共治”工作简报共747期，566万字进行了数据统计和内容分析，相关数据见表1。2014年，浙江省“五水共治”工作简报共刊发200期，平均每篇的字数5483字，工作简报总字数大约110万字。2015年，浙江省“五水共治”工作简报共刊发136期，平均每篇的字数9737字，工作简报总字数大约133万字。2016年，浙江省“五水共治”工作简报共刊发101期，平均每篇的字数9073字，工作简报总字数大约92万字。2017年，浙江省“五水共治”工作简报共刊发130期，平均每篇的字数8330字，工作简报总字数大约108万字。2018年，浙江省“五水共治”工作简报共刊发108期，平均每篇的字数7554字，工作简报总字数大约82万字。2019年，浙江省“五水共治”工作简报共刊发72期，平均每篇的字数5714字，工作简报总字数大约41万字。

表1 浙江省“五水共治”工作简报统计表

年份	起止总期数	期数	平均字数每篇	总字数（大约）
2014年	总第1期—总第200期	200期	5483	110万
2015年	总第201期—总第336期	136期	9737	133万
2016年	总第337期—总第437期	101期	9073	92万
2017年	总第438期—总第567期	130期	8330	108万
2018年	总第568期—总第675期	108期	7554	82万
2019年	总第676期—总第747期	72期	5714	41万
总计		747期		566万

二、2014年浙江省“五水共治”简报分析

作者对《2014年浙江省“五水共治”工作简报》的标题内容进行了高频词分析，如表2和图2所示。

表2 2014年浙江省“五水共治”工作简报高频词分析表

序号	关键词	词频	权重
1	治水	204	1.0000
2	污水	80	0.8572
3	农村	82	0.8336
4	治污	40	0.8295
5	污水治理	60	0.8160
6	转型升级	33	0.7646
7	清三河	32	0.7603
8	全民参与	30	0.7562
9	创新	28	0.7362
10	强化	27	0.7311

续表

序号	关键词	词频	权重
11	联动	22	0.7301
12	长效	17	0.6897
13	河长制	16	0.6894
14	民主监督	13	0.6606
15	科技	13	0.6543

图 2 2014 年浙江省“五水共治”工作简报高频词分析图

通过数据分析，我们可以看到 2014 年“五水共治”的工作重点在于以下几个方面。

第一，治污水。“治水”“污水”“治污”“污水治理”的词频排名位于前五位之列，可见“治污水”是 2014 年“五水共治”工作的重点。2013 年底，浙江省委省政府作出“五水共治、治污先行”的工作部署。“治污水”被看作“五水共治”的“大拇指”，是“五水共治”的首要任务和突破口，这充分体现了浙江省在“五水共治”中坚持抓主要矛盾的战略思想。在矛盾综合体中，主要矛盾处于支配地位，起主导作用。将治污水作为重点去抓，就是突出重点、切中要害。因为从社会反映看，对污水，群众感观直接、深恶痛绝，治好污水，群众就会竖起大拇指。从实际操作看，治污水，最能带动全局，最能见效，一引其纲，万目皆张。因此，2014 年浙江省各个地方都全面致力于“治污水”。

第二，农村污水治理。通过词频表我们可以看到“农村污水治理”的词频排名位于第三位。也就是说农村污水治理是 2014 年各地方治水工作的另一个重点。2014 年浙江省委省政府明确提出“治污之要，在于农村”，制定加快美丽乡村建设、全面治理农村生活污水的目标。浙江省建立起了治理设施运营管理的 4 种模式，分别是：村委会（村民）负责运营、乡镇统一运营管理、县有关部门运营管理和市场化第三方运营管理。村委会（村民）负责运营管理模式，即建成的治理设施直接移交给使用者和受益者（村委会或村民）自行负责运营管理。

第三，“清三河”。高频词表显示“清三河”位于第七位。“五水共治”中“清三河”是指通过重点整治黑河、臭河、垃圾河，基本做到水体不黑不臭、水面不油不污、水质无毒无害、水岸干净整洁。2014 年各地方全面治理致力于“清三河”治水工作中，兰溪市“五措齐下”开展“清三河”大会战，嵊州市以“清三河”为突破口借势借力借法推进“五水共治”，舟山市集中整治“三河”力推“五水共治”，衢州市实现乡镇交接断面水质考核全覆盖倒逼“三河”治理。

第四，全民治水。“全民参与”的词频在词频表中位于第八。“五水共治”的治理模式是“党委领导、政府主导、社会参与”，各地方治水全面致力于凝聚群众力量参与“五水共治”，将社会共治作为汇聚治水合力、创新治水改革的重要途径。各地成立治水青年突击队、巾帼护水志愿队、银发先锋志愿团、党员先锋队、河道观察员、小小护水队等助力治水，让公众参与成为“五水共治”的基石。其中温州市全民推进“五水共治”中践行群众路线，让治水实现全民共治，浙江省宗教界同心同行协力推进“五水共治”。

第五，民主监督。2014 年浙江省政协多次召开“五水共治”民主监督工作座谈会，并作出工作指示：在民主监督过程中，要坚持在参与服务中监督、在监督中参与服务，与党委政府的沟通交流要言之有据、客观真实，以事实说话，监督在关键时，帮忙帮到关键点。省政协“五水共治”民主监督呈现出四个突出特点：一是参与的委员敢监督、真负责、能吃苦、很较真；二是民主监督方式深入、具体、灵活、务实，特别是明察暗访、随机查访、小分队蹲点暗访等有深度、有力度，了解的情况为党政部门起到了拾遗补阙作用；三是注重边监督、边建言、边促整改，推动监督中发现的突出问题的解决；四是民主监督产生了明显的助推作用，反映问题有理有据，提出建议客观实在，各地党委政府和社会各界反响良好，推动整改认真、较真。

三、2015 年浙江省“五水共治”简报分析

在对《2015 年浙江省“五水共治”工作简报》的标题内容高频词分析的基础上，得到了表 3 和图 3。

表 3　2015 年浙江省“五水共治”工作简报高频词分析表

序号	关键词	词频	权重
1	治水	250	1.0000
2	河长制	69	0.8116
3	全民参与	51	0.7915
4	生态	54	0.7832
5	转型升级	47	0.7828
6	创新	56	0.7738
7	强化/防反弹/长效	37	0.7435
8	全民参与	30	0.7562
9	创新	28	0.7362
10	源头治理	30	0.7389
11	监督/监管/督查	30	0.7389
12	绿色产业	22	0.6920
13	科技/科学治水	17	0.6870
14	联动治水	16	0.6850
15	节水	12	0.6792

图3　2015年浙江省“五水共治”工作简报高频词分析图

通过对2015年“五水共治”工作简报的高频词分析，我们可以看到，2015年“五水共治”的重点工作包括以下几个方面。

第一，全面推进和落实“河长制”。浙江省是第一个为“河长制”立法的省份，同时也是最早将“河长制”在全省范围内推广落实的地区，浙江省形成了“省、市、县、乡、村”五级河长制，成为“五水共治”的重要抓手和制度保障。2015年浙江省各地以全面落实和进一步深化“河长制”为重要工作之一，充分发挥河长制在治水中的积极作用。各地方创新性地开展了深化河长制的工作。丽水市通过“强责任、稳推进、现成效”全面落实“河长制”，嘉兴市通过“织密网络、明晰职责、强化督考”深化“河长制”，建德市通过建立“全盘摸排，上下协同，标本兼治，创新机制”来进一步深化“河长制”。

第二，加快转型升级。“五水共治”以治水为突破口倒逼企业转型升级，促进产业结构优化和经济的高质量发展。2015年浙江省各地将治水促转型升级作为工作重点。杭州市通过“强化倒逼、强化整治、强化技术”，抓工业治水倒逼产业转型升级；武义县借助“科学布局”，力促柑橘产业转型发展；景宁县以污染企业整治为突破口，铁腕淘汰落后产能，坚决守护绿水青山，加快产业转型绿色发展；松阳县立足以模式求突破，以治水谋转型，成功实现了不锈钢污染治理和产业转型发展。

第三，抓节水。“抓节水”是“五水共治”的重要内容之一。2015年“五水共治”的词频分析中“抓节水”占据前十五的位置，因此抓节水是2015年“五水共治”的重要内容之一。三门县通过“顶层谋划，节流开源，综合调控”全面建设节水型社会。杭州市下城区以创建节水型城区为目标，“四措并举”抓节水；余姚市立足实际抓节水，巩固提升节水型社会建设成果；台州市椒江区突出“三大主线”，构建“一张节水网”，全力创建节水型社会城市；宁波市鄞州区严把源头关，探索新途径，全民齐参与，科学管理利用水资源，突出三大特色抓节水；宁波市北仑区建立“三大体系”打造工业节水新模式；云和县全面谋划，多管齐下，源头管控，全面推进节水型社会建设创建扎实有效。

第四，治水防反弹。强化治水成效，严防污染反弹，促进长效治水是2015年“五水共治”的重点工作。2015年省治水办召开各市治水办主任会议，认真贯彻落实夏宝龙同志重要批示精神，部署落实防止黑臭河反弹；龙游县打好狠抓落实“组合拳”全力控源头、防反弹、抓提升；宁波市以“共”字为抓手，控源转型防反弹，共治共建全面推进“五水共治”；景宁县抓住“三个转变”，注重长效，标本兼治，群策群力力保“三河”不反弹；江山市坚持“四个导向”，从治乱到治理，从突击到常态，严控源头防反弹。

第五，联动治水。联动治水是2015年“五水共治”简报的高频词汇，“五水共治”形成了区域联动、部门联动、上下联动的联动治水机制。各地方全面开展联动治水，提高治水效率。东阳市通过“上下联动，典型宣传，全民互动”再掀全民治水新热潮；龙游县上下联动，部门联动，区域联动，群媒联动，强统筹、重联动全力打好衢江出境水质守护战；台州市路桥区新桥镇通过镇村联动，河岸共治，开辟乡村治水新路，全力打造治水美镇；台州市黄岩区以“平台联合、队伍联建、部门联动”模式构建“全民共治”格局；龙泉市联动执法，专项整治，全程指导，打造大环保监管体系，全力构建铁腕执法新常态。

四、2016年浙江省“五水共治”简报分析

基于《2016年浙江省“五水共治”工作简报》的标题内容高频词分析，形成了表4和图4。

表4　2016年浙江省“五水共治”工作简报高频词分析表

序号	关键词	词频	权重
1	清淤	49	0.9068

续表

序号	关键词	词频	权重
2	河长制	59	0. 8641
3	治污	24	0. 8199
4	农村	42	0. 8149
5	长效	20	0. 7605
6	科学	20	0. 7361
7	升级	17	0. 7274
8	畜禽	15	0. 7385
9	攻坚战	13	0. 7434
10	工程	14	0. 7002
11	全民治水	13	0. 7100
12	绿色	11	0. 6838
13	文化	10	0. 6599
14	巩固	8	0. 6622
15	排涝	6	0. 6557

图 4　2016 年浙江省“五水共治”工作简报高频词分析图

通过对2016年“五水共治”工作简报的高频词分析，2016年浙江省“五水共治”的重点工作包括以下几个方面。

第一，清淤工作。2016年浙江省各地方将全面抓好清淤工作作为治水的重点。湖州市“五化并抓”（项目化、减量化、无害化、资源化、长效化）全面启动清淤泥、治污泥工作；绍兴市打响河湖清淤硬仗，2016年将清淤1500万立方米；治污为先抓清淤，分类推进重长效，绍兴市坚持问题导向，扎实开展河湖清淤工作；长兴县“三力并发”（明确任务，持续发力；重点推进，深处着力；监督到位，执行有力）组织推进河道清淤大会战；全面清淤，全程监督，科学处置；乐清市创新工作模式决胜河道清淤大会战；诸暨市创新建立河道清淤电子档案，确保定时定点清淤；衢州市衢江区坚持“四个导向”，扎实推进河湖清淤工作；德清县通过“精准清淤、立体控淤、科学用淤”探索科学清淤治污新模式。

第二，防洪排涝工作。2016年各地将防洪排涝作为“五水共治”重点工作。2016年台州市椒江区通过“强塘固库、通疏并重、科学调度”，重点做好强化城市防洪排涝体系建设；舟山市定海区以人为本，构建海岛防洪排涝安全体系；青田县以项目建设为抓手，筑牢防洪排涝“安全堤”；慈溪市横河镇提升防洪排涝能力，切实改善河网水质，全力以赴打好治水攻坚战；台州市黄岩区三大举措全面提速城区排涝能力；综合规划，统筹推进，科学防范，智慧管理，杭州市提前完成防汛排涝三年行动计划，破解城市内涝难题。城市内涝问题以前在杭州是比较严重的，一到梅雨季节往往很多路段不能行驶，积水严重。现在这种现象在杭州基本上不存在了，但是其他的一些大中城市仍然存在着城市内涝的问题，尤其在雨季，城市内涝越发严重。

第三，畜禽养殖污染治理。畜禽养殖是2016年“五水共治”工作简报的高频词汇，各地将治理畜禽养殖污染作为治水的重点。2016年前后全国掀起了“环保风暴”，东部沿海地区关停畜禽养殖场，当时也一度造成了很多地方猪肉涨价的现象。2016年台州市多方联动、技术创新、模式转变坚决打赢畜禽养殖污染“防反弹”的硬仗；长兴县全力推进畜禽养殖污染整治行动；松阳县探索畜禽养殖业资源化利用，破解污染物整治难题；临海市部署开展了畜禽养殖污染治理百日行动；丽水市开展畜禽养殖污染治理，“五查四治两打”专项行动扎实有效；余姚市召开畜禽养殖污染治理工作会议；仙居县推行“一统二标三利用”，治水促畜禽养殖业长治久美；文成县坚持监管、服务、帮扶“三个到位”，有效防范畜禽养殖污染反弹。

第四，文化治水。“五水共治”开展文化治水，弘扬治水文化。文化治水是

2016年“五水共治”的热点之一。“五水共治”为传承与弘扬水文化提供了新机遇，为文化活动创造了优美的生态环境，为文化产业融合发展拓展了新空间，丰富水的内涵，发挥水的魅力。建德市构建全域水文化，提升“五水共治”向心力；仙居县以治水文化为牵引深入推进“五水共治”；缙云县大打文化牌强力助推“五水共治”；苍南县以治水文化为抓手，凝聚全民护水合力；衢州市以河长“赛水赛歌”为抓手，打造“文化治水”先行样板；传承水之史、弘扬水之音、拓展水之蕴——湖州保护和开发水文化资源的主要做法；平衡水生态、传承水文化，龙游县借治水东风全力打造“人水和谐”动感灵山江。

第五，绿色发展。“绿色”位于高频词中的第十二位，绿色发展是各地开展“五水共治”的重要理念和价值目标。绍兴市通过全面监控，水岸同步，长效保障，积极探索推进“绿色水运”发展；玉环市强化湿地保护，助推海岛绿色发展；桐乡市经济开发区借力“五水共治”，着力打造绿色发展协调并进新园区；温岭市通过肥药双控、智慧植保、源头管控，力控农业面源污染，实现农业“绿色转身”；仙居县把控面源污染，打造“绿色田园”，推广农业清洁生产试点；安吉县通过“水陆岸”同步，“建管护”同行，打造绿色西溪；台州市实施“品牌兴市”治水战略，助推绿色发展，打造生态制造之都。

五、2017年浙江省“五水共治”简报分析

基于《2017年浙江省“五水共治”工作简报》的标题内容高频词分析，形成了表5和图5。

表5　2017年浙江省“五水共治”工作简报高频词分析表

序号	关键词	词频	权重
1	剿劣	139	0.9512
2	河长制	20	0.7490
3	小微水体	18	0.7383
4	联动	11	0.6902
5	创新	13	0.6885
6	铁军	7	0.6837
7	生态	11	0.6737
8	强化	10	0.6735

续表

序号	关键词	词频	权重
9	责任	9	0.6483
10	组合拳	6	0.6623
11	督导	7	0.6549
12	派驻	8	0.6520
13	合力	5	0.6201
14	转型	5	0.6139
15	三化	4	0.6067

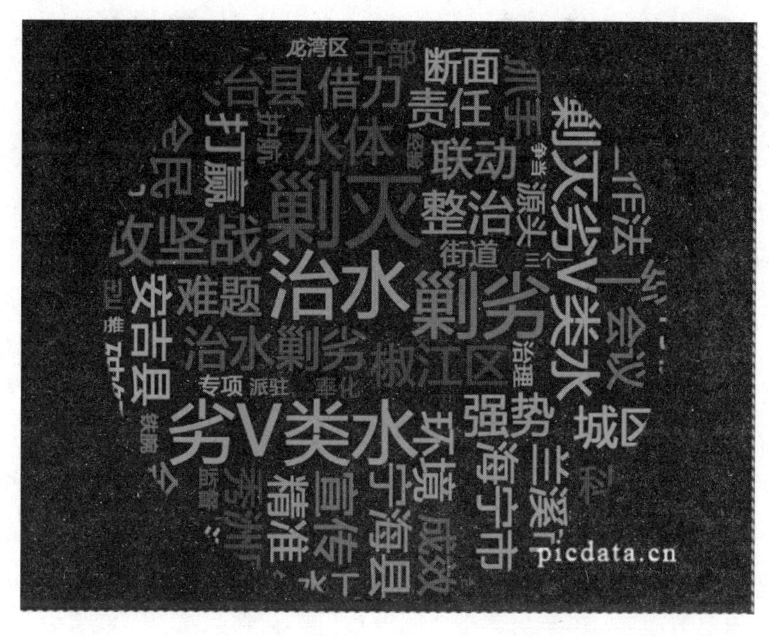

图 5　2017 年浙江省“五水共治”工作简报高频词分析图

通过对 2017 年“五水共治”工作简报的高频词分析，2017 年浙江省“五水共治”的重点工作包括以下几个方面。

第一，剿灭劣 V 类水。通过高频词分析我们可以看到“剿劣”是位于第一位的高频词，可见剿灭劣 V 类水是 2017 年“五水共治”的重点。省治水办领导和调研组多次赴台州市、嵊州市、绍兴市、湖州市、杭州市、温州市调研剿灭劣 V 类水工作，省委省政府召开全省剿灭劣 V 类水誓师大会，全省各地方全面打响剿灭劣V类水攻坚战。全省启动“河小二”，助力剿灭劣V类水集中行动；省委召开各市治水办主任会议全面建立剿灭劣V类水“四张清单”；全省大学生“剿灭劣V类水共建美丽浙江”主题实践活动出征仪式在杭州举行；省国资委组织发动省属企业投身剿灭劣V类水攻坚战；绍兴市万名干部走村入户，全面摸清劣V类水体“家底”；兰溪市通过按图带责、强化统筹、治转并进，成功剿灭劣V类水质河流。

第二，小微水体治理。“小微水体”是高频词中的第三位，可见2017年浙江省“五水共治”的重点工作之一就是治理小微水体。全省各地方因地制宜地采取措施治理微小水体。建德市打响小微水体水质提升攻坚战；丽水市莲都区开展“党员认领包干小微水体”活动；建德市挂图作战，全面打响小微水体整治巷战。江山市以村社换届为契机，夯实小微水体河长制；编织责任网，做实管理链，积极探索“543”模式，夯实小微水体责任主体。开化县用活全科网格员，破解小微水体管护难题；德清县“治微九式”，深化小微水体生态治理；建德市航头镇全面“诊疗”小微水体显成效。

第三，深入实施“河长制”。深入推进“河长制”是2017年“五水共治”的重点工作之一，全省各地方全面落实和深入实施“河长制”。责任一包到底，管理一抓到底，诸暨市以河长履职为抓手推动河长制落地生根；兰溪市以“管、治、护”三化模式落实河长制；衢州市衢江区建立三大责任体系做实小微水体河长制；绍兴市越城区西小路社区“点线面”联动落实河长制；丽水市莲都区首推“河道监督长”，压实河长责任；长兴县打造“河长制”升级版，推动河长制迈向“河长治”；玉环市干江镇为479条小微水体配备“零距离”河长。

第四，加强治水督导。为进一步打好剿灭劣V类水攻坚战，推动剿劣工作落到实处，2017年3月27日省委组织部和省治水办召开了全省剿灭劣V类水督导员出征大会。2017年省政协举行民主监督动员会暨“干、查、督”大行动启动仪式；省政协领导分赴各市治水一线开展“干、查、督”大行动；“五水共治”“三改一拆”和小城镇环境综合整治督查工作会议在杭州召开；宁波市增派1075名督导员助推剿灭劣V类水行动；温州市瓯海区建立剿灭劣V类水一体化督导机制。

六、2018年浙江省“五水共治”简报分析

基于《2018年浙江省“五水共治”工作简报》的标题内容高频词分析，形成了表6和图6。

表6 2018年浙江省“五水共治”工作简报高频词分析表

序号	关键词	词频	权重
1	污水零直排区建设	55	0.8549
2	河长制	30	0.8223
3	农村	27	0.7982
4	河湖	24	0.7871
5	美丽	23	0.7813
6	全民	13	0.7359
7	转型升级	13	0.7353
8	升级	12	0.7127
9	黑臭水体	11	0.7083
10	长效	9	0.7027
11	文化	7	0.6511
12	渔业	6	0.6672
13	饮用水	6	0.6484
14	畜牧业	5	0.6271

图6 2018年浙江省“五水共治”工作简报高频词分析图

通过对2018年“五水共治”工作简报的高频词分析，2018年浙江省“五水共治”的重点工作包括以下几个方面。

第一，污水零直排区建设。通过高频词分析我们可以看到“污水零直排区建设”是位于第一位的高频词，可见污水零直排区建设是2018年“五水共治”的重点之一。2018年5月2日至3日，全省“污水零直排区”建设现场会在宁波市北仑区召开，部署开展“污水零直排区”建设工作。各市立即部署落实任务，围绕“污水零直排区”建设，深入推进各项治水工作。慈溪市全面打响“污水零直排区”创建攻坚战；宁波市奉化区亮底亮剑、聚心聚力，全力攻坚“污水零直排区”创建；宁波市镇海区“四抓四推”，全力创建“污水零直排区”；宁波市高起点谋划、高标准建设、高水平推进，全力打造“污水零直排区”样板；温岭市教育局推进校园截污纳管、助力“污水零直排区”建设。

第二，深入实施“河（湖）长制”，打造美丽河湖。丽水市莲都区开展通济堰管理研究，以千年“堰规”为鉴，推今日“河长制”；绍兴市全面推行湖长制，谱写治水新篇章；平湖市做好“四篇文章”，全面推进“湖长制”；玉环市以河长标准化管理为抓手，推进河长制规范化、常态化；嘉兴市秀洲区三措并举，推进跨省联合护河显成效；绍兴市越城区率先出台美丽河湖分类评价标准，全面推进美丽河湖创建工作；德清县坚持以河（湖）长制为主抓手，争当全国治水标杆县；宁波市强化“五个保障”深化落实河（湖）长制；舟山市定海区“三措”并举，推进“品质河道”建设；嘉兴市南湖区“三精”并举，助力美丽河道建设；武义县抓强三支队伍，激活美丽河湖建设新动能；云和县“三化”并举，推进美丽河道建设。

第三，治理农村污水，促进乡村振兴。“农村”位于2017年“五水共治”高频词中第三位。杭州市西湖区大力实施乡村振兴战略，加快推进全域土地综合整治；强力推进农村生活污水治理设施科学运维。宁波市奉化区“建”“护”“管”三位一体，构建农村生活污水治理“长效运维”模式；温岭市滨海镇运用膜技术破解农村生活污水处理难题；慈溪市打造“三大样板”，引领农村生活污水治理；温州市洞头区构建海岛立体治污模式，筑牢乡村振兴根基；磐安县打好农村垃圾治理攻坚战，打造“和美乡村”新样板；天台县“双低一严”推动农村垃圾生态化处理，武义县柳城畲族镇做强“山水文章”，打造美丽乡村示范乡镇；上下联动聚合力，建章立制促规范。

第四，治水促转型升级。“转型升级”位于2018年浙江省“五水共治”高频词的第七位，治水促转型升级是2018年“五水共治”的重点工作之一。水岸同治、播撒文明、转型发展，丽水市莲都区古堰画乡绘就治水转型新景象；全民护水、生态治水、人水共赢，天台县石梁镇治水推动农业转型升级显成效；兰溪市柏社乡下陈片以治水为抓手，促进“美丽生态”向“美丽经济”转型；泰顺县柳峰乡以治水为突破口，加速农业产业转型升级；以水为基、以水为媒、以水兴旅，桐庐县治水转型绘就“水美民富享红利”新蓝图。

第五，黑臭水体治理。2018 年 5 月 25 日，浙江省政府召开城市黑臭水体整治专题会议，研究城市黑臭水体整治工作，2018 年 5 月 28 日，城市黑臭水体整治环境保护专项督查动员会在杭州召开。杭州市西湖区“五抓五强”，全力做好城市黑臭水体专项督查；责任全覆盖，督查全方位，整改全过程，宁波市奉化区坚决打好黑臭水体防反弹攻坚战；金华市婺城区“四大行动”，全力做好迎接国家黑臭水体整治专项督查；零推诿、零盲区、零容忍，义乌市打好黑臭水体专项整治组合拳；台州市路桥区金清镇全力筑牢预防黑臭水体反弹防线。

七、2019 年浙江省“五水共治”简报分析

基于《2019 年浙江省“五水共治”工作简报》的标题内容高频词分析，形成了表 7 和图 7。

表 7　2019 年浙江省“五水共治”工作简报高频词分析表

序号	关键词	词频	权重
1	污水零直排区建设	28	0. 9625
2	美丽河湖	16	0. 8713
3	饮用水源	12	0. 8678
4	河长制	5	0. 7473
5	全民治水	4	0. 7202
6	抓节水	4	0. 7202
7	农村生活污水	3	0. 7127
8	生态保护	7	0. 7696
9	巩固成效	3	0. 7127
10	工程运维	2	0. 6229

图7　2019年浙江省“五水共治”工作简报高频词分析图

通过对2019年“五水共治”工作简报的高频词分析，2019年浙江省“五水共治”的重点工作包括以下几个方面。

第一，污水零直排区建设。通过高频词分析我们可以看到，“污水零直排区建设”是位于第一位的高频词，可见2019年是污水零直排区建设全面展开和进一步深化之年。杭州市滨江区建立“污水零直排区”创建工程责任追溯制度；“五有”模式，推进“污水零直排区”建设。绍兴市上虞区健全“四大机制”，推动“污水零直排区”建设；台州市黄岩区把好“三关”，推进“污水零直排区”建设；宁波市镇海区高标准推进工业企业雨污分流；台州市路桥区金清镇深化入河排污（水）口排查整治工作；台州市探索“污水零直排区”智能化建设成效显著；诸暨市抓好四个“零”，助推试点乡镇“污水零直排区”建设；湖州市南浔区立足“三化”，全面推进“污水零直排区”建设；天台县平桥镇工业园区“三大抓手”加速推进“污水零直排区”建设；缙云县上下同欲，全速推进“污水零直排区”建设。嘉兴经济技术开发区“四个精”推进“污水零直排区”建设。

第二，美丽河湖建设。“美丽河湖”位于2019年“五水共治”高频词第二位，建设美丽浙江，打造美丽河湖是“五水共治”的重要目标，在浙江省委省政府的统一部署下，全省各地方全面落实美丽河湖建设。仙居县探索“三线”

治理模式，打造最美家乡河；庆元县多措并举，扎实推进美丽河湖建设；开化县多管齐下，打造美丽河湖新样板；义乌市“三个三”推进美丽河湖建设；三门县三措并举，打造美丽珠游溪；常山县打造诗画常山江，点靓慢城大花园；宁波市北仑区做好“三篇文章”，全力推进美丽河湖建设；象山县“三化并举”，推进南大河美丽河道建设；龙泉市深挖“三美”，倾力打造美丽乌溪江；绍兴市上虞区聚力打造美丽曹娥江；玉环市“三全”并举，打造同善塘河精品河道；杭州市西湖区“三个高”推进美丽河湖建设；松阳县多措并举，打造美丽松阴溪；文成县扎实推进飞云江美丽河湖建设；衢州市柯城区推进美丽河湖建设，着力打造最美“两溪”。

第三，饮用水源保护。“饮用水源”是2019年“五水共治”第三大高频词，可见保护饮用水源是2019年“五水共治”的重要工作之一。温岭市全面发力，筑牢饮用水水源安全防线；松阳县三举并措，强化饮用水水源保护；新昌县强化集中式饮用水水源保护；永嘉县“三手齐抓”，推进饮用水水源保护；绍兴市上虞区岭南乡加强水源地保护，确保群众饮用水安全；绍兴市全力打好农村饮用水达标提标行动攻坚战；缙云县全力推进饮用水达标提标行动；余姚市高标准推进农村饮用水达标提标行动；苍南县做好“三篇文章”，推进农村饮用水达标提标行动；永嘉县多措并举，扎实推进农村饮用水达标提标行动。

第四，继续深入实施“河（湖）长制”。“河长制”在2019年高频词中位于第四位，延续2018年“五水共治”的工作重点，深入实施“河（湖）长制”依然是2019年的重要治水工作。杭州市江干区“四治四化”，推进河长制标准化建设；舟山市定海区小沙街道电子化巡河成效明显；玉环市高标准推进河湖“清四乱”专项行动；瑞安市安阳街道全面深化河长制，持续改善水环境；江山市公安局升级“河道警长制”，全力护航水生态环境；

第五，抓节水。抓节水是“五水共治”的重要组成部分，也是2019年浙江省“五水共治”的重点工作之一，全省上下全面致力节约用水工作的狠抓落实。长兴县“三个强化”，全面推进工业企业中水回用；台州市椒江区“三箭齐发”，推进国家级县域节水型社会创建；舟山市定海区打造国家级县域节水型社会“海岛样本”；遂昌县三措并举，全面推进节水型社会建设。

八、小结

通过对2014—2019年的高频词分析，我们将2014—2019年“五水共治”的重点工作总结为表8。

表8 2014—2019年"五水共治"的重点工作

年份	"五水共治"重点工作	年份	"五水共治"重点工作
2014年	治污水	2015年	全面推进和落实"河长制"
	农村污水治理		加快转型升级
	"清三河"		抓节水
	全民治水		治水防反弹
	民主监督		联动治水
2016年	清淤工作	2017年	剿灭劣V类水
	防洪排涝工作		小微水体治理
	畜禽养殖污染治理		深入实施"河长制"
	文化治水		加强治水督导
	绿色发展		
2018年	污水零直排区建设	2019年	污水零直排区建设
	深入实施"河（湖）长制"		美丽河湖建设
	治理农村污水		饮用水源保护
	治水促转型升级		继续深入实施"河（湖）长制"
	黑臭水体治理		抓节水

由上表分析可知，2014—2019年浙江省"五水共治"工作基本上是沿着"实践铺开—机制建设—治水深入—治水细化"这样的逻辑主线展开的。

治水实践的铺开。2014年"五水共治"全面铺开的第一个年。"五水共治"确定了"'五水共治'，治污先行"的总路线，因此，2014年全省"五水共治"的工作重点之一就是治理污水。这一年"五水共治"以解决水环境面临的最突出问题，即群众感官最直接、最深恶痛绝的污水问题为出发点，以清理黑河、臭河、垃圾河为抓手，以实现城镇截污纳管基本覆盖、农村污水处理和生活垃圾处理基本覆盖为目标，动员全民参与，协同治水，加强治水的民主监督，促进"五水共治"共建、共治、共享的实现。

治水机制的建设。2015年“五水共治”在治水的实践过程中，不断摸索并建立相关的法规、制度和规范。这一年“五水共治”提出全面推进和落实“河长制”，“河长制”让“五水共治”的治水责任得以明确和落实，河长也成为组织社会多元主体参与治水的桥梁和纽带。在治水制度上，2015年“五水共治”制定并实施了“联动治水”的机制，促进上下级、多部门、多组织之间的治水联动。在治水取得阶段性成效的基础上，“五水共治”建立了治水“防反弹”机制，要求各地方采取严防污染反弹，提倡治水要不断“回头看”，并建立治水长效管理机制，以巩固治水成效。

治水实践的深入。“五水共治”全面贯彻生态发展、绿色发展的理念，将治水工作进一步深入。2016年“五水共治”将“清淤”作为“治污水”深入推进的新抓手。多地提出“治水必先治污，治污必先清淤”的治水战略，采取各项举措，全面做好河湖库塘的清淤工作。因为河道淤积是影响河道正常功能的主要原因，清淤是河道整治的主要突破口，水变深、水变宽，水才会变得更清，清淤是改善河流水质的基础工作。在治水制度建设的基础上，“五水共治”进一步深化和丰富了治水方式和治水策略，提出“文化治水”。各地方开展各种形式多样、内容丰富的治水活动，文化治水是全民参与治水的重要实践方式，让群众参与治水的渠道和方式在不断开拓和丰富。防洪排涝自古以来是水利工程的重点，在全年降雨量多、梅雨季较长的浙江，防洪水、排涝水一直是治水的重要任务。在基本解决污水治理问题的基础上，防洪排涝是“五水共治”深入推进的重点。

治水实践的细化。“五水共治”将治水实践深入的基础上，进一步将治水实践细化。一是在治污水方面，“五水共治”根据详细的河流水质标准，制定了“全面剿灭劣V类水”的工作部署。在治理河流水系“大动脉”基本取得成效的基础上，提出“小微水体”治理的策略。全省各地方按照“一河一策”的治水理念，因地制宜地制定了详尽的水塘、水池、水渠等“小微水体”的整治方案，让治水工作辐射到每一条“毛细血管”。二是“五水共治”全面开展截污纳管和雨污分流的改造，建设“污水零直排区”。浙江省在“雨污分流”的治理中，是走在全国前列的，杭州市各街道、社区全面对居民楼进行“雨污分流”改造，尤其是老旧小区，杭州各大居民小区的宣传栏、楼道口都张贴有本小区“雨污分流”改造的工作告知。通过“雨污分流”改造，将污水雨水各用一根管道输送，污水通过污水管网直接送到污水处理厂进行处理。单独的雨水管网可以将雨水集中管理排放，既有利于雨水收集利用，又可以有效降低污水处理厂的工作负荷。三是在制度建设方面，2017年7月颁布了《浙江省河长制规定》，以法律的形式进一步细化了治水任务和治水责任，推进了“五水共治”的法治化进程，由此浙江成为全国第一个为河长制立法的省份。另一方面，在“河长制”的基础上，“五水共治”进一步深入实施“河（湖）长制”，打造美丽河湖。

后　记

本书是我在博士学位论文基础上反复修改而完成的。在浙江大学师从丛杭青教授攻读哲学博士学位，是我人生中最重要，也是最难忘的事情之一。白驹过隙，从浙江大学毕业至今已经 4 年了。博士毕业后我来到清华大学做博士后，继续在自己博士研究的延长线上深耕，博士后阶段我在科学史研究领域的一些积累和思考，对本书的后续修改和完善带来很多启发和益处。从浙江大学读博至今，我得到了很多老师、同学、朋友的教导、帮助、鼓励和支持，对此我深感荣幸，更充满感激！

我要深深感谢我的恩师丛杭青教授！丛老师是我开启浙江大学求学之路的引路人，也是在我完成博士学业过程中，给予我最大帮助和指导的人。丛老师是一位治学严谨、才思敏捷、见地深刻，善于开拓创新、精益求精的老师。每次和丛老师探讨大大小小的问题，丛老师总能一针见血地指出其中的不足，然后非常有见地地提出思考问题的方向和解决问题的思路。每每此时，我在深以为然、受益匪浅之余，更多地是由衷的佩服！丛老师在学术上十分严谨、细致，老师每次帮我指导论文时，细到一个标点、一个断句、一个措辞都为我一一纠正，并且不厌其烦、极度耐心地和我一起交流、思考、分析、探讨每一个细节。博士论文和读博期间的每一篇小论文都是在丛老师的数次指导下，不断纠正、反复修改后才得以完成的，也可以说都是丛老师“手把手”教出来的。正是在丛老师的悉心指导、不断启发下，我独立寻找问题、思考问题、解决问题的能力得以逐步提高，为我日后进一步的学习和研究打下良好的基础。丛老师给予我的指导、教诲、启迪和激励，让我受益终身，衷心谢谢丛老师！

感谢我在清华大学的博士后合作导师杨舰教授！杨老师学术功底极为深厚，具有开阔的国际视野，从科技史和科学技术哲学等多重视域带领我在博士研究的基础上进一步拓展，使我在科学技术哲学的研究中渗入史学的严谨和深厚，这对我今后的科研起到非常大的帮助。杨老师善良、谦和、宽容、仁厚，对我们就像对自己的孩子一样呵护和关爱，在我来京的 4 年时间里，杨老师给予我莫大的帮助和关照，让我感受到如同亲人般的温暖。杨老师的治学态度和为人品格会一直激励着我，谢谢杨老师！

感谢我在日本东京工业大学联合培养期间的合作导师札野·顺（Jun Fudano）教授。札野·顺教授在学术研究上非常细致，很多次我在研究室的组会发表结束后，他会就我发表中的问题和我详细探讨、一一分析，他对待科研的认真和专注，给了我莫大的鼓舞。感谢东京工业大学的调·麻佐志（Masashi Shirabe）教授，调·麻佐志教授和蔼可亲、为人谦逊，每次和调·麻佐志教授请教问题，他总是非常热情地帮我解答，并将很多学术文献和宝贵资料分享给我，在此衷心感谢调·麻佐志教授！

感谢南京林业大学的何菁老师！谢谢何老师在我的博士论文构思、写作和修改过程中给予我的指导和帮助。何老师不仅哲学功底扎实，而且为人随和，在我心里何老师就像一位大姐姐一样，经常给我鼓励和信心，感恩在博士期间能遇到何老师这样一位良师益友。感谢北京航空航天大学的张恒力教授！从我的博士论文刚开始梳理思路、组织结构到最后论文的完成，张老师给予了我很多极其专业的指点，以及肯定、鼓励和支持。每当我向张老师请教问题，张老师总是知无不言、言无不尽，真心谢谢张老师！感谢在我论文写作过程中，帮我答疑解惑，对我悉心教导的邱仁宗教授、李正风教授、夏保华教授、王大洲教授、刘永谋教授、田海平教授、朱伟教授、王晓梅副教授、孙国金老师！感谢参加我博士论文答辩的专家：沈满洪教授、王诗宗教授、张国清教授！感谢浙大哲学学院的盛晓明教授、李恒威教授、王淼副教授、张立副教授、陈勃杭老师！感谢丛老师门下的各位师姐、师弟、师妹，谢谢你们在我读博期间给予我的指教和帮助，尤其在我的论文最后校对期间，你们都鼎力相助，谢谢你们！多年之后，当我回想起我们一起学习、一起讨论、一起调研、一起漫步西湖的快乐时光，我心中依然充满幸福。

衷心感谢在我博士阶段开展“五水共治”调研的3年多时间里，给予我大力支持的浙江省水利厅、浙江省治水办以及余杭区、萧山区、富阳区、绍兴市、柯桥区、象山县、浦江县、淳安县等各个地方的治水办、乡镇、街道、村和各个地方的工作人员、企业家、工程师等，谢谢你们给予我的热情帮助、真诚指教和鼎力支持！

感谢我的父母！读了20多年的书，爸爸妈妈都是一如既往地支持我，不论遇到多大的困难，父母都是我内心最温暖的港湾。爸爸用不辞劳苦的付出为我创造了无忧的生活，我知道，我从小到大所有的无忧无虑都是因为他在为我负重前行，谢谢爸爸！妈妈就像我的朋友一样，学习、工作、生活中的欢乐和悲伤我都愿意讲给妈妈听，不管自己遇到怎样的难处，在妈妈的鼓励下我都会充满信心、迎难而上，谢谢妈妈给予我温暖和力量！感谢我挚爱的家人！谢谢你们在我博士、博士后求学过程中，为我分担了那么多，付出了那么多，谢谢你们这些年来对我所有的理解、支持与鼓励！如果这本书还有点学术价值的话，我愿意把它献给我的父母和家人。

从博士论文到成书感谢编辑老师们的专业指导和中国农业大学马克思主义学院领导、同事的支持和帮助，在此一并致谢！所有的感谢、感激、感恩都将化作我前进道路上的动力，我会带着这份力量在自己热爱的学术道路上坚定地走下去。

顾萍

2024 年 3 月 19 日

于中国农业大学东校区新图书馆